# 実務 原子力損害賠償

第一東京弁護士会
災害対策本部 [編]

勁草書房

## 推薦のことば

　平成23年3月11日、未曾有の大災害である東日本大震災が発生し、福島第一原子力発電所事故が発生しました。それから5年が経過しましたが、この間、第一東京弁護士会では、東日本大震災対策本部を立ち上げ、①被災された方・被害を受けた方に対する無料電話相談、弁護士派遣による相談等の無料法律相談の実施、②被災された方・被害を受けた方の支援のための立法措置や行政による法令の適切な運用についての検討、提言、③「原発相談マニュアル」・「震災法律相談Ｑ＆Ａ」の作成などの支援を行って参りました。

　しかし、いまだ多数の被災者・被害者の方が避難生活を余儀なくされており、特に福島県では、いつ元の生活に戻ることが出来るのか不明の地域もあり、先の見通しが立たない問題となっています。

　我が国において、これほどの広範かつ甚大な原子力損害は前例がありません。そして、現在も福島第一原子力発電所事故による被害は続いており、損害賠償についても日々新しい情報があり、変化しています。

　その様な中で、本書は、出来る限り最新の情報を提供し、それに対応する実務の動きが分かるように編集をしました。東京電力に対し直接請求する際の基準だけでなく、原子力損害賠償紛争解決センターでの具体的な解決事例を多数掲載しています。設立から4年6ヵ月が経過した同センターでは、多数の解決事例を集積しており、それらの情報を踏まえて事案を進めることは、原子力損害賠償の問題解決に向けて非常に重要であると言えます。

　本書の執筆にあたっては、上記の「原発相談マニュアル」をベースとしましたが、申立代理人として原子力損害賠償紛争解決センターへの申立てを行っている東日本大震災対策本部委員を中心とした若手弁護士だけではなく、ベテラン弁護士も含め、すべての質問、回答事項を再検討し、大幅な加筆修正のみならず、新たな質問事項の追加を行いました。このことより本書は、新たな実務書として生まれ変わりました。

　本書が、原発事故賠償に関する事件を取り扱う法律実務家をはじめ、福島第一原子力発電所事故被害者の方々にとって、問題解決の一助として活用されることを切に願うとともに、本書を広く推薦する次第です。

推薦のことば

　最後に、第一東京弁護士会は、人権擁護と社会正義の実現のため、今後も被災者・被害者に寄り添い、多様な支援活動を継続し、全力を尽くす所存です。

　平成 28 年 3 月

　　　　　　　　　　　　　　　　　　第一東京弁護士会　会長　岡　正晶

# はしがき

　本書は、第一東京弁護士会（以下、「一弁」という。）東日本大震災対策本部の会員諸氏が著したものですが、同じく一弁が作成し震災以来改訂を重ねてきた「原発相談マニュアル」が、その下敷きとなっています。

　原発相談マニュアルや本書は、東日本大震災とそれに伴う福島第一原子力発電所事故に関してなされた、原子力損害賠償紛争解決センターにおける手続や東京電力に対する直接請求の支援活動、被災者の方々に対する法律相談等において得られた弁護士活動の経験の成果に基づくものです。

　かかる弁護士活動は、一弁のみでなされたものではありません。一弁は、東京弁護士会、第二東京弁護士会と共に、東京三弁護士会の東日本大震災復旧・復興本部を組織して活動してきました。また、日本弁護士連合会や地元福島県弁護士会・東北弁護士会連合会の弁護士をはじめとし、全国各地の弁護士、各単位弁護士会の活動の成果が、広く本書に結集されているといっても過言ではありません。

　この意味で、本書は、東日本大震災とそれに伴う福島第一原子力発電所事故に関して活動してきた全国の弁護士の経験の成果と評してよいと思われます。かかる経験は、弁護士間の協同によるところも少なくありませんし、弁護士協同の成果として、被災者支援に当たられている多くの弁護士に活用いただければ幸いです。

　ただ、それ以上に、かかる弁護士の経験は、被災者の方々との協同からより多くのものを得られたとも考えられます。弁護士としても、被災者の方々との交流の中から貴重な経験を積ませていただいたという意味で、被災者の方々にお礼を申し述べなければならないと感じていますし、本書を被災者の方々に利用して頂き、幾らかでも被災者の方々のお役にたって、被災者の方々に報いるところとなれば、願ってもない幸せです。

　福島第一原子力発電所事故に関する損害賠償については、時間の経過とともに、様々な問題が様々な方法により解決が図られてきました、その意味で、時間の経過によって、損害賠償の範囲・内容がどのように変遷してきたかを見ておくことは、とても重要なことです。

はしがき

　また、地域的な観点も忘れてはなりません。避難指示等に関し、時間の経緯による変遷も含め、個別の地域ごとにどのような問題が生じているのかを細かく見てゆくことは、忘れてはならない視点です。避難指示に基づく避難に関する損害と自主的避難による損害の捉え方も大きな問題でした。

　さらに、紛争解決方法についても留意する必要があります。原子力損害賠償紛争審査会が出した指針は、平成23年8月6日の中間指針以降を見ても4回の追補を重ねています。併行して、原子力損害賠償紛争解決センターでは、解決事例が集積されています。これらをどのように評価し、新たにどのような方向を求めて行くかは、第一線の現場に携わった弁護士が苦労を重ねたところです。

　本書では、以上のような諸点を考慮しつつ、個別の損害にきめ細かな目配りをして、適正な賠償の在り方を検討いたしました。また、上記に述べた弁護士の活動は、被災者の声を如何に法律理論に生かすかに苦心し、従来の理論では償いきれない範囲にも新たな救済の余地を追求しました。例えば、住居確保損害です。避難指示の出された地域は、不動産売買実例も希な地域が多く、従来居住していた土地の時価評価は限定されたものとならざるを得ません。しかし、その価値だけを補償して、被災者の方に新たな土地で新たな生活を開始しろというのが衡平にかなった考え方といえるは疑問です。住居確保損害は、かかる疑問に端を発した考え方であり、理論的に見れば、従来の民法理論のカバーできていないところに光を当てたと言ってもよいのではないかと思います。また、この点は、原子力損害賠償固有の問題ではありませんので、どのような賠償案件においてどのような範囲で応用してゆけるかは今後の課題と考えています。

　被災者の方の相当数は、今後、被災地への帰還という大きな問題を抱えておられます。生活インフラが破壊されたままの地域に帰還することの問題点は、予想することが困難な点も含め、数多く存在するものと考えられます。東京三弁護士会の東日本大震災復旧・復興本部でも、平成27年秋に、飯舘村を経由し、南相馬市小高地区、楢葉町、富岡町等を視察してきました。一弁を含め各単位会の弁護士は、帰還の問題点にも取り組んでまいる所存です。

　以上述べましたように、原子力損害賠償に関しましては、これからの現実

はしがき

　的問題や理論的に対応するべき課題も含め、まだまだ努力を重ねなければならない局面が多く存します。

　読者の皆様から、忌憚のないご指摘ご意見を頂戴し、本書をより良いものとしていければ幸いです。本書の執筆に当たりました一線の弁護士に代わり、皆様により一層のご指導ご鞭撻をお願い致しまして、はしがきの言葉とさせていただきます。

平成28年2月

第一東京弁護士会東日本大震災対策本部
本部長代行・弁護士　佐藤　順哉

# 目　次

## 第 1 章　福島第一原子力発電所事故の損害賠償

- I　福島第一原子力発電所の事故 ……………………………………… 2
  - 1　3 月 11 日（金）の経過（地震発生・全交流電源喪失）………… 2
  - 2　3 月 12 日（土）の経過（1 号機水素爆発）……………………… 3
  - 3　3 月 13 日（日）の経過（3 号機冷却不能）……………………… 4
  - 4　3 月 14 日（月）の経過（3 号機水素爆発）……………………… 5
  - 5　3 月 15 日（火）の経過（放射性物質大量拡散）………………… 5
  - 6　3 月 16 日（水）以降 ……………………………………………… 6
- II　避難指示区域の変遷 ………………………………………………… 7
  - 1　2012 年 3 月 31 日以前の変遷 …………………………………… 7
    - （1）避難指示等 ……………………………………………………… 7
    - （2）警戒区域、計画的避難区域および緊急時避難準備区域 …… 7
      - （A）警戒区域の設定 …………………………………………… 7
      - （B）計画的避難区域の設定 …………………………………… 7
      - （C）緊急時避難準備区域の設定 ……………………………… 8
    - （3）特定避難勧奨地点の設定 ……………………………………… 8
    - （4）警戒区域、計画的避難区域および特定避難勧奨地点がある地域の概要図 …………………………………………………… 9
  - 2　2012 年 4 月 1 日以降の変遷 ……………………………………… 12
    - （1）警戒区域、避難指示区域等の見直しに向けた動き ………… 12
    - （2）各区域の再編状況 ……………………………………………… 13
      - （A）川内村 ……………………………………………………… 13
      - （B）田村市 ……………………………………………………… 13
      - （C）南相馬市 …………………………………………………… 13
      - （D）飯舘村 ……………………………………………………… 14

vii

目　次

　　（E）楢葉町 ……………………………………………………… 16
　　（F）富岡町、大熊町、双葉町および浪江町 ………………… 16
　　（G）大熊町 ……………………………………………………… 16
　　（H）葛尾村 ……………………………………………………… 17
　　（I）富岡町 ……………………………………………………… 17
　　（J）浪江町 ……………………………………………………… 17
　　（K）双葉町 ……………………………………………………… 21
　　（L）川俣町 ……………………………………………………… 24
　　（M）避難指示区域に関する図 ………………………………… 24
　（3）特定避難勧奨地点の解除 …………………………………… 24

Ⅲ　損害賠償の方法 …………………………………………………… 31
　1　法的根拠 ………………………………………………………… 31
　2　損害賠償請求の方法 …………………………………………… 32

Ⅳ　原子力損害賠償紛争審査会 ……………………………………… 35
　1　原子力損害賠償紛争審査会 …………………………………… 35
　2　中間指針 ………………………………………………………… 35

Ⅴ　原子力損害賠償紛争解決センターとは ………………………… 38
　1　法的位置づけ …………………………………………………… 38
　2　紛争解決センターの構成 ……………………………………… 38
　（1）総括委員会・総括基準 ……………………………………… 38
　（2）パネル ………………………………………………………… 39
　3　紛争解決センターにおける審理 ……………………………… 40
　（1）審理の流れ …………………………………………………… 40
　（2）和解事例・和解案提示理由書 ……………………………… 40
　4　集団申立について ……………………………………………… 41
　5　紛争解決センターにおける申立件数 ………………………… 42

目　次

# 第2章　避難指示に基づく避難に関する個別の損害

Ⅰ　避難費用等 …………………………………………………………… 44
　1　親族への謝礼等の支払い ………………………………………… 44
　　Q1　避難の際、親族にお世話になったため、謝礼を支払いました。たとえば、避難先に家財を運搬してくれた親族に支払った謝礼や、親族宅に宿泊して支払った宿泊費は請求できますか。
　2　東京電力への直接請求での対応 ………………………………… 46
　　Q2　東京電力では、避難費用について、どのように扱っていますか。また精神的損害と生活費の増加費用の関係について、どのように考えられていますか。
　3　紛争解決センターの対応（生活費の増加費用） ……………… 51
　3-1　新たに生活用品を購入した場合の請求 …………………… 51
　　Q3　事故後購入した物品について、東京電力にどのようなものが請求できるのでしょうか。いつまで購入したものが請求できますか。
　3-2　領収書がない場合の物品の購入に関する請求 …………… 52
　　Q4　家具等を購入しましたが領収書がない場合には請求できないのでしょうか。
　3-3　携帯電話の通話代金の増加費用 …………………………… 53
　　Q5　事故後安否確認や情報収集をし、また固定電話が使えなかったために携帯電話の通話料金が増加したので、増加した携帯電話の通話料金を請求できるでしょうか。
　3-4　食品等購入による増加費用 ………………………………… 54
　　Q6　事故前は自家菜園やお裾分けで生活をしていたため、野菜や米を購入することはほとんどありませんでした。事故後はすべて購入するようになり生活費が大幅に増加したのですが、生活費の増加分の請求は認められるでしょうか。
　3-5　水道代・ペットボトル代 …………………………………… 55
　　Q7　事故前は井戸水を利用していたため水道代金がかかりませんでし

目　次

た。事故後は避難先で水道を使うようになりましたが、水道代金を請求できるでしょうか。また、井戸水や水道水が放射性物質に汚染されていないか心配なので、ペットボトルの水を買っているのですが、ペットボトルの水の購入代金は請求できますか。

3-6　ペットに餌を与えるための交通費の増加費用 ……………………… 56
　Q8　避難先には家畜やペットを連れて行くことができません。家畜やペットに餌を与えるために一時的に頻繁に自宅等に戻っているのですが、交通費は請求できるでしょうか。

3-7　通院・通勤・通学のための交通費の増加費用 …………………… 58
　Q9　以前から持病があり、かかりつけの病院に通っていました。避難をしたことにより病院までの距離が遠くなり、交通費が多くかかるようになったのですが、交通費は請求できるでしょうか。また、会社や学校が遠くなった場合はどうですか。

3-8　分離家族に会いに行くための交通費 ……………………………… 60
　Q10　避難により、現在、家族は離れて暮らしています。週末家族に会いに行くための交通費は請求できるでしょうか。

3-9　転校等に伴う、教育費用の増加費用 ……………………………… 61
　Q11　今回の事故により、以前通っていた学校は閉鎖され、子供が学校を転校する必要がありました。子供が通う学校の制服を新たに購入し、学納金を新たに納金し、多額の教育費用がかかりました。この費用を請求することはできるでしょうか。

3-10　避難先の賃料請求 ………………………………………………… 62
　Q12　今回の事故後、避難のために仮設住宅に住んでいました。今後、マンションを借りて住もうと考えていますが、賃料を東京電力に対して請求することはできるのでしょうか。

3-11　二重生活に伴う避難費用等 ……………………………………… 63
　Q13　今回の事故後、家族と離れて生活することになり、二重生活となりました。そのため、生活費や家族に会いに行くための交通費等が増加しました。紛争解決センターでは、二重生活により増加した生活費等を請求することはできるのでしょうか。

## Ⅱ 精神的損害 ······················································································ 64

### 1 精神的損害に対する賠償の概要（目安となる金額および期間） ··· 64
　Q14　精神的損害の賠償はどのような基準で算定されていますか。

### 2 精神的損害・避難費用等を請求できる期間等 ······························· 66
　Q15　精神的損害・避難費用等を請求できる期間について説明してください。

### 3 避難生活一般に伴う精神的損害（第2期） ···································· 70
　Q16　第2期に避難指示等により避難をした場合の一般的な精神的損害として、紛争解決センターや東京電力においてはいくらを相当として扱っているのでしょうか。

### 4 避難生活一般に伴う精神的損害（第3期） ···································· 71
　Q17　第3期に避難指示等により避難をした場合の一般的な精神的損害として、紛争解決センターや東京電力においてはいくらを相当として扱っているのでしょうか。

### 5 旧緊急時避難準備区域への早期帰還者および滞在者の精神的損害 ········································································································ 74
　Q18　緊急時避難準備区域等に指定後避難せずに滞在した場合や同区域解除（2011年9月30日）後に帰還した場合の慰謝料は、いくら請求できますか。

### 6 旧屋内退避区域および南相馬市の一部地域に滞在した等の場合の精神的損害 ··················································································· 76
　Q19　旧屋内退避区域および南相馬市の一部地域に指定されましたが、避難せず、滞在した等の場合、慰謝料はいくら請求できますか。

### 7 精神的損害の増額事由 ···································································· 76
　Q20　紛争解決センターは、精神的損害にかかる賠償の増額事由について、どのように処理をしていますか。

### 8 精神的損害の増額事由の報告例 ···················································· 78
　Q21　紛争解決センターでは、実際には、どのような場合に精神的損害の増額が認められますか。

目　次

9　生命・身体的損害による精神的損害（入通院慰謝料等）……… 81
　　Q22　生命・身体的損害が認められる場合、避難生活一般に伴う精神的損害とは別に慰謝料が認められますか。

10　ペットの死亡に対する精神的損害 …………………………… 87
　　Q23　避難により、可愛がっていたペットに餌を与えることができず、死んでしまいました。損害として認められていますか。

11　中絶による精神的損害 ………………………………………… 88
　　Q24　事故前に妊娠をしましたが、警戒区域等の付近で生活・仕事をしていたため、生まれてくる子どもに障害がでてくる可能性があることへの不安や事故による今後の生活への不安から中絶しました。妊婦については慰謝料が増額されているようですが、私は増額した慰謝料は請求できるでしょうか。

12　家族を捜索できなかったことについての慰謝料 …………… 89
　　Q25　私の家族は、津波被害の犠牲となりました。しかし原発事故が原因で、速やかに捜索をしてもらうことができませんでした。そのため、家族の遺体は、腐敗が進んでしまい、ひどい状況になっていました。紛争解決センターにおいては、私のような遺族の感情は無視されてしまうのでしょうか。

13　放射線被ばくへの不安に対する慰謝料 ……………………… 90
　　Q26　原発事故後、私は放射線への被ばくがとても不安です。放射線被ばくの不安についての慰謝料は、紛争解決センターにおいては認められているでしょうか。

14　故郷喪失慰謝料 ………………………………………………… 93
　　Q27　すでに原発事故から5年以上が経過し、その間避難していますが、故郷のコミュニティが失われたとして、慰謝料の請求はできないのでしょうか。

Ⅲ　事故前の住居に放置された財物等 ………………………………… 95
　1　東京電力への直接請求の取扱い ………………………………… 95
　　Q28　東京電力に直接請求をする場合の家財賠償の基準を教えてくださ

　　　　い。
　2　財物価値の喪失または減少 …………………………………… 98
　　　　Q29　紛争解決センターでは、家財についてどの程度の立証をすれば、どの程度の損害を認めてくれますか。
　3　高額家財の賠償 ……………………………………………… 100
　　　　Q30　私の自宅には、着物がたくさんあり、1着50万円は下らないと思いますが、先日一時帰宅したときに見たらカビが生えていました。着物の賠償を求めることはできますか。
　4　庭木や山野草等の損害 ……………………………………… 102
　　　　Q31　お金をかけて自宅の庭を整備し、庭木をいじり、山野草を育てることを、20年以上楽しみにしてきました。庭木等を含めた庭の損害を請求できますか。
　5　墓地移転に伴う損害 ………………………………………… 102
　　　　Q32　避難指示区域に指定された地域に墓があるため、自由に墓参りに行くことすらできません。そこで、私としては、墓を別の場所に移動させたいと考えていますが、墓地の移転費用等を請求することはできるのでしょうか。
　6　農機具の損害 ………………………………………………… 103
　　　　Q33　トラクターやコンバインなどがありますが、これらの賠償も認められるのでしょうか。また、鍬や鎌などの農具の賠償を求めることはできますか。

Ⅳ　不動産損害 …………………………………………………………… 106
　1　宅地の賠償（本件事故時点における時価額との差額を損害として賠償金を請求する方法）………………………………………… 106
　　　　Q34　本件事故時点における宅地の価値の喪失または減少につき、東京電力に対する直接請求または紛争解決センターへの申立てでは、どのように扱われていますか。
　2　宅地の賠償（宅地の住居確保損害の賠償を請求する方法）…… 116
　　　　Q35　住居確保損害（宅地）について、東京電力に対する直接請求また

目　次

　　は紛争解決センターへの申立ては、どのように扱っていますか。

3　借地権の賠償 …………………………………………………………… 125

　　**Q36**　借地権の賠償について、東京電力に対する直接請求または紛争解決センターへの申立ては、どのように扱っていますか。

4　その他の土地の賠償 …………………………………………………… 127

　　**Q37**　宅地以外の不動産の賠償について、東京電力に対する直接請求または紛争解決センターへの申立ては、どのように扱っていますか。

5　建物の賠償 ……………………………………………………………… 130

　　**Q38**　建物の賠償について、東京電力に対する直接請求または紛争解決センターへの申立ては、どのように扱っていますか。

6　東京電力の住居確保損害の上限額の内容 …………………………… 136

　　**Q39**　東京電力に対する直接請求の基準において住居確保損害として認められる上限額からは、どのようなものについて費用を受け取ることができるのでしょうか。

7　賃借物件の場合の賠償 ………………………………………………… 138

　　**Q40**　本件事故時に不動産を所有せず、賃貸借物件に住んでいたのですが、この場合にも住居に関する賠償の請求を行うことは、可能でしょうか。

8　地震による損壊を伴う家屋の扱い …………………………………… 141

　　**Q41**　地震で屋根が壊れました。すぐに修理を行えば住むことができましたが、原発事故が原因で修理を行うことができませんでした。そのため、部屋の中が雨漏りでカビだらけになり、部屋の中に動物が巣を作り部屋の中で排泄等を行ったため、家に帰れるようになっても住むことが困難になりました。このような場合の損害賠償請求について、東京電力に対する直接請求または紛争解決センターへの申立ては、どのように扱っていますか。

9　住宅の修復費用等（東京電力に対する直接請求による基準）… 142

　　**Q42**　住宅の修復費用について教えてください。

10　事故前に家屋のリフォーム等を行った場合のリフォーム代金額

　　　　の請求 ……………………………………………………………………… 144

　　　　Q43　本件事故が発生する前に、住宅のリフォームを行いました。現在、発表されている東京電力に対する直接請求の基準等では、リフォームに関しては何も考慮されていないようですが、紛争解決センターに申立てを行った場合には考慮されるのでしょうか。

　　11　不動産の除染費用 ………………………………………………… 146

　　　　Q44　今後、自宅に帰宅する場合に備えて、除染の準備を行いたいと考えています。紛争解決センターであれば、見積さえ提出すれば、除染費用をあらかじめ請求することはできるでしょうか。

　　12　相続未了不動産 …………………………………………………… 147

　　　　Q45　相続不動産の名義が、亡くなった父名義となっているのですが、不動産賠償を受けることはできるのでしょうか。

Ⅴ　就労不能等による損害 ………………………………………………… 149
　　1　避難先での就労と就労損害の関係 ……………………………… 149

　　　　Q46　勤務先が旧警戒区域にあり、事故後職を失いました。避難後は新しい就職先で働いています。しかし、周囲の人からは、働かなくても東京電力に請求できるのだから、働くのは損と言われるので、労働意欲が失われてしまいます。働いている人には、働いたことについて何らかの配慮はないのでしょうか。

　　2　収入額の認定方法 ………………………………………………… 151

　　　　Q47　本件事故が発生する数か月前から仕事を始めたばかりなので昨年度の同時期の収入を証明する資料はありません。また、事故がなければ、収入は増加していたはずであり、事故直前の収入を参考にして損害額が算定されることには納得がいきません。このような場合に、紛争解決センターを利用すれば、どのように損害が判断されるのでしょうか。

　　3　就労不能原因 ……………………………………………………… 152

　　　　Q48　就労不能損害の就労不能原因はどのような場合に認められるでしょうか。

　　4　避難指示解除後の帰還に伴う就労不能損害 ………………… 154

目　次

　　　　Q49　避難指示解除後に避難元に帰還しても、もとの就職先には戻れないと思うのですが、帰還後は就労不能損害をもらえないのですか。
　5　就労不能損害の賠償終期 ………………………………………………… 155
　　　　Q50　帰還困難区域内に勤務先がありましたが、本件事故によって失業してしまいました。事故後，東京電力より就労不能損害の賠償を受けていましたが，この前，一方的に賠償が打ち切られました。50代のためかいまだに定職につけず、収入が安定しません。賠償を継続してもらうことはできませんか。

# 第3章　自主的な避難による個別の損害

Ⅰ　自主的避難等対象区域 ………………………………………………… 158
　　　　Q51　私は福島市から避難をしたのですが、賠償は認められますか。
Ⅱ　自主的避難等対象者の範囲 …………………………………………… 160
　　　　Q52　中間指針第一次追補が認めた自主的避難対象者の範囲を教えてください。
Ⅲ　自主的避難等対象者の損害の範囲と金額 …………………………… 161
　　　　Q53　中間指針によれば、どういう損害について、いくら認められるのですか。
Ⅳ　東京電力の基準 ………………………………………………………… 163
　　　　Q54　東京電力の自主的避難者に対する賠償基準を教えてください。
Ⅴ　避難指示等対象区域から自主的避難等対象区域へ避難をした場合の精神的損害 ………………………………………………………… 165
　　　　Q55　避難指示等対象区域から自主的避難等対象区域に避難してきた場合の慰謝料額として、いくら請求できますか。
Ⅵ　自主的避難の生活費・実費の賠償 …………………………………… 166
　　　　Q56　自主的避難者について、中間指針第一次追補が示す1人8万円または1人40万円を超える実費の賠償は、紛争解決センターではどのよ

うな場合に認められますか。

Ⅶ 　自主的避難者の紛争解決センターにおける取扱い ……… 168
　　　Q57　自主的避難者の慰謝料額や避難費用等は、紛争解決センターでは、実際にどの程度が認められていますか。

Ⅷ 　区域外から自主的避難 ………………………………………… 174
　　　Q58　避難指示等対象区域にも自主的避難等対象区域にも住んでいませんでしたが、自主的避難をしました。損害賠償請求ができますか。

# 第 4 章　営業損害・風評被害

Ⅰ　営業損害 ………………………………………………………… 176
　1　東京電力に対する直接請求の取扱い ………………………… 176
　　　Q59　東京電力では、営業損害について、どのように取り扱っていますか。
　2　事業用不動産の賠償 …………………………………………… 177
　　　Q60　避難指示によって区域内にあった工場に立ち入ることができず、事故発生から現在にいたるまで放置してあるので、工場での事業再開は断念せざるを得ません。工場とその土地を失ったことによる損害の賠償はしてもらえるのでしょうか。
　3　事業用動産の賠償 ……………………………………………… 179
　　3-1　損害の考え方 ……………………………………………… 179
　　　Q61　避難指示によって区域内の事業所にあった機材等が使えなくなってしまいました。古いものもありますが、まだ使えるものばかりです。中には、事故の 2 か月ほど前に新調したものもあります。賠償してもらえるのはいくらでしょうか。
　　3-2　帳簿・売買契約書等の証拠不十分 ……………………… 180
　　　Q62　仕事で使っていた工具が無くなってしまったのですが、帳簿等にはつけていません。この工具についても賠償してもらえるでしょうか。
　4　新規取得財産の取得費用の賠償 ……………………………… 182

目　次

- 4-1　代替資産の取得 …………………………………………………… 182
  - Q63　避難指示によって区域内にあったＡ工場が使用できなくなったため、区域外にあったＢ工場にＡ工場の設備を設置しました。この設置費用は賠償してもらえるのでしょうか。
- 4-2　非代替資産の取得 …………………………………………………… 184
  - Q64　避難先で営業を再開するために仮設事務所を建てました。また避難先は市街地であったためエアコンを設置しなければなりません。このような設置費用は賠償してもらえるのでしょうか。
- 5　追加的費用の賠償 ……………………………………………………… 185
  - Q65　原発事故の発生によって、事業の再開・継続のためにさまざまな費用がかかりました。どのような費用が賠償の対象となりますか。
- 6　逸失利益の賠償 ………………………………………………………… 187
  - 6-1　逸失利益の算定方法 ……………………………………………… 187
    - Q66　逸失利益の損害はどのように算定しますか。
  - 6-2　中間指針方式（実額方式）による算定 ………………………… 187
    - Q67　中間指針方式（実額方式）ではどのように逸失利益を算定しますか。
  - 6-3　東電方式（貢献利益率方式）による算定 …………………………… 00
    - Q68　東電方式（貢献利益率方式）ではどのように逸失利益を算定しますか。
  - 6-4　具体的な算定 ……………………………………………………… 193
    - Q69　本件事故前の数年間は安定して5000万円ほどあった営業利益が、本件事故があった2011年度には4000万円に減少しました。逸失利益（営業損害）の賠償を請求する場合、中間指針方式（実額方式）と東電方式（貢献利益率方式）とでは違いがありますか。
- 7　店舗別での算定 ………………………………………………………… 195
  - Q70　避難指示区域内の店舗だけ営業ができなくなってしまいました。この店舗の損害だけを分けて賠償してもらうことはできますか。
- 8　事業性がない場合 ……………………………………………………… 195
  - Q71　農作物を栽培し、知人や親戚に贈り、返礼品を受け取っていまし

た。栽培した農作物を売りに出すことはしていなかったのですが、損害として認められますか。

### 9　部門別の算定 …………………………………………………… 196
**Q72**　Ａ事業とＢ事業を営む会社で事故後は一度営業を休止せざるを得ませんでしたが、Ａ事業だけは2011年6月から再開し、復興特需によって収益が増加しました。この場合、損害をどのように算定するのでしょうか。

### 10　福島県外の場合 ………………………………………………… 197
**Q73**　福島県外で木炭の製造販売を業としていますが、原料木に放射性物質が付着していたため、売上が伸びません。この損害は賠償してもらえるのでしょうか。

### 11　廃業損害 ………………………………………………………… 198
**Q74**　原発事故によって取引先も被害を受け、避難によって人口も減ってしまったため事業再開のめどがつきません。もう廃業せざるを得ないと考えているのですが、原発事故がなければ廃業する必要がなかったので、その損害を賠償してもらえるのでしょうか。

### 12　逸失利益の賠償終期 …………………………………………… 199
**Q75**　原発事故の影響で会社の売上が減少してしまいました。既に事故から5年が経ちましたが、未だに事故前の売上を達成することができません。これまでは、減収分の逸失利益を賠償してもらってきましたが、いつまで賠償してもらえるのでしょうか。

## Ⅱ　風評被害・間接被害 ……………………………………………… 200
### 1　中間指針における取扱い ……………………………………… 200
**Q76**　原発事故により生じた風評被害について、中間指針での取扱いを教えて下さい。

### 2　農林漁業・食品産業 …………………………………………… 202
**Q77**　隣町の農作物からセシウムが検出されたという報道があったため、私の住んでいる地域の農作物の売れ行きが非常に落ち込みました。私の地域の農作物からは、一度もセシウムは検出されておらず、安全なのに

目　次

納得できません。損害賠償を請求することはできないのでしょうか。

3　観光業 ……………………………………………………………… 204

　Q78　東京で外国人向けの観光案内を行っているのですが、原発事故を受けてキャンセルが相次ぎました。また、観光シーズンを迎えても、事故前のように予約が入りません。東京電力に損害賠償を請求するためには、どのような証拠が必要でしょうか。

4　輸出にかかる風評被害 ……………………………………………… 205

　Q79　私は日本で製造したＡ国向けの自動車の部品（以下「商品」といいます）をＡ国へ輸出する事業を行っています。本件事故後、商品をＡ国へ輸出したところ、原発事故を理由にＡ国から輸入を拒否されました。これにより、私の会社の売上は、本件事故前に比べて減少しました。このような売上減少による損害についても賠償請求できますか。

5　間接被害 …………………………………………………………… 207

　Q80　帰還困難区域にあった取引先の製造工場が閉鎖されてしまったため、その取引先に納入していた特殊な部品が売れなくなり、わが社の売上も激減しました。他の取引先を探していますが、汎用部品ではないためなかなか販路を開拓できません。わが社の部品工場は関西にあるのですが、損害を賠償してもらえますか。

# 第5章　避難関連死

## Ⅰ　災害弔慰金 ……………………………………………………………… 212

　Q81　父は、入院中に避難指示を受け、避難しましたが、2011年3月下旬、避難先で死亡しました。自治体からお葬式代のようなものは出ないのでしょうか。

## Ⅱ　災害弔慰金の不支給 …………………………………………………… 213

　Q82　災害弔慰金を申請しましたが、却下となってしまいました。何か争う手段はないのでしょうか。

## Ⅲ　慰謝料請求 ……………………………………………………………… 214

目　次

　　　Q83　避難関連死として東京電力に対して慰謝料の請求はできないのでしょうか。慰謝料以外に、どんな請求ができるのでしょうか。

Ⅳ　寄与度 ································································································ 217
　　　Q84　紛争解決センターでは、原発事故の寄与度が問題となると聞いたのですが、寄与度とはなんでしょうか。また、紛争解決センターでは、原発事故の寄与度は原則として50％であると聞いたのですが、そのように取り扱われているのでしょうか。

# 第6章　その他（弁護士費用、仮払金の控除、先行和解等）

Ⅰ　弁護士費用 ························································································ 222
　　　Q85　紛争解決センターでは、弁護士費用はどの程度認められていますか。

Ⅱ　仮払金の控除 ···················································································· 223
　　　Q86　東京電力からもらった仮払金は、紛争解決センターの和解において控除されていますか。

Ⅲ　仮払和解、先行和解 ········································································ 224
　　　Q87　紛争解決センターを利用した場合には、終了するまでは支払いを受けることができないのでしょうか。直接請求を行ってはいけないのでしょうか。

Ⅳ　和解後の残部請求 ············································································ 225
　　　Q88　紛争解決センターに、精神的損害の賠償を申し立てたところ、家族の別離による増額は認められましたが、持病による増額については、和解が成立しませんでした。持病による増額分を請求するには、もう一度紛争解決センターに申立てをしなければなりませんか。

Ⅴ　請求期間の拡張 ················································································ 226
　　　Q89　紛争解決センターに申し立てた損害の請求期間を拡張する申立て

目　次

## VI　加害者による審理の不当遅延と遅延損害金の取扱い …… 227

Q90　紛争解決センターに申立てを行っても、東京電力が迅速に対応せずに、引き延ばしばかり行われ、紛争が解決しないのではないかと不安です。東京電力が引き延ばしを行わないように、紛争解決センターでは何らかの対応策をとっているのでしょうか。

## VII　紛争解決センターにおける直接請求による回答の取扱い ………………………………………………………………… 229

Q91　直接請求を行い、東京電力から回答がありました。しかし、その内容に納得がいかず、紛争解決センターに申立てを行おうか検討中ですが、紛争解決センターの和解案が東京電力から回答があった金額を下回ることはないでしょうか。

## VIII　原子力損害賠償債権の消滅時効 …………………………… 230

Q92　本件事故によって生じた損害賠償請求に関して、消滅時効にかかる期間はどのくらいでしょうか。

## IX　賠償金にかかる税金 …………………………………………… 231

Q93　東京電力から賠償金を受領したのですが、これについて税金を支払わなければならないのでしょうか。

# 資料編

【資料1】東京電力株式会社福島第一、第二原子力発電所事故による原子力損害の範囲の判定等に関する中間指針

【資料2】東京電力株式会社福島第一、第二原子力発電所事故による原子力損害の範囲の判定等に関する中間指針追補（自主的避難等に係る損害について）

【資料3】東京電力株式会社福島第一、第二原子力発電所事故による原子力損害の範囲の判定等に関する中間指針第二次追

目　次

　　　　　補（政府による避難区域等の見直し等に係る損害について）
【資料4】東京電力株式会社福島第一、第二原子力発電所事故による原子力損害の範囲の判定等に関する中間指針第三次追補（農林漁業・食品産業の風評被害に係る損害について）
【資料5】東京電力株式会社福島第一、第二原子力発電所事故による原子力損害の範囲の判定等に関する中間指針第四次追補（避難指示の長期化等に係る損害について）
【資料6】和解の仲介の申立てに当たって（和解仲介手続申立書様式A・個人用簡易版）
【資料7】和解の仲介の申立てに当たって（和解仲介手続申立書様式A・法人用簡易版）
【資料8】和解仲介手続申立書（様式B）
【資料9】和解の仲介の申立てに当たって（和解仲介手続申立書様式B・記載例）
【資料10】代理人による申立てをお考えの方へ
【資料11】法人・個人事業主の方へ（提出資料について）
【資料12】証拠の確認一覧
【資料13】和解仲介手続における仲介委員の指名等について
【資料14】和解契約書（全部）（案）
【資料15】総括基準（精神的損害の増額事由等について）
【資料16】総括基準（自主的避難を実行した者がいる場合の細目について）
【資料17】総括基準（避難等対象区域内の財物損害の賠償時期について）
【資料18】総括基準（訪日外国人を相手にする事業の風評被害等について）
【資料19】総括基準（弁護士費用について）
【資料20】総括基準（営業損害算定の際の本件事故がなければ得ら

目　次

　　　　れたであろう収入額の認定方法について）
【資料21】総括基準（営業損害・就労不能損害算定の際の中間収入の非控除について）
【資料22】中間収入の非控除について（平成24年6月26日決定）
【資料23】総括基準（加害者による審理の不当遅延と遅延損害金について）
【資料24】総括基準（直接請求における東京電力からの回答金額の取扱いについて）
【資料25】総括基準（旧緊急時避難準備区域の滞在者慰謝料等について）
【資料26】総括基準（観光業の風評被害について）
【資料27】総括基準（減収分（逸失利益）の算定と利益率について）
【資料28】総括基準（早期一部支払の実施について）

# 凡例

本文中においても略語を明示しましたが，主な略語は次のとおり使いました。

- **福島第一原発**
  - →東京電力福島第一原子力発電所
- **福島第二原発**
  - →東京電力福島第二原子力発電所
- **原発被災者弁護団**
  - →東日本大震災による原発事故被災者支援弁護団
- **原発被災者弁護団ウェブサイト**
  - →原発被災者弁護団ウェブサイト
    < http://ghb-law.net/ >
- **中間指針**
  - →東京電力株式会社福島第一、第二原子力発電所事故による原子力損害の範囲の判定等に関する中間指針
    <http://www.mext.go.jp/b_menu/shingi/chousa/kaihatu/016/houkoku/__icsFiles/afieldfile/2011/08/17/1309452_1_2.pdf >
- **紛争解決センター**
  - →原子力損害賠償紛争解決センター
- **和解事例○**
  - →原子力損害賠償紛争解決センター　ウェブサイト
    <http://www.mext.go.jp/a_menu/genshi_baisho/jiko_baisho/detail/1335368.htm>
- **東電基準**
  - →東京電力の定める賠償基準
- **20○○年○月○日付プレスリリース**
  - →東京電力株式会社ウェブサイト・プレスリリース
    <http://www.tepco.co.jp/cc/press/index-j.html>
- **裁判所ウェブサイト**
  - →裁判所ウェブサイト
    <http://www.courts.go.jp>
- **判時**
  - →判例時報

第1章

# 福島第一原子力発電所事故の損害賠償

## I　福島第一原子力発電所の事故

　東日本全域に甚大な被害をもたらした東日本大震災は、2011年3月11日午後2時46分に発生した、三陸沖を震源とするマグニチュード9.0の巨大地震です。この地震に起因して発生した東京電力株式会社（以下「東京電力」といいます）福島第一原子力発電所事故（以下「本件事故」といいます）における、地震発生後から放射性物質の拡散に至る経過や政府による避難指示等について、当時、政府が設置した原子力災害対策本部の発表資料や、国会および政府が設置した事故調査委員会の報告書に基づき、以下にまとめます。

### 1　3月11日（金）の経過（地震発生・全交流電源喪失）

　東日本大震災により東京電力福島第一原子力発電所（以下「福島第一原発」といいます）にあった原子炉は、運転中だった1から3号機が自動停止しました。しかし、地震によって発電所内外の送変電設備が損傷したことにより、原子炉本体への送電が停止してしまい、原子炉はすべての外部電源を喪失しました。
　さらに、地震発生から約50分後には巨大な津波が福島第一原発に来襲し、多くの非常用ディーゼル発電機や冷却用海水ポンプ、所内配電系統設備などが浸水し、全交流電源を完全に喪失しました。原子炉内の燃料棒に対する冷却機能は、直流電源であるバッテリー等に頼らざるを得ず、東京電力は全交流電源喪失という特定事象発生の通報（原子力災害対策特別措置法（以下「原災法」といいます）10条1項、原災法施行令4条4項5号、原災法に基づき原子力防災管理者が通報すべき事象等に関する規則7条1号）を、政府や周辺自治体へ行いました。また津波は、数次にわたって押し寄せたため、直流電源の燃料となるオイルタンクをはじめとする直流電源設備などが浸水しました。こ

れにより、同日午後4時36分には、1、2号機に関し、継続的に原子炉内の燃料棒を冷却することができなくなりました。

　これは、原災法15条1項2号、原災法施行令6条4項5号、原災法に基づき原子力防災管理者が通報すべき事象等に関する規則14条に規定する、非常用炉心冷却装置注水不能状態に該当することになります。

　なお、原災法は、1999年の茨城県東海村におけるJCO臨界事故を契機に制定された法律で、原子力事業者において、放射線の検出や政令で定める原子力緊急事態が発生した際に国等に通報することや、通報を受けた政府が緊急事態宣言を発令し、地元自治体と連携してすみやかに対応することなどが規定されている法律です。

　上記原災法15条に該当する事象の発生（以下「原災法15条事象」といいます）およびその通報を受けた政府は、3月11日午後7時3分、原災法15条2項に基づく原子力緊急事態宣言を発令し、同条3項に基づき福島第一原発から半径3km以内に居住する住民に対し避難指示、10km圏内の住民に屋内退避指示を出しました。

　そして、原災法16条1項に基づき、内閣府に原子力災害対策本部が設置されました。

## 2　3月12日（土）の経過（1号機水素爆発）

　翌12日になっても緊迫した状況は続き、同日午前1時20分には、原災法15条事象に該当する1号機の格納容器圧力の異常上昇が発生、確認されます。東京電力は格納容器内の圧力上昇による破損を避けるため、格納容器内の空気を外に逃がすベントの実施を求め、政府はこれに備える形で、12日午前5時44分に、福島第一原発の半径10km圏内の住民に対しても避難指示を出しました。

　東京電力は同日午前10時17分からベント作業に踏み切りましたが作業は難航し、同日午後2時30分ころ、ようやく手作業によりベントは成功しました。しかし、このとき1号機の炉心にあった核燃料棒はすでに冷却水から

露出していたため、高温となって水や水蒸気と反応して水素が発生し、その水素が1号機原子炉建屋内に充満したところ、同日午後3時36分、何らかの原因により引火して水素爆発し、1号機建屋が大きく損壊して周囲に瓦礫を飛散させました。

　同日午後4時17分、原発敷地境界付近で原災法15条事象に該当する毎時500マイクロシーベルトを超える放射線量が測定されたことから、政府は同日午後6時25分に同原発の20km圏内に避難指示区域を拡大する指示を出しました。

　なお、政府は12日午前7時45分には、福島第二原子力発電所（以下「福島第二原発」といいます）の半径3km圏内に避難指示、10km圏内に屋内退避の指示を出し、同日午後5時39分には半径10km圏内の住民への避難指示を出しています。これは、福島第二原発の原子炉1、2、4号機で圧力抑制室の温度が100度を超えたことにより、原災法15条事象（原子炉圧力抑制機能喪失）が発生したとの報告を受けたものです。福島第二原発では、津波による被害を受けたものの、福島第一原発とは異なり、外部電源が生きていたため、その後の懸命な復旧作業により、3月15日までに原災法15条事象から復帰しました。

## 3　3月13日（日）の経過（3号機冷却不能）

　原子炉3号機は津波の被害が比較的小さく、津波の被害を免れたバッテリーを活用して原子炉の冷却を行っていました。しかし、13日になってそのバッテリーが枯渇してしまい、原子炉の冷却・注水・減圧機能を喪失し、同日午前5時10分、原災法15条事象（非常用炉心冷却装置注水不能）の発生に至りました。このため、3号機圧力容器内の水位の低下が進み、露出した核燃料棒から水素が発生したため、翌14日の水素爆発に至ります。

I　福島第一原子力発電所の事故

## 4　3月14日（月）の経過（3号機水素爆発）

　14日午前11時1分、上記のとおり、3号機建屋に充満していた水素が爆発を起こしました。
　この水素爆発に伴う瓦礫の飛散は、全電源喪失後も運転を続けていた2号機の注水・冷却機能のための電源ケーブルなどを損傷させ、そのため午後1時25分には、2号機は原子炉冷却喪失（原災法15条事象）の状態に至ってしまいました。その後、ベントによる減圧と注水に向けた作業が続けられましたが、いずれも難航し、圧力容器内の水位は低下したまま炉心損傷に至ったものと推定されています（東京電力「福島第一原子力発電所事故の経過と教訓」（2013年3月））。午後10時50分には、格納容器圧力異常上昇の原災法15条事象が発生するに至りました。
　なお、炉心損傷により2号機においても水素が発生していましたが、2号機建屋の屋上部側面のパネルが1号機の水素爆発の衝撃で開いていたため、水素が外部へ排出され、原子炉建屋の爆発は回避されました。
　一方、14日夜から翌15日にかけて、福島第一原発正門や福島第二原発等に設置されていた周辺の放射能モニタリングポストでは、それまでにない高い放射線が測定されており、この間の2号機の炉心損傷によって発生した放射性物質が、大量に周囲に放出されることにつながったとみられていますが、詳細な原因について、東京電力から発表はされていません。

## 5　3月15日（火）の経過（放射性物質大量拡散）

　2号機に関しては、圧力を下げるためのベントが試みられていたものの奏功せず、15日午前6時10分には、圧力抑制室（サプレッションプール）付近で異音が発生しました。異音発生後に、圧力抑制室内の気圧が低下したことが確認されているため、圧力抑制室が損傷したことによるものとみられています。

同日午前6時14分には、定期検査中で運転を停止していた4号機において、3号機のベントに伴って排出された水素を含むガスが、排気管を通じて建屋内に流入したことにより、水素爆発を起こしました。同日午前9時38分には、4号機建屋に火災が発生し、同日午前10時22分には、3号機周辺で毎時400ミリシーベルトの極めて高い放射線量が測定されました。

　政府は、同日午前11時に、福島第一原発から半径20～30km圏内の住民に対して屋内退避指示を出しています。

　15日は、本件事故発生以降、最も大量の放射性物質が放出された日であり、当初は南向きの風が吹いていたことから、関東地方へも放射性物質が広く拡散しました。その後、正午ころから午後3時にかけては、西北西向きに風向きが変わったことから、福島県全域にわたって、高濃度の放射性物質による汚染が進むこととなりました。


## 6　3月16日（水）以降

　16日以降は、使用済み核燃料を貯蔵するプールの水位確保に向けた作業等も加わり、事故を安定的に管理するための作業が続けられました。この間も、関東を含む周辺の放射能モニタリングポストでは、通常よりも高い放射線が測定されていますが、その数値は徐々に減少していくことになります。一方、福島第一原発の海水からも高濃度の放射性物質が検出されたことが発表されました。

　また政府は、事故発生から15日目にあたる3月26日に、同原発の半径30km圏内の住民に自主避難を勧告しています。

## Ⅱ 避難指示区域の変遷

### 1 2012年3月31日以前の変遷

(1) 避難指示等

前記のとおり、国および福島県は、震災直後よりさまざまな避難指示や屋内退避指示を出しました（なお、2011年4月21日、福島第二原発の半径8～10kmの地域は避難指示が解除されました）。

(2) 警戒区域、計画的避難区域および緊急時避難準備区域

　(A) 警戒区域の設定

2011年4月22日、原子力災害対策本部長が居住者等の避難のための立退きを関係地方公共団体へ指示している地域（福島第一原発から半径20km圏内、海域も含む）を「警戒区域」に設定しました。

具体的には、富岡町、大熊町、双葉町のそれぞれ全域、田村市、南相馬市、楢葉町、川内村、浪江町、葛尾村のそれぞれ一部です。

警戒区域は、緊急事態応急対策に従事する者以外の者の立入りが制限されるとともに、一時立入りの許可基準は原子力災害対策本部長が別に示すこととされました。

　(B) 計画的避難区域の設定

2011年4月22日、福島第一原発から半径20km以遠の周辺地域において事故発生から1年の期間内に積算線量が20ミリシーベルトに達するおそれのある区域を「計画的避難区域」に設定しました。

具体的には、浪江町、葛尾村の警戒区域を除いた区域、飯舘村全域、南相馬市の警戒区域を除いた一部、川俣町の一部です。

計画的避難区域は、別の場所に計画的に避難することが求められました。

### (C) 緊急時避難準備区域の設定

2011年4月22日、それまで「屋内退避区域」となっていた福島第一原発から半径20〜30kmの区域を「緊急時避難準備区域」に設定しました。

具体的には、広野町・楢葉町・川内村、および田村市と南相馬市の一部のうち、福島第一原発から半径20km圏外の地域です。

緊急時避難準備区域は、引き続き自主的避難をすることが求められました。特に、子供、妊婦、要介護者、入院患者の方などは、この区域に入らないようにすることが引き続き求められました。

なお2011年9月30日、緊急時避難準備区域は一括解除されました。

### (3) 特定避難勧奨地点の設定（図1）

特定避難勧奨地点とは、「計画的避難区域」や「警戒区域」の外で、計画的避難区域とするほどの地域的な広がりはないものの、事故発生後1年間の積算放射線量が20ミリシーベルトを超えると推定される地点です。

2011年6月30日以降、各地に設定されていました（後述するとおり、2014年12月28日にすべて解除されました）。

具体的には、図1のとおりです。

**図1 過去に設定されていた特定避難勧奨地点**

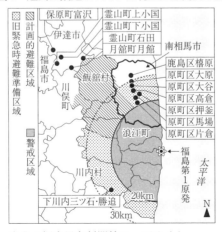

出典：福島民友新聞社ウェブサイト

## Ⅱ 避難指示区域の変遷

### （4）警戒区域、計画的避難区域および特定避難勧奨地点がある地域の概要図（図2、3）

2011年11月25日時点における警戒区域、計画的避難区域および特定避難勧奨地点がある地域の概要図は図2のとおりです。

これまでの避難指示等の経緯をまとめた図については、図3のとおりです。

**図2 警戒区域、計画的避難区域および特定避難勧奨地点がある地域の概要図**
**（2011年11月25日現在）**

## 図3　避難指示等の経緯

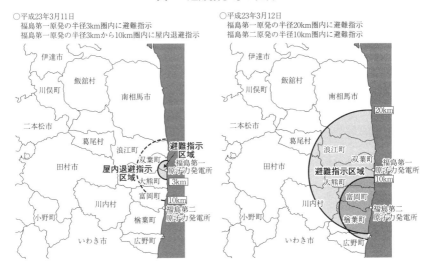

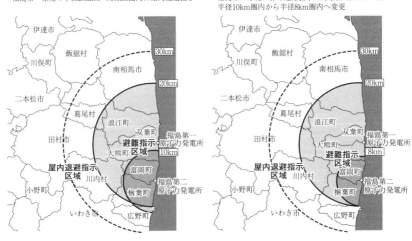

## Ⅱ 避難指示区域の変遷

○平成23年4月22日
福島第一原発の半径20km圏外の特定地域を、計画的避難区域※1及び緊急時避難準備区域※2として設定

※1「計画的避難区域」
事故発生から1年の間に累積線量が20mSvに達する恐れのある地域について、住民の被ばくを低減するために設定された。
※2「緊急時避難準備区域」
第一原発に係る危険防止の観点から設定。(立入制限はないが、自主的避難及び子供、妊婦等の避難を促されていた。)

○平成23年4月22日
福島第一原発の半径20km圏内(海域を含む)について、警戒区域※1として設定

※1「警戒区域」
立入制限、退去命令(罰則規定を伴う厳しい規制)が行われる区域。第一原発が不安定な状況にあることから、再び事態が深刻化した場合の居住者等の危険防止のために設定された。

○平成23年4月22日現在の区域設定をまとめると下記の通りとなる。
(半径20km圏内は、警戒区域と避難指示区域が重複して設定されている。)

第1章 福島第一原子力発電所事故の損害賠償

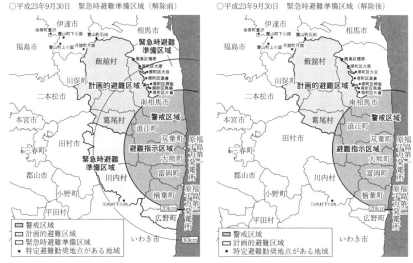

出典:経済産業省ウェブサイトに掲載の概念図に一部追記して作成

## 2 2012年4月1日以降の変遷

### (1) 警戒区域、避難指示区域等の見直しに向けた動き

2011年12月26日、原子力災害対策本部より「ステップ2の完了を受けた警戒区域及び避難指示区域の見直しに関する基本的考え方及び今後の検討課題について」が発表されました。

具体的内容は、①警戒区域(発電所から半径20km以内)の解除、②避難指示区域(発電所から半径20kmの区域および半径20km以遠の計画的避難区域)の見直しでした。

このことにより、避難指示区域について下記ⓐ~ⓒの区域に再編することになりました。下記ⓐ~ⓒの区域によって賠償基準(不動産・家財・精神的損害など)が異なる場合がありますので注意が必要です。

ⓐ 避難指示解除準備区域

避難指示区域のうち、年間積算線量20ミリシーベルト以下となることが確実であることが確認された地域です。当面の間は引き続き避難指示が継続されることになりますが、復旧・復興のための支援策を迅速に

実施し、住民の方が帰還できるための環境整備を目指す区域です。

具体的には、住民の一時帰宅（宿泊は禁止）や病院・福祉施設、店舗等の一部の事業や営農が再開できるようになりました。

ⓑ 居住制限区域

避難指示区域のうち、年間積算線量が20ミリシーベルトを超えるおそれがあり、住民の被ばく線量を低減する観点から引き続き避難を継続することを求める地域です。将来的には住民の方が帰還し、コミュニティを再建することを目指して、除染を計画的に実施するとともに、早期の復旧が不可欠な基盤施設の復旧を目指す区域です。

具体的には、住民の一時帰宅（宿泊は禁止）や、道路などの復旧のための立入りができるようになりました。

ⓒ 帰還困難区域

長期間、具体的には5年間を経過してもなお、年間積算線量が20ミリシーベルトを下回らないおそれのある、年間積算線量が50ミリシーベルト超の地域です。放射線量が非常に高いレベルにあることから、バリケードなど物理的な防護措置を実施し、避難を求めている区域です。

(2) 各区域の再編状況

（A）川内村（図4）

川内村については、まず、2012年4月1日、警戒区域が解除され、避難指示区域が居住制限区域および避難指示解除準備区域に設定されました。

次に、2014年10月1日、避難指示解除準備区域が解除され、居住制限区域が避難指示解除準備区域に見直されました。

（B）田村市（図5）

田村市については、まず、2012年4月1日、警戒区域が解除され、避難指示区域が避難指示解除準備区域に設定されました。

2014年4月1日、避難指示区域は解除されました。

（C）南相馬市（図6）

南相馬市については、2012年4月16日、警戒区域が解除され、避難指示区域が帰還困難区域、居住制限区域および避難指示解除準備区域に設定され

**図4 川内村の避難区域再編**

出典：福島民友新聞社ウェブサイト

**図5 田村市の避難区域再編**

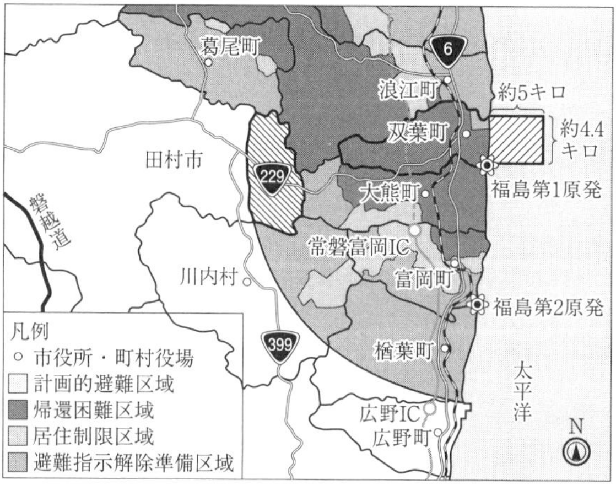

出典：福島民友新聞社ウェブサイト

ました。

（D）飯舘村（図7）

　飯舘村については、2012年7月17日、村内の計画的避難区域が避難指示解除準備区域、居住制限区域および帰還困難区域に見直されました。

## 図6　南相馬市の避難区域再編

出典：福島民友新聞社ウェブサイト

## 図7　飯舘村の避難区域再編

出典：福島民友新聞社ウェブサイト

　具体的には、避難指示解除準備区域は、八木沢・芦原行政区、大倉行政区、佐須行政区、二枚橋・須萱行政区です。

　居住制限区域は、草野行政区、深谷行政区、伊丹沢行政区、関沢行政区、小宮行政区、宮内行政区、飯樋町行政区、前田・八和木行政区、大久保・外

内行政区、上飯樋行政区、比曽行政区、蕨平行政区、関根・松塚行政区、臼石行政区、前田行政区です。

帰還困難区域は長泥行政区です。

(E) 楢葉町 (図 8)

楢葉町については、まず、2012 年 8 月 10 日、陸域の避難指示区域が避難指示準備区域に見直され、前面海域の避難指示区域が解除され、陸域および前面海域の警戒区域が解除されました。

2015 年 9 月 5 日、避難指示区域は解除されました。

図 8　楢葉町の避難区域再編

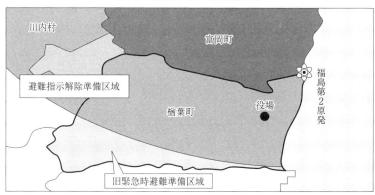

出典：福島民友新聞社ウェブサイト

(F) 富岡町、大熊町、双葉町および浪江町

富岡町、大熊町、双葉町、浪江町については、2012 年 8 月 10 日、福島第一原発から半径 20km 圏内の海域であって、東経 141 度 5 分 20 秒 (陸域から約 5km) から東側の海域について、避難指示区域および警戒区域が解除されました。

(G) 大熊町 (表 1) (図 9)

大熊町については、2012 年 12 月 10 日、陸域の避難指示区域が、避難指示解除準備区域、居住制限区域および帰還困難区域に見直されました。また、陸域の警戒区域が解除されました。

## II 避難指示区域の変遷

### 表1 大熊町の避難区域再編

| | |
|---|---|
| 避難指示解除準備区域 | 中屋敷行政区 |
| 居住制限区域 | 大川原1・2区行政区 |
| 帰還困難区域 | 上記を除く全ての行政区 |

### 図9 大熊町の避難区域再編

出典：福島民友新聞社ウェブサイト

(H) 葛尾村（図10）

葛尾村については、2013年3月22日、村内の避難指示区域が、避難指示解除準備区域、居住制限区域および帰還困難区域に見直されました。また、村内の警戒区域が解除されました。

(I) 富岡町（表2）（図11）

富岡町については、2013年3月25日、町内の陸域の避難指示区域が、避難指示解除準備区域、居住制限区域および帰還困難区域に見直されました。また、町内の陸域の警戒区域が解除されました。

(J) 浪江町（表3）（図12）

浪江町については、2013年4月1日、町内の陸域の避難指示区域が、避難指示解除準備区域、居住制限区域および帰還困難区域に見直されました。町内の陸域の警戒区域が解除されました。

**図 10　葛尾村の避難区域再編**

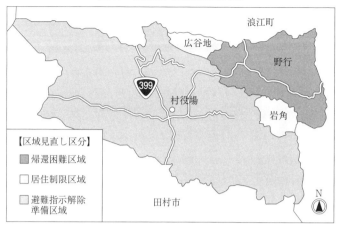

出典：福島民友新聞社ウェブサイト

**図 11　富岡町の避難区域再編**

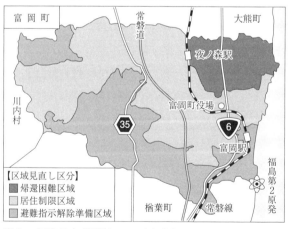

出典：福島民友新聞社ウェブサイト

II　避難指示区域の変遷

## 表2　富岡町区域編成地番一覧

| 区域名 | 字・地番 | |
|---|---|---|
| 避難指示解除準備区域 | 富岡町 | 大字下郡山字下郡の全ての区域、字原下の全ての区域、字真壁の全ての区域 |
| | 大字毛萱 | 字浜畑の全ての区域、字前川原の全ての区域 |
| | 大字仏浜 | 字釜田のうち「居住制限区域」に記載のない区域 |
| | | 字西原のうち「228番地から235番地、239番地、240番地、241番地1、241番地2、242番地、243番地1、243番地2、244番地、245番地、288番地1から288番地5、289番地1から289番地3、289番地5、289番地6、292番地から294番地、294番地1、295番地から298番地、299番地1、299番地2、300番地1、300番地3、301番地から303番地、304番地1、304番地2、306番地1、306番地2、307番地から309番地1、309番地2、310番地、311番地1、311番地2、312番地、313番地、341番地から345番地、346番地1から346番地5、347番地、348番地、348番地1から348番地6、349番地、350番地、351番地1から351番地3、365番地から367番地、368番地1から368番地2、369番地、370番地、374番地から382番地、383番地1、383番地2、384番地1、384番地2、399番地、405番地から411番地」 |
| | 大字小浜 | 字反町のうち「居住制限区域」に記載のない区域 |
| | | 字中央のうち「48番地5から48番地7、48番地10、359番地、362番地から368番地、370番地1、370番地2、387番地、393番地、394番地、395番地1から395番地3、396番地1、396番地4、396番地5、397番地1、399番地、400番地1、401番地、404番地1、404番地2、405番地1、405番地2、410番地、569番地、570番地、571番地1から571番地10、572番地1、572番地2、573番地、574番地、577番地から584番地、584番地1、585番地、585番地1から585番地3、586番地1から586番地3、587番地、588番地、589番地1から589番地4、590番地、591番地1、591番地2、592番地、593番地1、593番地2、594番地から597番地、598番地1から598番地3、599番地、600番地、601番地1、601番地2、602番地、603番地1から603番地7、604番地から613番地、614番地1、614番地2、615番地から619番地、735番地から737番地、738番地1、738番地2、740番地1、740番地2、751番地、768番地から770番地」 |
| | 大字上郡山 | 字岩井戸の全ての区域、字滝ノ沢の全ての区域、字半弥沢の全ての区域 |
| | 字太田のうち「居住制限区域」に記載のない区域 | |
| | 字上郡のうち「1番地1、1番地4、2番地1、2番地4、3番地1、3番地2、4番地1、4番地3から4番地6、5番地1、6番地1、7番地3、8番地、12番地1」 | |
| | 字清水のうち「1番地1から1番地3、2番地1から2番地6、3番地1から3番地7、4番地から6番地、7番地1、7番地2、9番地1から9番地3、9番地13、352番地7から352番地11、355番地2、357番地1、358番地1、359番地1、359番地2、360番地1、360番地2、361番地1、361番地2、361番地4、361番地5、362番地1から362番地5、363番地2、377番地2、378番地2、379番地2、380番地、381番地1から381番地3、502番地1から502番地10、503番地から505番地、506番地1、506番地2、507番地1、507番地2、559番地1、559番地2、574番地」 | |
| | 字関名古のうち「12番地2、13番地、14番地1、110番地1、110番地4、111番地1、111番地2、112番地1、112番地2、113番地1、113番地2、114番地1、114番地5、115番地1、115番地3、116番地2、117番地1から117番地3、118番地から122番地、123番地1から123番地6、124番地、125番地から135番地、174番地1、174番地2、175番地1、175番地2、176番地1、176番地2、182番地1、183番地2、184番地1、184番地2、185番地1から185番地3、186番地1、186番地2、187番地1から187番地3、188番地1、188番地2、189番地1、189番地2、190番地1、190番地2、191番地、195番地1、196番地1、196番地2、197番地1、197番地2、198番地、198番地1、198番地2、199番地1、199番地2、200番地1、200番地2、201番地、210番地、211番地1、211番地2、212番地1、212番地2、213番地1、213番地2、214番地1、214番地2、215番地1、215番地2、216番地から236番地、237番地1、237番地2、238番地、239番地、240番地1から240番地11、241番地、242番地、243番地1、243番地2、244番地1、244番地2、245番地から255番地、256番地1、256番地2、257番地から265番地、272番地1、272番地2、273番地1、273番地2、274番地1、274番地2、275番地1から275番地3、276番地1、276番地2、277番地1、277番地2、278番地、279番地1、279番地2、280番地から292番地、328番地1から328番地4、329番地1、329番地2、330番地1、330番地2、331番地から335番地、336番地1、336番地2、337番地1、337番地2、338番地1、338番地2、339番地1、339番地2、340番地1、340番地2、341番地1、341番地2、342番地1、342番地2、343番地1、343番地2、344番地から381番地、382番地1、382番地2、383番地1から383番地3、384番地1、384番地2、385番地1、385番地2、386番地1、386番地2、387番地3、387番地4、388番地から397番地、398番地1、398番地2、399番地1、399番地2、400番地から412番地、413番地1、413番地2、414番地1、414番地2、416番地1、430番地から435番地、437番地、438番地1、438番地4、439番地から441番地、443番地、446番地、448番地、452番地、453番地」 | |

# 第1章　福島第一原子力発電所事故の損害賠償

| 区域名 | 字・地番 |
|---|---|
| 避難指示解除準備区域 | 富岡町 大字上郡山字上前山のうち「居住制限区域」に記載のない区域<br>　　　　大字本岡　字赤木の全ての区域<br>　　　　大字上手岡字川原沢の全ての区域、字沢山の全ての区域<br>　　　　　　　　字大木戸川原　「3番地6、6番地5、6番地6、6番地13、16番地8、17番地4、17番地5、<br>　　　　　　　　　　のうち　　　17番地7、19番地5から19番地7、19番地9、19番地11、26番地3、<br>　　　　　　　　　　　　　　　32番地5、32番地7、35番地1、35番地2、36番地2、37番地1、37番地2、<br>　　　　　　　　　　　　　　　39番地1、49番地、61番地、61番地2、63番地3、71番地3、74番地6、<br>　　　　　　　　　　　　　　　74番地8、74番地10、74番地12から74番地15、74番地18から74番地20、<br>　　　　　　　　　　　　　　　74番地22、74番地24、74番地26、74番地27、74番地30、<br>　　　　　　　　　　　　　　　74番地31から74番地35、83番地1、86番地1、87番地1、88番地、<br>　　　　　　　　　　　　　　　89番地、91番地、92番地、94番地2、95番地、97番地6、<br>　　　　　　　　　　　　　　　97番地8から97番地11、97番地20、97番地22、97番地26、97番地27、<br>　　　　　　　　　　　　　　　97番地33から97番地45、98番地3から98番地9、<br>　　　　　　　　　　　　　　　101番地11から101番地3、108番地12、108番地13、<br>　　　　　　　　　　　　　　　108番地42、108番地46、108番地77、108番地78、108番地82、<br>　　　　　　　　　　　　　　　108番地84、108番地85、108番地87、108番地88、108番地90、<br>　　　　　　　　　　　　　　　108番地91、108番地99、108番地100、108番地103から108番地105、<br>　　　　　　　　　　　　　　　108番地107から108番地109、108番地115から108番地117、108番地119、<br>　　　　　　　　　　　　　　　108番地120、108番地122、108番地124、108番地128、108番地129、<br>　　　　　　　　　　　　　　　108番地131、108番地134から108番地136、108番地144、108番地145、<br>　　　　　　　　　　　　　　　108番地147、108番地149、108番地172から108番地176、108番地179、<br>　　　　　　　　　　　　　　　108番地181から108番地183、108番地208から108番地213、<br>　　　　　　　　　　　　　　　108番地215から108番地217、108番地223から108番地227、108番地230、<br>　　　　　　　　　　　　　　　108番地233、108番地234、108番地248、108番地250から108番地263、108番地265、<br>　　　　　　　　　　　　　　　108番地276から108番地279、108番地283、109番地1、109番地11、<br>　　　　　　　　　　　　　　　109番地12、109番地14、109番地17、109番地20、109番地22から109番地26、109番地29から109番地32、109番地34から109番地36、109番地38、109番地40、109番地42から109番地64、109番地66から109番地72、<br>　　　　　　　　　　　　　　　118番地1から118番地3、119番地、120番地、121番地2から121番地6、122番地、124番地5、129番地、130番地13、130番地19、132番地から143番地、144番地1、144番地2、145番地から157番地」<br>　　　　　　　　字広表のうち　「1番地、1番地2、2番地、2番地2、5番地、7番地2、8番地、12番地14、22番地2、22番地3、23番地3、23番地4、25番地1、25番地2、43番地24、43番地42、43番地85、43番地87から43番地92、43番地100から43番地102、43番地105から43番地108、44番地1、44番地2、44番地4から44番地6、44番地8、44番地13から44番地16、44番地18、44番地19から44番地21、44番地23、44番地31から44番地34、44番地36、44番地39から44番地41、44番地43、44番地45、44番地49、44番地54、44番地55、44番地71、44番地75、44番地77から44番地84、44番地88、44番地90から44番地92、44番地97から44番地100、44番地103、44番地105、44番地106、44番地108、44番地112から44番地120、44番地123から44番地150、46番地3、48番地1、48番地3から48番地7、49番地2から49番地4、51番地1から51番地3、52番地1、52番地3から52番地6、53番地2、55番地1、55番地3から55番地5、56番地2から56番地5、57番地1、57番地3から57番地5、59番地、61番地1、61番地3から61番地5、62番地、63番地2から63番地5、64番地2から64番地5、65番地1、65番地3、65番地6から65番地9、66番地1、66番地3から66番地5、67番地1、67番地3から67番地5、68番地、69番地、70番地1、70番地3、72番地1、72番地3から72番地7、76番地」<br>　　　　富岡町内国有林磐城森林管理署<br>　　　　　　539林班から542林班、644林班、646林班、647林班、662林班のうち富岡川より南の区域 |
| 居住制限区域 | 富岡町　小浜の全ての区域、中央1丁目の全ての区域、中央2丁目の全ての区域、本町1丁目の全ての区域、本町2丁目の全ての区域、夜の森南3丁目の全ての区域、夜の森南4丁目の全ての区域、夜の森南5丁目の全ての区域<br>　　　　大字大菅　字蛇谷須のうち「帰還困難区域」に記載のない区域<br>　　　　　　　　字川田のうち「1番地3」<br>　　　　　　　　字大平のうち　「1番地、1番地4、1番地89から1番地94、1番地96、1番地97、2番地1、2番地3、3番地から5番地、6番地1から6番地3、14番地1から14番地5、15番地、169番地1から169番地9、170番地、171番地、172番地1から172番地3、173番地から179番地、181番地から184番地、298番地1から298番地3」<br>　　　　大字仏浜　字釜田のうち　「1番地、2番地、3番地2、4番地6、8番地4、9番地、550番地、551番地、552番地1、552番地2、553番地1、553番地2、554番地2、554番地2、555番地1、555番地2、556番地1、556番地2、557番地1、557番地2、558番地1から558番地4、559番地、560番地1、560番地2、561番地から563番地、564番地1、564番地2、565番地1、565番地2、566番地1、566番地2、567番地1、567番地2、568番地から573番地、584番地1から590番地、595番地、611番地、613番地、614番地、616番地、617番地」<br>　　　　　　　　字西原のうち「避難指示解除準備区域」に記載のない区域<br>　　　　大字小浜　字大膳町の全ての区域 |

Ⅱ　避難指示区域の変遷

| 区域名 | | | 字・地番 |
|---|---|---|---|
| 居住制限区域 | 富岡町 | 大字小浜 字反町のうち | 「23番地3、26番地3、27番地3、29番地、30番地、30番地5、31番地1から31番地3、32番地3、32番地から35番地、36番地1から36番地4、37番地、38番地1から38番地3、39番地1、39番地2、40番地、41番地1、42番地1、43番地1、45番地、46番地1から46番地3、47番地、48番地1、48番地2、49番地から53番地、54番地1、54番地2、55番地1、55番地2、56番地から61番地」 |
| | | 字中央のうち | 「避難指示解除準備区域」に記載のない区域 |
| | 大字上郡山 | 字太田のうち | 「1番地1、1番地2、2番地1、2番地2」 |
| | | 字上郡のうち | 「避難指示解除準備区域」に記載のない区域 |
| | | 字清水のうち | 「避難指示解除準備区域」に記載のない区域 |
| | | 字関名古のうち | 「避難指示解除準備区域」に記載のない区域 |
| | 大字本岡 | 字前山のうち | 「1番地3、3番地3、3番地4、5番地1、5番地2、6番地1、7番地1から7番地3、8番地1から8番地4、17番地1、18番地」 |
| | | 字王塚の全ての区域、字上本町の全ての区域、字清水前の全ての区域、字関ノ前の全ての区域、字沼名子の全ての区域、字日向の全ての区域、字本町の全ての区域、字本町西の全ての区域 | |
| | | 字新夜ノ森のうち | 「15番地2、15番地5、49番地2、49番地210から49番地217」 |
| | 大字上手岡 | 字後作の全ての区域、字後田の全ての区域、字大石原の全ての区域、字片倉の全ての区域、字上千里の全ての区域、字家老沢の全ての区域、字権現山の全ての区域、字下千里の全ての区域、字杉内の全ての区域、字善正前の全ての区域、字外内の全ての区域、字高津戸の全ての区域、字西ノ上の全ての区域、字坂ノ上の全ての区域、字麓山の全ての区域、字日南郷の全ての区域、字平道地の全ての区域、字前川原の全ての区域、字茂手木の全ての区域、字下蔵地の全ての区域、字沢女の全ての区域 | |
| | | 字大木戸川原のうち | 「避難指示解除準備区域」に記載のない区域 |
| | | 字広表のうち | 「避難指示解除準備区域」に記載のない区域 |
| | 富岡町内国有林磐城森林管理署 639林班から643林班、662林班のうち富岡川以北であり植松川より南の区域 | | |
| 帰還困難区域 | 富岡町 | | 桜1丁目の全ての区域、桜2丁目の全ての区域、夜の森北1丁目の全ての区域、夜の森北2丁目の全ての区域、夜の森北3丁目の全ての区域、夜の森南1丁目の全ての区域、夜の森南2丁目の全ての区域 |
| | | 大字小良ケ浜字赤坂の全ての区域、字市の沢の全ての区域、字深谷の全ての区域、字松の前の全ての区域、字松葉原の全ての区域 | |
| | 大字大菅 | 字蛇谷須のうち | 「1番地64」 |
| | | 字川田のうち | 「居住制限区域」に記載のない区域 |
| | | 字大平のうち | 「居住制限区域」に記載のない区域 |
| | 大字本岡 | 字新夜ノ森のうち | 「居住制限区域」に記載のない区域 |
| | 富岡町内国有林磐城森林管理署 662林班のうち植松川以北の区域 | | |

出典：富岡町ウェブサイト

## （K）双葉町（図13）

　2013年5月28日、陸域の避難指示区域が、避難指示解除準備区域および帰還困難区域に見直されました。また、前面海域（双葉町と浪江町の陸地境界線と海岸線との交点の緯度（北緯37度27分58.9秒）から南側の海域であり、大熊町と双葉町の陸地境界線と海岸線との交点の緯度（北緯37度25分36.8秒）から北側の海域であって、かつ東経141度5分20秒から西側の区域の海域をいいます）の避難指示区域が解除されました。さらに、陸域および前面海域の警戒区域が解除されました。

　具体的には、避難指示解除準備区域は大字両竹、大字中野、大字中浜であり、帰還困難区域は「避難指示解除準備区域」を除く町内全域です。

## 表3　浪江町の区域再編

| 大字名 | 区域 | 設定基準 |
|---|---|---|
| 権現堂<br>高瀬<br>幾世橋<br>北幾世橋<br>棚塩<br>請戸<br>中浜<br>両竹<br>西台<br>藤橋 | 避難指示解除準備区域 | 20ミリシーベルト／年以下<br>空間線量率が3.8マイクロシーベルト／時以下<br>早期帰還に向け、復旧や除染事業を進め、皆さまが帰還できるための環境整備を行っています。 |
| 川添<br>牛渡<br>樋渡<br>谷津田<br>田尻<br>小野田<br>加倉<br>苅宿<br>酒田<br>立野 | 居住制限区域 | 20ミリシーベルト／年超50ミリシーベルト／年以下<br>空間線量率が3.8マイクロシーベルト／時超9.5マイクロシーベルト／時以下立入りは制限されませんが、不要な被ばくを防ぐために、不要不急の立入りはなるべく控えてください。 |
| 井手<br>小丸<br>大堀<br>酒井<br>末森<br>室原<br>津島<br>南津島<br>川房<br>昼曽根<br>下津島<br>赤宇木<br>羽附 | 帰還困難区域 | 50ミリシーベルト／年超<br>空間線量率が9.5マイクロシーベルト／時超<br>立入りは制限されます。一時立入りの際は防護服やマスクを着用するとともに、線量計を携行してください。 |

住民説明会での皆さまの意見をもとに、2つの大字について区域を変更しました。

| 大字牛渡 |
|---|

解除準備区域から居住制限区域に変更
行政区は、歴史的背景及び行政区のつながりを踏まえ、避難指示解除準備区域としていた「大字牛渡」を「大字樋渡」と同じ居住制限区域に再編しました。

| 大字酒井 |
|---|

居住制限区域から帰還困難区域に変更
放射線量を再計測した結果、年間50ミリシーベルトを超える区域の人口が過半数を占めているため変更しました。

出典：浪江町ウェブサイト

Ⅱ　避難指示区域の変遷

**図12　浪江町の避難区域再編**

出典：福島民友新聞社ウェブサイト

**図13　双葉町の避難区域再編**

出典：福島民友新聞社ウェブサイト

第1章 福島第一原子力発電所事故の損害賠償

### 図14 川俣町の避難区域再編

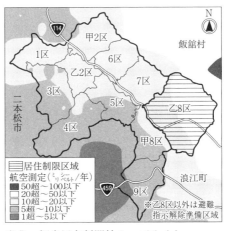

出典：福島民友新聞社ウェブサイト

(L) 川俣町（図14）

川俣町については、2013年8月8日、町内の避難指示区域が、避難指示解除準備区域および居住制限区域に見直されました。

(M) 避難指示区域に関する図（図15、16）

避難指示区域の推移は図15のとおりです。

2015年9月5日以降の避難指示区域の概念図は図16のとおりです。

### (3) 特定避難勧奨地点の解除（図17）

特定避難勧奨地点は、下記のとおり、2014年12月28日にすべて解除されました。

① 川内村（2012年12月14日）
　　川内村大字下川内字三ツ石・勝追の一部　　1地点（1世帯）
② 伊達市（2012年12月14日）
　　伊達市霊山町上小国の一部　　30地点（32世帯）
　　伊達市霊山町下小国の一部　　53地点（58世帯）
　　伊達市霊山町石田の一部　　20地点（22世帯）
　　伊達市月舘町月舘の一部　　6地点（6世帯）

## II　避難指示区域の変遷

　伊達市保原町富沢の一部　　8 地点（10 世帯）

　合計　　117 地点（128 世帯）

③　南相馬市（2014 年 12 月 28 日）

　南相馬市鹿島区橲原の一部　　4 地点（5 世帯）

　南相馬市原町区大原の一部　　49 地点（51 世帯）

　南相馬市原町区大谷の一部　　16 地点（17 世帯）

　南相馬市原町区高倉の一部　　33 地点（36 世帯）

　南相馬市原町区押釜の一部　　3 地点（3 世帯）

　南相馬市原町区馬場の一部　　35 地点（39 世帯）

　南相馬市原町区片倉の一部　　2 地点（2 世帯）

　合計　　142 地点（152 世帯）

第1章　福島第一原子力発電所事故の損害賠償

## 図15　警戒区域と避難指示区域の概念図

Ⅱ 避難指示区域の変遷

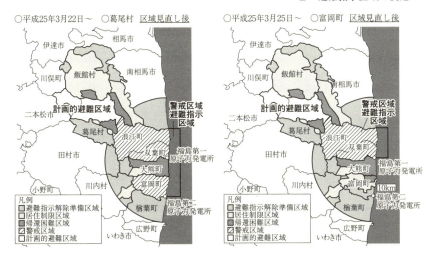

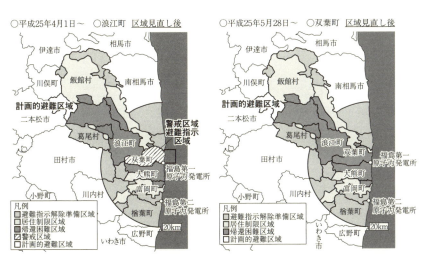

第1章　福島第一原子力発電所事故の損害賠償

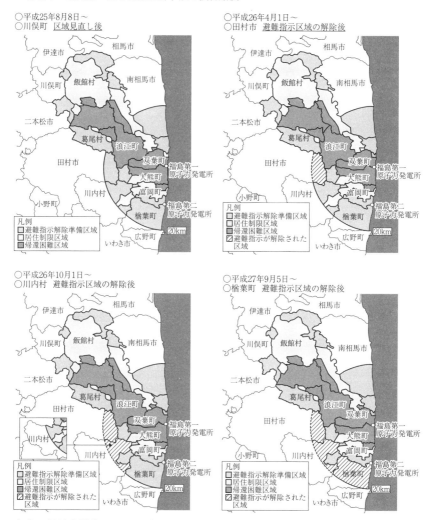

出典：経済産業省ウェブサイト

Ⅱ　避難指示区域の変遷

## 図 16　避難指示区域の概念図（平成 27 年 9 月 5 日以降）

出典：経済産業省ウェブサイト

第 1 章　福島第一原子力発電所事故の損害賠償

**図 17　特定避難勧奨地点（2014 年 12 月 28 日解除）**

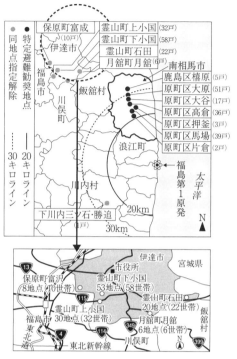

出典：福島民友ウェブサイト

# III 損害賠償の方法

## 1 法的根拠

　わが国では、日本初の原子力発電が行われた昭和38年に先立つ昭和36年に、万が一の場合の被害者保護と原子力事業の健全な発達を目的として「原子力損害の賠償に関する法律」（以下「原賠法」といいます）が制定され、同法3条1項において、「原子炉の運転等の際、当該原子炉の運転等により原子力損害を与えたときは、当該原子炉の運転等に係る原子力事業者がその損害を賠償する責めに任ずる。ただし、その損害が異常に巨大な天災地変又は社会的動乱によつて生じたものであるときは、この限りでない。」と規定されました。

　これは原子力事業者の無過失責任を定めた規定であり、一般の不法行為について規定した民法709条の特則との位置づけになります。

　なお、本件事故の原因である東日本大震災について、原賠法3条1項ただし書の「異常に巨大な天災地変」に当たるのではないかとの議論が当初なされましたが、政府側は2011年4月19日の国会審議の中で、原賠法3条1項ただし書の規定は、「昭和36年の法案提出時の国会審議において、人類の予想していないような大きなものであって全く想像を絶するような事態であるなどと説明をされております。これは、そのような原子力事業者に責任を負わせることが余りにも過酷な場合以外には原子力事業者を免責しないという趣旨であると理解しております。」と述べ（第177回国会参議院文教科学委員会会議録第7号22頁）、その趣旨から東日本大震災については「異常に巨大な天災地変」には該当しないとの判断を示し、その後も原賠法3条1項本文を適用して、賠償問題に対応しています。

　また、東京電力の株主が、原賠法3条1項ただし書を適用しないことを前

提として賠償に関する指針策定等を行ったことにより、同社の株価が下落して損害を被ったとして、国を相手取り損害賠償請求をした訴訟において、裁判所は、原賠法の施行後に海外で発生した巨大地震と比較して、東日本大震災のマグニチュードや津波の規模がそれを上回るものではなかったことからすると、原賠法3条1項ただし書所定の「異常に巨大な天災地変」とは、人類がいまだかつて経験したことのない全く想像を絶するような事態に限られるとしたうえ、本件震災はそのような事態に該当しないと判断し、これを前提として賠償に関する指針策定が行われたとしても、国に国賠法上の違法はないと判断しました（東京地判平成24・7・19判時2172号57頁）。上記裁判例は、直接に東京電力の免責の可否を判断したものではありませんが、間接的に東日本大震災が、原賠法3条1項ただし書に定める「異常に巨大な天災地変」には当たらないと判断していることになります。

なお、原賠法4条1項は、「前条の場合においては、同条の規定により損害を賠償する責めに任ずべき原子力事業者以外の者は、その損害を賠償する責めに任じない。」と規定しており、これは原子炉の製造メーカー等を賠償の対象から除外し、責任を原子力事業者に集中する趣旨とされています。

原賠法4条1項の文理解釈からは、本件事故に起因する損害賠償を請求する相手としては、原子力事業者である東京電力のみということになりますが、国の原子力事業者に対する適切な規制権限の不行使（過失）を理由とする国家賠償法1条1項に基づく国家賠償請求訴訟についてまで排斥する趣旨ではないとの解釈の下、本件事故に関する国賠請求訴訟も各地の裁判所へ提起されているところです。


## 2　損害賠償請求の方法

具体的な損害賠償請求の方法としては、①東京電力に対する直接請求、②原子力損害賠償紛争解決センターに対する申立て（ADR）、③民事訴訟の提起の3つがあります。

①東京電力に対する直接請求

東京電力に対する直接請求の方法は、本件事故当時、主に避難区域に居住していた人を対象に、請求書が直接郵送され、被災者が必要事項を記載したうえで返送すると、東京電力の定める基準に基づき、支払いがなされるものです。支払いは比較的迅速になされる一方、画一的な処理になりがちなため、被災者の個別事情を考慮することがなく、本来受けられるべき賠償が支払われないといったことがありえます。

　東京電力は、自社の賠償基準を定め、自社のホームページ上に賠償に関連するプレスリリースとして掲載、公表しています。

② 原子力損害賠償紛争解決センターに対する申立て

　原子力損害賠償紛争解決センター（以下「紛争解決センター」といいます）は、上記のような個別事情に配慮すべき事案に対応すべく設置された機関です。後述する原子力損害賠償紛争審査会の属する文部科学省のほか、法務省、裁判所、日本弁護士連合会出身の専門家らにより構成されており、原発事故の被害者の申立てにより、弁護士の仲介委員らが原子力損害の賠償にかかる紛争について和解の仲介手続を行い、東京電力との間で合意形成を後押しすることで紛争の解決を目指す機関とされています。いわゆる裁判外紛争解決機関（ADR）の1つです。

③ 民事訴訟の提起

　民事訴訟については、2015年12月現在、全国で提訴された集団訴訟の件数は、25件となっており、個別訴訟も含めれば、さらに多くの訴訟が提起されていると思われます。

　これら3つの方法のうち、最も簡易迅速に賠償金が支払われるのは、東京電力に対する直接請求です。ただし、上記のとおり、東京電力の定める賠償基準（以下「東電基準」といいます）に従って、ほぼ定型的に処理されるため、被災者の個別事情等に則した対応をとってくれることはまれです。

　紛争解決センターは、解決に至るまで、直接請求よりは遅いものの、通常では民事訴訟によるものよりは早くなります。手数料も無料です。

　民事訴訟は、原発事故に関する損害賠償請求であっても通常の訴訟と同様であり、紛争解決センターよりも費用、時間ともにかかってきます。紛争解決センターでの和解仲介案に納得できない場合に、民事訴訟へ移行するとい

うケースのほか、国を相手取り国家賠償請求訴訟を起こす場合などで選択されているようです。

　原子力損害賠償の方法としては、東京電力に対する直接請求によるケースが最も多いですが、直接請求で認められない場合には、まずは紛争解決センターへ申立てをするという流れが一般的であることから、本書においては、賠償問題解決の中心的な機関である紛争解決センターにおける取扱いを中心に、実務の参考になると思われる論点や事例を紹介するものです。

　なお、本件事故による被災者の救済に取り組もうと、東京の三弁護士会（東京、第一東京、第二東京）の弁護士たちで構成する東日本大震災による原発事故被災者支援弁護団（以下「原発被災者弁護団」といいます）をはじめ、全国各地で弁護団が結成されて、東京電力に対する賠償問題に取り組んでいます。

# Ⅳ　原子力損害賠償紛争審査会

## 1　原子力損害賠償紛争審査会

　原賠法 18 条 1 項は、「文部科学省に、原子力損害の賠償に関して紛争が生じた場合における和解の仲介及び当該紛争の当事者による自主的な解決に資する一般的な指針の策定に係る事務を行わせるため、政令の定めるところにより、原子力損害賠償紛争審査会（以下この条において「審査会」という。）を置くことができる。」と規定しており、審査会の事務としては、同条 2 項において、①原子力損害の賠償に関する紛争について和解の仲介を行うこと（同条 1 号）、②原子力損害の賠償に関する紛争について原子力損害の範囲の判定の指針その他の当該紛争の当事者による自主的な解決に資する一般的な指針を定めること（同条 2 号）、③前記①②の事務を行うため必要な原子力損害の調査および評価を行うこと（同条 3 号）とされています。

　そして、審査会の組織および運営ならびに和解の仲介の申立ておよびその処理の手続に関しては、政令で定めるとされているところ（同条 3 項）、本件事故に関する賠償問題を取り扱うため、2011 年 4 月 11 日に審査会を設置する政令が公布、施行されました。なお、審査会が設置されたのは、東海村 JCO 臨界事故における原子力損害の賠償が問題となった、1999 年以来のこととなります。

## 2　中間指針

　上記原賠法 18 条 2 項 2 号に規定される「一般的な指針」として、審査会は可能な限り早期の被害者救済を図るため、原子力損害に該当する蓋然性の

高いものから、第一次、第二次、第二次追補、と順次策定していきました。

2011年4月28日策定の第一次指針は、①避難等の指示にかかる損害、②航行危険区域設定にかかる損害、③出荷制限指示等にかかる損害について、(1) 避難費用、(2) 営業損害、(3) 就労不能等に伴う損害、(4) 財物価値の喪失または減少等、(5) 検査費用（人、物）、(6) 生命・身体的損害を対象としたものです。

同年5月31日策定の第二次指針は、①避難等の指示にかかる損害として、「一時立入費用」、「帰宅費用」、「精神的損害」、「避難費用の損害額算定方法」、「避難生活等を余儀なくされたことによる精神的損害の損害額算定方法」、②出荷制限等に係る損害として、「出荷制限指示等の対象品目の作付断念に係る損害」、「出荷制限指示等の解除後の損害」、③作付制限指示等に係る損害及び④風評損害を対象としています。

さらに同年6月20日策定の第二次指針追補において、避難生活等を余儀なくされたことによる精神的損害の損害額の算定方法を定めました。

そして、審査会は、上記第二次指針追補までの内容をとりまとめて、さらにその後の検討を加えたものを、当面の原子力損害の全体像を示すものとして、同年8月5日に「東京電力株式会社福島第一、第二原子力発電所事故による原子力損害の範囲の判定等に関する中間指針」（資料1）（文部科学省ウェブサイト〈http://www.mext.go.jp/b_menu/shingi/chousa/kaihatu/016/houkoku/__icsFiles/afieldfile/2011/08/17/1309452_1_2.pdf〉）（以下「中間指針」といいます）としてとりまとめました。中間指針では、新たに特定避難勧奨地点からの避難費用等、食品産業、製造業等を含む全産業における風評被害および第一次被害者の取引先に生じた営業損害（いわゆる間接被害）などの損害類型が追加されています。

中間指針で定められた項目としては、下記のとおりです。

① 政府による避難等の指示等にかかる損害

　検査費用（人）、避難費用、一時立入費用、帰宅費用、生命・身体的損害、精神的損害、営業損害、就労不能等に伴う損害、検査費用（物）、財物価値の喪失または減少等

② 政府による航行危険区域等および飛行禁止区域の設定にかかる損害

営業損害、就労不能等に伴う損害
③ 政府等による農林水産物等の出荷制限指示等にかかる損害
営業損害、就労不能等に伴う損害、検査費用（物）
④ その他の政府指示等にかかる損害
営業損害、就労不能等に伴う損害、検査費用（物）
⑤ いわゆる風評被害
営業損害、就労不能等に伴う損害、検査費用（物）
（分野）農林漁業・食品産業、観光業、製造業、サービス業等、輸出業
⑥ いわゆる間接被害
営業損害、就労不能等に伴う損害
⑦ 放射線被曝による損害
⑧ 被害者への各種給付金等と損害賠償金との調整
⑨ 地方公共団体等の財産的損害等

その後、同年12月6日に、自主的避難等にかかる損害について定めた中間指針追補（資料2）、2012年3月16日に、政府による避難区域等の見直し等にかかる損害について定めた中間指針第二次追補（資料3）、2013年1月30日に、農林漁業・食品産業の風評被害にかかる損害について定めた中間指針第三次追補（資料4）、同年12月26日に、移住や帰還等に伴う住居の確保のために要する費用など避難指示が長期化した場合の賠償について定めた中間指針第四次追補（資料5）が決定されており、それぞれ東京電力に対する直接請求および紛争解決センターにおける和解仲介の際の指針となっています。

また、中間指針の解釈等に関する具体的な考え方が記載されたQ&A集もあわせて発表されており、紛争解決センターにおける請求事案の実務において、大いに参考となります（文部科学省ウェブサイト「中間指針に関するQ&A集」〈http://www.mext.go.jp/a_menu/genshi_baisho/jiko_baisho/detail/1329352.htm〉）。

## V 原子力損害賠償紛争解決センターとは

### 1 法的位置づけ

　紛争解決センターは、本件事故にかかる審査会のもとで、具体的な和解仲介を行うために、原賠法18条3項に定める政令（昭和54年政令281号）に基づいて設置された、公的な機関です。本件事故から約6か月後の2011年9月1日から業務を開始しました。その目的は、膨大な原発事故に起因する賠償問題を可能な限り迅速かつ適切に解決することにあります。

　紛争解決センターは、東京都内に2か所、福島県内に5か所の計7事務所・支所を構えています。ただし、原子力損害賠償紛争解決センター和解仲介業務規程（以下「仲介業務規程」といいます）4条に基づき、申立書の受理は第一東京事務所（〒105-0003　東京都港区西新橋1-5-13　第8東洋海事ビル9階）のみが窓口となっています。

### 2 紛争解決センターの構成

　紛争解決センターは、学識経験のある裁判官経験者、弁護士、学者から選任された3名で構成される総括委員会、実際の紛争解決にあたるパネル（弁護士の仲介委員による単独または合議体）、仲介手続の庶務を行う和解仲介室で構成されています。

（1）総括委員会・総括基準

　総括委員会の役割は、事件ごとの仲介委員の指名、仲介委員が実施する業務の総括、和解の仲介手続に必要な基準の採択・改廃などです（原子力損害

Ⅴ　原子力損害賠償紛争解決センターとは

賠償紛争解決センター総括委員会運営規程6条)。

　このうち、和解仲介手続に必要な基準は総括基準と呼ばれ、センターにおける和解の仲介を進めていくうえで、多くの申立てに共通する問題点に関して、一定の基準を示すものであって、仲介委員が行う和解の仲介にあたって参照されるものとなっています(文部科学省ウェブサイト「総括基準について」〈http://www.mext.go.jp/a_menu/genshi_baisho/jiko_baisho/detail/1329129.htm〉)。

(2) パネル

　和解仲介手続の実施主体であるパネルは、いずれも弁護士が務めており、2014年12月末現在で283名の体制となっています。仲介委員は、面談、電話、書面等によって当事者から事情を聴取し、中立・公正な立場から和解案の提案を行います(仲介業務規程21、28条)。また、仲介委員を補佐する和解仲介室職員という位置づけになりますが、いずれも弁護士または弁護士有資格者が務める調査官が、仲介委員とともに事情聴取等にあたっています。調査官は2014年12月末現在で192名体制となっています。

　なお、仲介委員および調査官の人数については、2011年12月末時点においては、仲介委員128名、調査官28名体制にとどまっていたのですが、当初想定していたよりも多くの申立てがなされたことにより、事務処理が大幅に遅延したことを受けて、いずれも大幅に増員されました(「原子力損害賠償紛争解決センター活動状況報告書～平成26年における状況について～」(平成27年2月)3頁。以下同報告書について「平成26年活動状況報告書」といいます)。このように申立件数が増加した理由としては、本件事故に伴う被害が甚大でかつ広範に及ぶことはもちろん、「迅速かつ柔軟な賠償に応じるべき東京電力が法及び原子力損害賠償紛争審査会の一般指針にもとる硬直的な対応を直接賠償で行ってきたことが、センターへの申立て急増の一因である」と指摘されています(原子力損害賠償紛争解決センター総括委員会「原子力損害賠償紛争解決センターの和解仲介取扱い状況の認識及び取組方針」(平成24年4月19日))。

## 3　紛争解決センターにおける審理

### (1) 審理の流れ

　紛争解決センターにおける審理手続については、仲介業務規程 10 条に規定する申立書等の書類を紛争解決センターに提出すると、申立後 1 か月程度で、担当する仲介委員および調査官の氏名、連絡先等を記載した通知書（資料 13）が送付され、東京電力の答弁書も同じころに届くことが一般的です。

　紛争解決センターは、ADR であるため民事訴訟に比べて厳格な立証を求められず、原発事故に伴う避難生活を送っていて客観的な損害を裏づける証拠を保存している被害者が少ない現状もあって、必ずしも客観的な証拠を提出することまで求められません。そして、処分権主義や弁論主義の適用もなく、請求の追加などに関する手続的制約もなくすことで、可能な限り円滑、迅速な紛争解決が目指されています（野山宏「原子力損害賠償紛争解決センターにおける和解の仲介の実務 1」判時 2140 号 3 頁）。

　審理については、仲介業務規程 24 条において「仲介委員は、当事者の双方又は一方から面談により直接に意見を聴く必要があると認めるとき、又は当事者が協議する場を設ける必要があると認めるときは、口頭審理期日を行うものとする。」と規定されていますが、実際には口頭審理が開かれずに、書面審理や調査官からの電話での聴取等のみで和解案の提示まで至ることの方が多いようです。

　審理期間については、当初は 3 か月程度での解決を目指すとされていましたが、申立件数の急増等のため大幅に遅延し、現在は最も時間を要していた時期よりは改善したものの、2014 年の平均で、標準的な事案において申立から概ね 6 か月程度で和解成立に至っています（平成 26 年活動状況報告書 12 頁）。

### (2) 和解事例・和解案提示理由書

　和解仲介案の策定にあたっては、上述した中間指針および総括基準に従って判断が示されますが、具体的な事案の解決にあたっては、各パネルが独立

して判断する裁量を有しています。

　なお、紛争解決センターにおける和解事例は、当事者の合意を前提としたものである以上、同種被害であったとしても、必ずしも同額の賠償額となるものではありません。しかし、各パネルによって判断にばらつきが出て公平感を失しないよう、紛争解決センターを所管する文部科学省がウェブサイトにおいて「原子力損害賠償紛争解決センター和解実例の公開について」〈http://www.mext.go.jp/a_menu/genshi_baisho/jiko_baisho/detail/1335368.htm〉として、参考となりそうな和解事例を公表しています。

　また、賠償問題における個々の論点に対して、仲介委員が和解案を提示する際に、その理由を示した和解案提示理由書を作成することがあり、これについても、参考となるものが上記ウェブサイト上に公開されています。

　紛争解決センターに申立てをする場合には、問題となっている賠償項目についてどの程度請求が認められるか否か、類似の和解事例を参考とすることができますし、申立後に東京電力側から反論がなされたり、パネルから釈明を求められたりした場合も、先例である和解事例を調査した上で、類似の事案があれば、当該事案との対比をしたうえで、主張することが考えられます。

## 4　集団申立について

　紛争解決センターへの申立ては、個人単位でも世帯単位でも申し立てることができますが、通常の民事訴訟とは異なり、ある地域の住民が集団で申立てを行うことがあります（損害に着目して別の地域であったとしても集団として申し立てることも可能です）。この場合、紛争解決センターは、集団申立てを行った申立人すべてを同一基準で判断した和解仲介案を示すことがあります。特に、原発被災者弁護団などが取り組んだ初期の事例においては、こうした基準が示されることがありました。

　これは総括基準とは異なり、1つの集団申立事案における解決基準であり、この基準が他の事案においても当然に用いられるものではありませんが、申立ての主張内容を検討する際などに、これら紛争解決センターが集団申立て

において提示した基準は、1つの参考になると思われます。

## 5 紛争解決センターにおける申立件数

紛争解決センターにおける和解仲介手続の実施状況は、2016年1月15日現在、以下のとおりです。
① 申立件数　　1万8718件
② 既済件数　　1万6039件（うち全部和解成立1万3366件、取下げ1394件、打切り1278件、却下1件）
③ 現在進行中の件数〔①−②〕　　2679件（うち現在提示中の全部和解案228件）
④ 全部和解成立件数　　1万3366件

申立ての件数は、2013年9月以降増加傾向が続いており、依然として原子力損額にかかる賠償問題の全面的な解決には時間がかかると思われます。

なお、申立てにあたって弁護士が代理人についているのは、全体の39％（2014年）の割合です（原子力損害賠償紛争解決センター「原子力損害賠償紛争解決センター活動状況報告書～平成26年における状況について～（概況報告と総括）」（2015年2月））。

# 第2章

# 避難指示に基づく避難に関する個別の損害

第2章　避難指示に基づく避難に関する個別の損害

# I　避難費用等

## 1　親族への謝礼等の支払い

> *Q1*　避難の際、親族にお世話になったため、謝礼を支払いました。たとえば、避難先に家財を運搬してくれた親族に支払った謝礼や、親族宅に宿泊して支払った宿泊費は請求できますか。

A

　本章においては、避難指示に基づく避難に関し、帰還困難区域・居住制限区域および避難指示解除準備区域（以下本章において、「避難指示区域」といいます）を中心に賠償の取扱いを説明します。

### 1　東京電力への直接請求での取扱い

　東京電力は、当初、避難に伴い親戚や知り合い宅に宿泊した場合の宿泊費等の費用を賠償の項目に含めていませんでしたが、その後、2012年3月5日付プレスリリースにおいて、2011年3月11日から同年11月30日の間に、避難等対象区域（中間指針第3参照）からの避難に伴い、親戚や知り合い宅に宿泊した場合に、以下の基準で、実際に負担した宿泊費等の実費を追加で賠償することを明らかにしました。
　・1世帯あたり1泊につき2000円（目安）
　・1世帯あたり1か月につき6万円まで
　東京電力はプレスリリースにおいて、東京電力が自ら賠償に応じる基準を明らかにしており、直接請求の場合にはプレスリリースで公表された内容に

基づき賠償がなされます。紛争解決センターへ申立てをする際にも、プレスリリースの内容を確認することで、東京電力の賠償についての基本的立場を知る資料になります。

## 2 紛争解決センターでの取扱い

### (1) 法律構成の一例

謝礼を、何らかの実費として構成することで、請求できる可能性があります。和解案提示理由書2第6「1（3）避難に伴う謝礼」においては、転居に協力した親族等への謝礼は実質的には引越費用に当たることを理由に一定の範囲の謝礼について、賠償金の支払いを認めています（転居に際し車両を提供した者への贈答品代総額7240円）。

### (2) 賠償金額

親族知人宅宿泊謝礼について、領収書が存在する場合には1人1日6000円を上限、陳述のみの場合には1日1人3000円を上限として日数制限を設けず実費を賠償し、謝礼品購入費用も金額・日数につき同じ基準の範囲内で認めると判断された南相馬市原町区の集団申立事案があります（和解案提示理由書15「3　避難宿泊費関係」）。

その後、南相馬市小高区の集団申立事案においても一定の基準の下で解決が図られ、親族・知人宅への宿泊費用について以下の基準で判断されました（原発被災者弁護団ウェブサイトニュース2013年12月12日「小高基準」報告書〈http://ghb-law.net/?p=870〉）。

① 　2011年3月11日から同年9月30日までについては領収証が存在する場合は1人1日6000円を上限、陳述のみの場合には1人1日3000円を上限として実費を認める。同年10月1日以降は、領収証がある場合は1人1日3000円を上限、陳述のみの場合には1人1日1500円を上限とする（ただし、実際に支出していないもの、支出先の親族・知人の氏名及び住所が特定されていないものは賠償の対象としない）。

② 　宿泊謝礼品の購入についても、宿泊費用の算定額の範囲内で賠償額を

算定する。

この南相馬市小高区集団申立てにおいて紛争解決センターにより提示された賠償の基準を、以下では「小高基準」と呼ぶことにします。これは総括基準などとは異なり、1つの集団申立事案における解決基準であり、この基準が他の事案においても当然に用いられるものではありませんが、申立ての主張内容を検討する際など、これら紛争解決センターが集団申立てにおいて提示した基準を1つの参考にするとよいでしょう。

### (3) 賠償期間

宿泊謝礼の賠償期間については、因果関係がどこまで認められるかという問題といえます。紛争解決センターでは、避難指示解除準備区域で1人暮らしをしていた申立人が避難により体調を悪化させ仮設住宅等での1人暮らしが困難となり、栃木県の親族の家に居住して月額約6万円の宿泊謝礼を支払っていた事案で、体調が回復した2013年4月まで月額6万円の宿泊謝礼を賠償する内容で和解が成立した事例があります（和解事例958）。

### (4) 小括

以上のとおり、紛争解決センターにおいては運搬謝礼や宿泊謝礼について賠償を認めた例があります。ただし、時期の違いや領収証の有無により、賠償額が異なることになります。

## 2　東京電力への直接請求での対応

> *Q2*　東京電力では、避難費用について、どのように扱っていますか。また精神的損害と生活費の増加費用の関係について、どのように考えられていますか。

# A

## 1 精神的損害と生活費の増加費用の関係

東京電力に対する直接請求においては、避難費用のうち、避難に伴う生活費の増加費用は、原則として精神的損害の額に含めた一定額として支払うとされています。

## 2 各避難費用

### (1) 包括請求方式の導入

東京電力の2012年7月24日付プレスリリースにおいて、避難・帰宅等にかかる費用、家賃にかかる費用相当額賠償について、従来の3か月ごとに請求する方式に加えて、将来分を含めた包括請求方式による賠償方法を導入することが明らかにされ、その後、2012年9月25日付プレスリリースにおいて、賠償の具体的内容が明らかにされました。対象と支払額は以下のとおりです。

### (2) 包括請求方式の対象と支払額

#### (A) 避難・帰宅等にかかる費用

##### (ア) 当初の賠償

避難・帰宅等にかかる費用相当額の賠償金額設定は、避難先情報・請求実績等をふまえて、主な請求項目(①帰宅・転居費用、②一時立入費用、③同一世帯内の移動費用、④検査費用(物)、⑤検査費用(人)にかかる交通費)ごとに一般的に想定される金額(①5万円②1回5000円③1回5000円④1万7000円⑤1回5000円)を積算して、総額で1人あたりの賠償金額が以下のとおり設定されています。

　帰還困難区域(5年間分、対象期間：2012年6月1日～2017年5月31日)
　1人79万2000円(6人目以上は1人69万2000円)
　内訳

第 2 章　避難指示に基づく避難に関する個別の損害

① 5 万円
② 10 万円（3 か月に 1 回、1 世帯 50 万円を上限）
③ 60 万円（1 か月に 2 回）
④ 1 万 7000 円
⑤ 2 万 5000 円（1 年に 1 回）

居住制限区域（2 年間分、対象期間（標準期間の場合）：2012 年 6 月 1 日～2014 年 5 月 31 日）
1 人 43 万 7000 円（6 人目以上は 1 人 31 万 7000 円）
内訳
① 5 万円
② 12 万円（1 か月に 1 回、1 世帯 60 万円を上限）
③ 24 万円（1 か月に 2 回）
④ 1 万 7000 円
⑤ 1 万円（1 年に 1 回）

避難指示解除準備区域（1 年間分、対象期間（標準期間の場合）：2012 年 6 月 1 日～2013 年 5 月 31 日）
1 人 25 万 2000 円（6 人目以上は 1 人 19 万 2000 円）
内訳
① 5 万円
② 6 万円（1 か月に 1 回、1 世帯 30 万円を上限）
③ 12 万円（1 か月に 2 回）
④ 1 万 7000 円
⑤ 5000 円（1 年に 1 回）

旧緊急時避難準備区域（3 か月間分、対象期間：2012 年 6 月 1 日～2012 年 8 月 31 日）
1 人 11 万 7000 円（6 人目以上は 1 人 10 万 2000 円）
内訳

① 5万円

② 1万5000円（1か月に1回、1世帯7万5000円を上限）

③ 3万円（1か月に2回）

④ 1万7000円

⑤ 5000円（1年に1回、1年間分を支払）

　また、上記積算上の請求項目にかかわらず、実際に負担した実費の総額が支払った賠償金額を上回った場合には、必要かつ合理的な範囲の超過分を追加で支払うとされています。なお、実際の避難指示解除が解除見込み時期を超える場合には、超えた期間に応じて追加で賠償金を支払うとされています。

　　（イ）追加賠償

　その後、2015年6月12日の閣議決定（経済産業省ウェブサイト「原子力災害からの福島復興の加速に向けて（改訂）」〈http://www.meti.go.jp/earthquake/nuclear/kinkyu/pdf/2015/0612_02.pdf〉）により、居住制限区域・避難指示解除準備区域についても、既に避難指示が解除された田村市・川内村も含め、事故から6年後に避難指示が解除された場合と同等の賠償をするという方針が示され、これに基づき東京電力も2015年8月26日付プレスリリースにより、避難・帰宅等にかかる費用の追加賠償を2018年3月まで、以下のとおり行うとしています。

- 一時立入費用について5000円×対象期間（月）（1回5000円、1か月につき1回分、1世帯5人分2万5000円を上限）
- 同一世帯内の移動費用について10000円×対象期間（月）（1回5000円、1か月につき2回分）
- 検査費用（人）にかかる交通費につき5000円×対象期間（年）（1回5000円、1年につき1回分）

　　（B）家賃にかかる費用

　避難等に伴い発生した家賃にかかる費用相当額を支払うこととされ、実際に負担した金額から家賃補助を控除した金額について支払われます。

　包括請求賠償対象期間は以下のとおりです（2015年8月26日付プレスリリース）。

① 帰還困難区域および大熊町・双葉町全域については2018年3月まで。

② 居住制限区域および避難指示解除準備区域（既に避難指示が解除された田村市および川内村を含む）については、2018年3月までのうち、賃貸借契約の契約期間を最長として、帰還もしくは移住の予定時期まで、家賃補助額を控除した家賃額の費用を一括して支払うとされています。なお、3か月ごとに請求する従来請求方式の場合は、2018年3月までの間、3か月ごとの請求期間に実際に負担した家賃額を、家賃補助額を控除した上で支払うこととされています。

## (3) 交通費の算定方法

避難・帰宅等にかかる費用のうち、交通費については、東京電力は、従前移動元の県と移動先の県に応じた交通費（たとえば同一都道府県内の移動については5000円とされていた。2011年8月30日付プレスリリース）を支払うこととしていた基準を見直し、5回目の請求期間（2012年6月1日から同年8月31日）以降は、新たに以下の基準をとることを明らかにしました（2012年9月25日付プレスリリース）。

- 電車・バスは負担した交通費実費。
- その他の公共交通機関は領収証記載の金額。
- 自家用車は移動距離1kmあたり22円（移動距離が15km未満の場合は330円）

## (4) 避難指示解除後の早期帰還

東京電力は、2014年3月26日付プレスリリース（避難指示解除後の早期帰還に伴う追加的費用に係る賠償のお取り扱いについて）において、居住制限区域および避難指示解除準備区域（大熊町・双葉町を除く）で、事故後4年以内に避難指示が解除された区域に事故発生時生活の本拠があり、避難指示解除後1年以内に生活の本拠があった区域と同一市町村かつ避難指示解除日が同一の区域に帰還して生活の本拠とする者に対しては、帰還時・帰還後に負担を余儀なくされた通院交通費等の生活上の不便さに伴う追加的費用の賠償として1人あたり定額90万円を支払うことを明らかにしています。

# I 避難費用等

## 3 紛争解決センターの対応（生活費の増加費用）

### 3-1 新たに生活用品を購入した場合の請求

> *Q3* 事故後購入した物品について、東京電力にどのようなものが請求できるのでしょうか。いつまで購入したものが請求できますか。

## A

### 1 東京電力への直接請求の取扱い

東京電力に対する直接請求においては、家電製品や家具、寝具、制服等の生活に必要不可欠なもので事故後住まいから持ち出せなかった等の理由で新たに購入したものについては、領収書等に基づくものは一般に認められています。日用被服・生活用品等の消耗品については、一般に精神的損害に含まれる費用として扱われており、独立した賠償対象としては扱われていません。

### 2 紛争解決センターでの取扱い

#### (1) 紛争解決センターの扱いと購入時期

紛争解決センターでは、急遽避難する必要があって持ち出すことができず事故後購入する必要があった、食料品を除く家電製品等について、比較的柔軟に対応されています。従前の生活状況も考慮しながら、標準的な価格帯から著しく乖離していないものであれば、標準的な仕様・価格帯以上の家電製品を購入した場合も請求が認められた事例があります（和解案提示理由書2第6「1 (1) 家財等生活用品購入費」）。

なお、購入時期も請求の可否に影響し、事故直後に購入したものについては請求が認められやすい一方、事故後相当期間経過後に購入した場合については、生活必需品ではなかった等の理由により請求が認められにくくなる傾向にあります。もっとも、2014年3月に仮設住宅から社宅に入居する際に

購入した家財道具・家電製品について賠償が認められた事例もあり（和解事例1067）、請求の可否は個別事情に基づき購入の合理性が認められるかによるといえるでしょう。

### (2) 集団申立事案

紛争解決センターにおける集団申立事案においては、個別の家財購入費等の疎明のいかんにかかわらず、同居家族の人数に応じて家財購入費・被服費・日用品購入費について最低賠償額の基準（1人60万円、2人90万円、3人100万円、4人以上は10万円に3人を超える人数を乗じて得た額を100万円に加えた額、避難過程で世帯分離が生じた場合は新たに分離した世帯ごとに10万円加算）を提示した事例があります（小高基準）。

## 3-2　領収書がない場合の物品の購入に関する請求

> $Q4$　家具等を購入しましたが領収書がない場合には請求できないのでしょうか。

### A

#### 1　請求の可否

紛争解決センターにおいては、領収書がない場合でも、避難により類型的に購入すると想定される物品の購入については、比較的柔軟に対応され請求を認めています。

ただし、購入した物品について、家計簿や本人が記した詳細なメモやノート（購入した店名、主な購入品、購入合計額等の記載）、物品を写した写真、同種の商品の価格等一定の証拠の提出が必要となる場合があります。

#### 2　和解事例

領収書等を要求しない方法で賠償を認めた和解事例として、以下のような

ものがあります。

① 南相馬市原町区の集団申立和解案では、2011年9月30日までに避難を開始した場合には、領収書等で実額を立証できない場合でも、家財道具の新たな購入について一家族あたりの標準賠償額を30万円、衣類および日用品の新たな購入については、標準賠償額を一家族あたり2万円とする判断が示されました（和解案提示理由書15「4 生活費増加分6」）。

② 南相馬市小高区の集団申立事案では、事故後に支出した家財購入費・被服費・日用品費用について、個別の家財購入費等の疎明のいかんにかかわらず、以下のとおり、家族の人数に応じた最低賠償額を定める基準を提示しました（小高基準）。
・1人60万円、2人90万円、3人100万円。
・4人以上は、10万円に3人を超える人数の数を乗じて得た額を100万円に加えた額。
・避難の過程で世帯の分離が生じた場合は、新たに分離した世帯ごとに10万円を加算。

小高基準は、その他の賠償項目についても、陳述書により損害を認めたり、賠償額を定額化するなどして、領収書がない場合でも柔軟に対応できる基準が示されており、他の申立てにおいても参考になります。

### 3-3 携帯電話の通話代金の増加費用

> Q5 事故後安否確認や情報収集をし、また固定電話が使えなかったために携帯電話の通話料金が増加したので、増加した携帯電話の通話料金を請求できるでしょうか。

### A

電話料金の請求書・領収書等により増額していることが明らかにされる場合には、損害賠償請求が認められる場合もあります。ただし事故から時間が経過する程、増額との間の相当因果関係は認められにくくなります。

南相馬市小高区の集団申立事案においては、固定電話と携帯電話の各事故

前3か月以上分の平均値と事故後の実額との差額を計算する方法により、通信費の増額分を賠償する解決基準が示されています（小高基準）。

また、疎明資料がない場合も、一定額としたり（事故前の固定電話代は月2000円で計算）、一定額までは陳述により認定する（陳述があれば2012年8月31日までの通信費増加費用を一世帯8万4000円以下の範囲で認定することができる）基準となっています。

### 3-4 食品等購入による増加費用

> Q6　事故前は自家菜園やお裾分けで生活をしていたため、野菜や米を購入することはほとんどありませんでした。事故後はすべて購入するようになり生活費が大幅に増加したのですが、生活費の増加分の請求は認められるでしょうか。

## A

南相馬市小高区の集団申立事案においては、生産農家（専業農家、兼業農家、自家用生産者）で、事故前は米・野菜を自家産品の消費・交換等によって調達し、小売店等で購入していなかった場合に、同居家族の人数に応じて以下のとおり賠償を認める解決基準が示されています（小高基準）。

ただし、米・野菜を近隣在住の親族を含む第三者から譲り受けていた者については、この基準による賠償を認めないこととされています。

ほかにも、自家消費野菜を栽培していた家族3名での避難の場合に、野菜増加分として1か月5000円×12か月分について和解が成立した事案（原発被災者弁護団ウェブサイト・和解事例集I事例（19））、レシートを提出した場合に米・味噌・魚・野菜等を中心に請求金額の9割が認められ和解が成立した事案（同（20））等があります。

なお、自給できていた食品等の購入による生活費の増加分について確認はできていますが、自給をしていない場合に福島と避難先の食品の差額を理由とした生活費の増加分が認められたという事案は明確には確認できていないためこの点は注意が必要です。

表4　世帯構成別　米・野菜の賠償額

| 世帯構成 | 米・野菜 | 米のみ | 野菜のみ |
|---|---|---|---|
| 同居家族（4人以下） | 年12万円 | 年4万円 | 年8万円 |
| 同居家族（5人以上） | 年18万円 | 年6万円 | 年12万円 |

## 3-5　水道代・ペットボトル代

> Q7　事故前は井戸水を利用していたため水道代金がかかりませんでした。事故後は避難先で水道を使うようになりましたが、水道代金を請求できるでしょうか。
> 　また、井戸水や水道水が放射性物質に汚染されていないか心配なので、ペットボトルの水を買っているのですが、ペットボトルの水の購入代金は請求できますか。

A

### 1　水道代金

　事故前に井戸水を利用していた場合、事故がなければ避難して水道を使うことはなかったといえるため、事故と水道代金の支出との間の相当因果関係が認められ水道代を請求できる可能性は比較的高いといえます。

　紛争解決センターでは、2013年5月24日飯舘村長泥行政区集団申立てにおいて、また2013年6月28日南相馬市小高区集団申立てにおいて、それぞれ住民が井戸水で生活していた場合に、水道代増加分として1人あたり月額1500円を賠償する等の解決基準を提示しています（原発被災者弁護団ウェブサイト、ニュース2013年6月2日「【ご報告】ADRの和解方針について（飯舘村長泥行政区集団申立事件）」「小高基準」）。

### 2　ペットボトル代

　紛争解決センターでは、南相馬市原町区の集団申立事案において、一定の

第2章　避難指示に基づく避難に関する個別の損害

範囲で従前利用していた井戸水または水道水の利用に代えてミネラルウォーターを購入した場合には、その購入にかかる費用として、同居家族が4人以下の場合月額5000円、5人以上の場合月額8000円の賠償を認める和解案が示され（和解案提示理由書15「4　生活費増加分2）」）、和解が成立しています。

その後、南相馬市小高区の集団申立事案についても、一定の避難先で購入したミネラルウォーターの購入費用について同額の基準で賠償が認められています。陳述書を作成することで上記基準額の賠償が認められるとされ、立証の負担軽減がはかられています（小高基準）。

これらは集団申立事案における和解案であり、数多くの申立てについて一定基準による解決を図る必要性がある状況下で示されるものではありますが、他の請求の際にも参考になります。

### ③　請求期間

避難指示が解除される地域も増える中、特にミネラルウォーターの請求については、相当因果関係がいつまで認められるかということが問題になります。従前水道水を利用していた方が避難先でミネラルウォーターを購入した場合には、避難先でも水道水を利用すればよいとされ、相当因果関係は認められにくくなるでしょう。事故から時間が経過する程、幼少の子どもがいるなど避難先でもミネラルウォーターを購入する必要があるという具体的事情を明らかにする必要性が高いと考えられます。

## 3-6　ペットに餌を与えるための交通費の増加費用

> *Q8*　避難先には家畜やペットを連れて行くことができません。家畜やペットに餌を与えるために一時的に頻繁に自宅等に戻っているのですが、交通費は請求できるでしょうか。

## A

### 1 考え方

　家畜やペットに餌を与えるために頻繁に自宅等に戻ることも物等の管理のための一時帰宅の一類型と考えることができます。また、紛争解決センターにおいては移動目的を問わずに賠償を認めた事例もあるため、請求できる可能性があります。

　賠償額については、事故から時間が経過してきたこともあり、東京電力に対する直接請求による基準の交通費（2011年8月30日付プレスリリース、同一都道府県内移動は1回5000円など）での賠償ではなく、実費での賠償となる可能性が高いと考えられます。一般に、前者の基準で算定するほうが後者の基準で算定するより金額が高くなる場合が多くなっています。

### 2 和解事例

　紛争解決センターにおいて、ペットの世話のための交通費について、月額2万5000円とし請求対象期間である18か月分の請求を認める和解が成立した事案があります（原発被災者弁護団・和解事例集Ⅰ事例（2））。

　なお、一時帰宅の交通費に関して、南相馬市原町区集団申立ての和解案においては、月2回以上の場合は、1回目は東京電力に対する直接請求による基準（2011年8月30日付プレスリリースで示された交通費賠償基準は、同一都道府県内の移動につき1回5000円、異なる都道府県への移動については標準交通費による賠償とされています）により、2回目以降については、福島県内の車移動につき片道1回3000円、福島県外の車移動につき片道1回5000円とする判断が示されました。また、本件事故がなければこのような交通費の支出はなかったと考えられることを理由に、一時立入りの回数、目的は制限しないとされています（和解案提示理由書15「2　避難交通費関係」）。

　南相馬市小高区集団申立てにおいても、立入目的の特定は要求されていません。一時立入制限解除前（2012年4月15日まで）は立入年月日と交通手段

の特定により、立ち入り目的・回数にかかわらず東京電力に対する直接請求による基準での賠償を認めるとされ、一時立入制限解除後の2012年4月16日以降は移動手段（自家用車・公共交通機関など）・立入回数（自家用車の場合に、月1回目は東電基準の交通費、月2～15回目は同一県内移動片道3000円・県外からの移動片道5000円、月16回目以降は同一県内移動片道1500円・県外からの移動片道2500円）によって基準を設定しています（小高基準）。

## 3-7　通院・通勤・通学のための交通費の増加費用

> Q9　以前から持病があり、かかりつけの病院に通っていました。避難をしたことにより病院までの距離が遠くなり、交通費が多くかかるようになったのですが、交通費は請求できるでしょうか。また、会社や学校が遠くなった場合はどうですか。

A

### 1　通院交通費

　他の病院で治療することが可能な疾病や症状であるか等、当該病院への通院を継続する必要性等が問題になる可能性はありますが、領収書があれば実費の賠償が認められています。自家用車による移動の場合は、2012年9月25日付プレスリリースと同様に1kmあたり22円で算定されることが多くなっています。

　南相馬市原町区の集団申立和解案においては、周囲の病院が閉鎖したため、最寄りの病院へ通う結果、交通費が増加した場合については、領収書等により実額が証明できる場合にはその額、できない場合でも標準賠償額を一家族あたり月額1万円とする判断が示されています（和解案提示理由書15「4　生活費増加分4)」）。

　また、南相馬市小高区の集団申立和解案では、交通費の増加（通勤交通費および通学交通費の増加を除く）を余儀なくされた場合（これは陳述により認定する）は、最低賠償額を1家族あたり月額1万円とする解決基準が提示され

ました。これを超える交通費増加費用は、移動の目的、年月日、目的地、交通手段および費用を一覧にし、領収証等による疎明をすれば実費が賠償されます。なお、自家用車を使用した場合の交通費増加費用は移動距離（直線距離の1.5倍を移動距離とみなすことができる）の増加1kmあたり18.9円で算定するとされています（小高基準）。

## 2 通勤交通費

　一般的には事故により支払いを余儀なくされた通勤交通費の増加費用については領収書等があるものは賠償の対象とされており、自家用車による交通費増加額は、東京電力が2012年9月25日付プレスリリースで公表した1kmあたり22円で算定されることが多くなっています。
　一方で、集団申立てにおいて以下の基準で判断されたものもあります（小高基準）。
・個別に疎明することが必要である。
・通勤交通費（月額）から勤務先より支給された交通費額（月額）を差し引いた金額を、事故前と事故後で比較し、その差額を1か月あたりの損害とする。
・勤務先からの支給交通費の疎明資料は1か月分の給与明細を提出する。
・自家用車による通勤の場合は移動距離（直線距離の1.5倍を移動距離とみなすことができる）1kmあたり18.9円×31日で上記の計算をする。

## 3 通学交通費

　一般的には事故により支払いを余儀なくされた通学交通費の増加費用については領収書等があるものは賠償の対象とされており、自家用車による交通費増加額は、東京電力が2012年9月25日付プレスリリースで公表した1kmあたり22円で算定されることが多くなっています。
　一方で、集団申立てにおいて以下の基準で判断されたものもあります（小高基準）。

第2章　避難指示に基づく避難に関する個別の損害

・個別に疎明することが必要である。
・事故前と事故後の通学交通費（月額）の差額を1か月あたりの損害として賠償する。
・自家用車による通学の場合は移動距離（直線距離の1.5倍を移動距離とみなすことができる）1kmあたり18.9円×20日で上記の計算をする。

## 3-8　分離家族に会いに行くための交通費

> Q10　避難により、現在、家族は離れて暮らしています。週末家族に会いに行くための交通費は請求できるでしょうか。

A

### 1　請求の可否

事故により家族が分離した場合の交通費増加分の請求を認める和解事例は多数あります。ただし、頻繁に家族に会いに行っている場合は、その必要性が問われる場合があります。

同居親族ではなく、近隣に住んでいた親族であっても、事故前に頻繁に行き来していた事情が存在し、事故後も行き来する必要性がある場合に、交通費増額分の請求を認めるケースもあります。

紛争解決センターの集団申立事案においては、交通費増加分について、分離した家族を相互に訪問するために交通費の出費を余儀なくされた場合には、領収書等により実額を証明できる場合には実費全額を賠償し、それ以外の場合でも標準賠償額を1家族あたり月額1万円とする判断が示されたものがあります（南相馬市原町区集団申立、和解案提示理由書15「4　生活費増加分4)」）。

小高基準では、Q9の通院費の増加費用と同様の基準で賠償を認める内容となっています。

Ⅰ　避難費用等

② 賠償額

　賠償が認められる場合も、事故から時間が経過してきたこともあり、金額は東京電力に対する直接請求による基準の交通費ではなく、実費の限度とされる可能性が高いといえます。一般に、前者で算定する方が後者で算定するのと比較し高い金額となる場合が多くなっています。

## 3-9　転校等に伴う、教育費用の増加費用

> Q11　今回の事故により、以前通っていた学校は閉鎖され、子供が学校を転校する必要がありました。子供が通う学校の制服を新たに購入し、学納金を新たに納金し、多額の教育費用がかかりました。この費用を請求することはできるでしょうか。

## A

### (1) 転校する場合

　紛争解決センターでは、南相馬市原町区の集団申立ての和解案において、避難による転校に伴い、学納金、制服類、高額の学用品の追加的支出があった場合には、領収書等により追加的支出が証明できる場合には全額を賠償するとの基準で判断され、追加的支出額の立証ができない場合でも本人の陳述等により、子ども1人あたり、高校転校の場合には10万円、小・中学校転校の場合5万円の賠償を行うとの判断が示されています（和解案提示理由書15「4　生活費増加分5)」）。

　小高基準でも、転校に伴う学納金、制服類、高額の学用品等の追加的支出について、南相馬市原町区集団申立てと同額の賠償基準が示されています。

### (2) 新たに入学する場合

　転校ではなく新たに入学をする際の学納金、制服類、高額の学用品等については、本件事故がなかったとしてもいずれは負担が生じる費用と考えられるため、一般に賠償は認められていません。

## 3-10 避難先の賃料請求

> Q 12　今回の事故後、避難のために仮設住宅に住んでいました。今後、マンションを借りて住もうと考えていますが、賃料を東京電力に対して請求することはできるのでしょうか。

## A

　紛争解決センターにおいては、居住場所の選定の必要性、賃借人の人数、それに対応した広さの部屋等を踏まえ、家賃相場の限度で東京電力に対する請求が認められると考えられます。たとえば、単身者が都内に避難した場合で、都内の単身者向け賃貸物件の相場等を考慮して月額8万円の限度で和解案が提示されたものがあります。

　ただし、当該地域や当該家屋に住む必要性があれば、実費全額の請求も可能と考えられますので、どのような事情で、当該地域・家屋に住む必要があるのかという居住場所の選定の必要性について事情を確認し、資料の準備を行ってください。たとえば、高齢者や障害者等の場合には、バリアフリーの整った地域・住宅等に住む必要性が高いと考えられるので、一般的な家賃相場より多少高額であっても、当該賃借住宅の賃料相当額について請求が認められる可能性が高いと考えられます。

　家賃相場についてはHOME's等の住宅情報が掲載されているウェブサイトを利用して調査することが可能です。

　旧警戒区域（富岡町）から東京都の4LDK共同住宅（家賃月額18万円）に避難した家族4名につき、息子2名が精神疾患を有し個室を必要としていた等の個別事情を考慮して、2013年1月8日から同年10月31日までの家賃等全額および敷金の2割が賠償された事例（和解事例802）もあります。

　その他、介護施設居住費が避難費用として認められた事例もあります（2011年8月から2014年2月まで167万5000円、特定避難勧奨地点の事案、和解事例1055）。

　また、南相馬市小高区の集団申立事案では、実費を基準として、賃料、礼金、仲介手数料および火災保険等の保険料は全額、また敷金の2割を賠償額

とする等の解決基準が示されています。

　避難継続中は避難費用の問題になりますが、避難終了後の家賃は不動産賠償・住居確保損害の問題となります。

　なお、避難費用の賠償期間は中間指針第四次追補　第2に詳細が記載されていますが、避難終了の判断には転居以外に客観的観点が入り、転居しない限りは避難費用の賠償が継続するわけではなく、合理的な時期が考慮されます（中間指針第四次追補に関するＱ＆Ａ集・問6）。

## 3-11　二重生活に伴う避難費用等

> *Q 13*　今回の事故後、家族と離れて生活することになり、二重生活となりました。そのため、生活費や家族に会いに行くための交通費等が増加しました。紛争解決センターでは、二重生活により増加した生活費等を請求することはできるのでしょうか。

### A

　たとえば、父親が仕事のために福島県を離れることができず、一方で幼少の子どもがいるため、放射線の影響を心配して母親は子供とともに他県に避難したような場合など、二重生活となることにやむを得ない合理的な理由があり、事故以外に二重生活をする原因がなければ、その範囲の生活費増加分は原発事故と相当因果関係のある損害として認められることになるでしょう。生活費増加分の賠償とする場合や事案によっては水道光熱費増加分のうち一定額を避難に伴う慰謝料を増額する場合もあります。総括基準により精神的損害の増額事由とされている家族の別離に伴う精神的苦痛としての慰謝料とは区別が必要と考えられます（Q20）。

　なお、二重生活に伴う交通費の増加については、Q10を参照してください。

第2章　避難指示に基づく避難に関する個別の損害

## Ⅱ　精神的損害

### 1　精神的損害に対する賠償の概要（目安となる金額および期間）

> Q14　精神的損害の賠償はどのような基準で算定されていますか。

A

　中間指針第二次追補において定められた以下の区域別に、概要、以下の基準で算定されています。より詳細について知りたい方は Q15 から Q19 までの解説をご覧ください。

#### [1]　避難指示区域（帰還困難区域・居住制限区域・避難指示解除準備区域）

　居住制限区域・避難指示解除準備区域（大熊町・双葉町を除く）においては、1 人月額 10 万円（ただし避難所生活の期間は月額 12 万円）の賠償を、事故から 6 年が経過した時点で避難指示が解除されたのと同等の期間受けることができます。慰謝料等の賠償期間は避難指示解除後 1 年間を目安とするとされているため、事故から 7 年後の 2018 年 3 月までの期間、慰謝料の賠償をする方針が示されたといえます（2015 年 6 月 12 日閣議決定、中間指針第四次追補）。東京電力もこの内容に基づく賠償を行うことを明らかにしています（2015 年 6 月 17 日付、8 月 26 日付プレスリリース）。

　帰還困難区域および大熊町・双葉町全域については、2017 年 5 月まで月額あたり 10 万円が賠償されますが、さらに、中間指針第四次追補および 2014 年 3 月 26 日付プレスリリースにより、長年住み慣れた住居及び地域が見通しのつかない長期間にわたって帰還不能となり、そこでの生活の断念を

余儀なくされた精神的苦痛等による損害として1人700万円が追加で賠償されます。

### ② 旧緊急時避難準備区域

#### (1) 2012年8月までの賠償

旧緊急時避難準備区域においては、1人月額10万円を2012年8月末までを目安として賠償するとされています（中間指針第二次追補　第2「1　避難費用及び精神的損害」(2)旧緊急時避難準備区域、2012年6月21日付、7月24日付、8月13日付プレスリリース）。

なお、中間指針第二次追補において、楢葉町については別段の記載があります。

#### (2) 2012年9月以降の賠償

この期間の賠償は、東京電力に対する直接請求においては、以下のとおりかなり限定的な内容にとどまっています。紛争解決センターにおいては、個別事情に基づいて2012年9月以降の賠償を認める事例が複数あります。具体的にはQ17①(2)を参照してください。

① 通院交通費等の生活費の増加分につき、2012年9月1日から2013年3月31日までの賠償として1人20万円が賠償される他、中学生以下の者については、2012年9月1日から2013年3月31日までの精神的損害の賠償として月額5万円、総額1人35万円を一括で支払うとされています（2012年7月24日付プレスリリース）。

② 高等学校に在学し、かつ15～18歳までの者（1994年4月2日～1997年4月1日生まれ）については、2012年9月1日から2013年3月31日までの精神的損害の賠償として月額5万円を賠償されます（2013年2月4日付プレスリリース）。

### ③ 特定避難勧奨地点

この区域においては、1人月額10万円を、特定避難勧奨地点の設定が解除されたときから3か月後までの期間賠償するとされています（中間指針第二次追補　第2「1　避難費用及び精神的損害」(3)特定避難勧奨地点）。

### ④ 旧屋内退避区域・南相馬の一部地域

これらの区域においては、1人月額10万円を2011年9月30日まで賠償するとされています（2012年8月13日付プレスリリース）。

## 2　精神的損害・避難費用等を請求できる期間等

> **Q 15**　精神的損害・避難費用等を請求できる期間について説明してください。

**A**

### ① 精神的損害・避難費用の賠償

中間指針は請求期間を第1期・第2期・第3期と大きく3つに分けており、原則として第3期の終期が到来するまでは、精神的損害・避難費用等について請求することが可能とされています（なお、この請求期間は、東京電力が3か月ごとに区切っている請求対象期間とは異なります）。

中間指針第四次追補により、避難指示区域の賠償の終了時期は避難指示解除から1年を経過するまでという目安が示されました。

### ② 精神的損害等にかかる居住制限区域・避難指示解除準備区域における追加賠償

2015年6月12日の閣議決定（経済産業省ウェブサイト「原子力災害からの

Ⅱ 精神的損害

福島復興の加速に向けて（改訂））により、国が東京電力に対し、避難指示解除準備区域・居住制限区域（すでに解除が行われた田村市や川内村の旧避難指示解除準備区域を含む）における精神的損害の賠償について、避難指示解除の時期にかかわらず、事故から6年後の2017年3月に避難指示が解除された場合と同等の賠償、すなわち2018年3月までの賠償を行うよう指導するとされました。東京電力も、この閣議決定に沿った賠償を行う方針を明らかにしました（2015年6月17日付プレスリリース）。

東京電力はその後、2015年8月26日付プレスリリースにおいて具体的な賠償内容を明らかにしました。避難生活等による精神的損害として、1人月額10万円を、包括請求方式の場合は包括請求により支払った最終年月の翌月から2018年3月まで一括で、または従来の3か月ごとの請求方式により支払うことを明らかにしています。

避難・帰宅等にかかる費用相当額については、従来請求方式の場合は必要かつ合理的な範囲の実費を2018年3月まで3か月ごとに支払い、包括請求方式の場合は以下の金額を一括して支払うとされています（2015年8月26日付プレスリリース）。

・一時立入費用
　5000円×対象期間（月）
　（1か月につき1回分、一世帯5人分月2万5000円を上限）
・同一世帯内の移動費用
　1万円×対象期間（月）（1か月につき2回分）
・検査費用（人）にかかる交通費
　5000円×対象期間（年）（1年につき1回分）

家賃にかかる費用相当額については、従来請求方式の場合は実際に負担した家賃額（家賃補助額を控除する）を2018年3月まで3か月ごとに支払い、包括請求方式の場合は2018年3月までのうち賃貸借契約の契約期間を最長として、帰還・移住予定の時期まで家賃額（家賃補助額を控除する）を一括して支払うとされています（2015年8月26日付プレスリリース）。

現在、請求期間の期の区別はあまり大きな意味をもたなくなっています。当初第2期の慰謝料月額は減額されるという議論がありましたが（詳細につ

いて Q16)、すでに月額 10 万円（または 12 万円）で賠償されることとなり、解決済みの問題といえます。ただし、現在でも、中間指針第四次追補において帰還困難区域および大熊町・双葉町全域に対する追加賠償額の考え方に期の区別や避難指示区域の見直し時期が用いられています。

## 3 第1期・第2期

第1期と第2期の内容は以下のとおりです（中間指針　第3「6　精神的損害」、中間指針二次追補　第2「1　避難費用及び精神的損害」）。
・第1期
　期間　本件事故発生（2011 年 3 月 11 日）から6か月間
・第2期
　始期　第1期終了後から
　終期　避難指示区域内については避難指示区域の見直し時点
　　　　旧緊急時避難準備区域については、第1期終了後から6か月後

## 4 第3期

中間指針第二次追補では、第3期の始期・終期について定め、以下のとおり、①帰還困難区域・居住制限区域・避難指示解除準備区域、②旧緊急時避難準備区域、③特定避難勧奨地点、で異なる取扱いをしています。

なお、旧警戒区域・旧計画的避難区域は中間指針二次追補に記載があるように、帰還困難区域・居住制限区域・避難指示解除準備区域へと避難指示区域が見直されました。避難指示区域の見直し時期は市町村により異なりますが、2013 年 8 月 8 日にすべての避難指示区域見直しが完了しました。

### (1) 帰還困難区域・居住制限区域・避難指示解除準備区域（旧警戒区域、旧計画的避難区域）の第3期の取扱い

中間指針第二次追補において、避難指示区域の見直し時点を第3期の始期としました。その時点から終期までが第3期となり、終期については避難指

示等の解除から相当期間経過までとされています。2013年12月26日に出された中間指針第四次追補において、この「相当期間」が1年間を当面の目安とすることが示されました（ただし、一定の医療・介護が必要な場合や、子供の通学先の学校の状況等、特段の事情がある場合を除く）。

さらにその後、居住制限区域および避難指示解除準備区域（大熊町、双葉町を除く）についても、既に避難指示が解除された田村市・川内村を含め、事故から6年後に避難指示が解除された場合と同等の賠償をするとされました（2015年8月26日付プレスリリース）。これにより、中間指針第四次追補が精神的損害・避難費用の賠償期間について避難指示解除後1年間を目安としたことと併せ、これらの区域においては事故から7年後の2018年3月までの期間、精神的損害・避難費用の賠償を認める基準が示されたといえます。

## (2) 旧緊急時避難準備区域の第3期の取扱い

中間指針第二次追補において、2012年3月11日を第3期の開始とし、終期は2012年8月末を目安とするとされています（ただし楢葉町については避難指示区域について解除後相当期間が経過した時点まで）。その後については、東京電力は2012年7月24日付プレスリリース（旧緊急時避難準備区域等）、2013年2月4日付プレスリリースで次のとおり精神的損害と生活費増加分の賠償を行うとしています。

- 2012年9月1日時点で中学生以下の子供の精神的損害
  月5万円（1人35万円の一括払）（2012年9月1日から2013年3月31日まで）
- 通院交通費等の生活費の増加分
  1人20万円（2012年9月1日から2013年3月31日まで）
- 2012年9月1日時点で高等学校に在学し、かつ、年齢が15～18歳までの者（1994年4月2日から1997年4月1日生まれ）の精神的損害
  月5万円（2012年9月1日から2013年3月31日まで）

紛争解決センターにおいては、個別の事情を考慮したうえで2012年9月以降の賠償を認めている事例も複数あります。この点はQ17を参照してください。

第2章　避難指示に基づく避難に関する個別の損害

(3) 特定避難勧奨地点の第3期の取扱い

中間指針第二次追補においては、2012年3月11日を第3期の開始とし、終期は避難指示解除後3か月を目安とするとされています。

また、特定避難勧奨地点における包括請求方式については、2012年7月24日付プレスリリース「避難指示区域の見直しに伴う賠償の実施について（旧緊急時避難準備区域）」において、同日付プレスリリース「避難指示区域の見直しに伴う賠償の実施について（避難指示区域内）」に準じた取扱いをするとされています。

## 3　避難生活一般に伴う精神的損害（第2期）

> Q16　第2期に避難指示等により避難をした場合の一般的な精神的損害として、紛争解決センターや東京電力においてはいくらを相当として扱っているのでしょうか。

A

1　紛争解決センターでの取扱い

中間指針においては第2期の避難生活等を余儀なくされたことによる慰謝料は第1期が月10万円だったのに対し月5万円とされていましたが、紛争解決センター総括委員会は総括基準1を策定し、避難生活の不便さは第2期には減少しても、今後の生活の見通しが立たない不安が増大していることから、この不安に対する慰謝料額も同額の1人月額5万円を目安としました。

また、避難所等での避難生活を長期間余儀なくされ、正常な日常生活の維持・継続が長期間にわたり著しく阻害されたことによる（日常生活阻害慰謝料）第2期の慰謝料は、中間指針が目安とする1人月額5万円から2万円を増額した7万円を賠償すべきとしました。

その結果、第2期の精神的損害も第1期と同様に、避難所等の避難生活者

には月額12万円を、仮設住宅等の避難所等以外での避難生活者には月額10万円を目安として運用するものとされています。

② 東京電力への直接請求の取扱い

東京電力も、2011年11月24日付プレスリリースにおいて、第2期の精神的損害を1人月額10万円または12万円に見直しています。


## 4 避難生活一般に伴う精神的損害（第3期）

> Q 17  第3期に避難指示等により避難をした場合の一般的な精神的損害として、紛争解決センターや東京電力においてはいくらを相当として扱っているのでしょうか。

## A

① 紛争解決センターでの取扱い

(1) 避難指示解除準備区域、居住制限区域、帰還困難区域

第3期の精神的損害は、中間指針第二次追補においては、避難指示解除準備区域および居住制限区域については1人月額10万円とし、帰還困難区域においては1人600万円を目安とするとされていました。

2013年12月26日、中間指針第四次追補第2「1　避難費用及び精神的損害」において、最終的に帰還するか否かを問わず長年住み慣れた住居および地域が見通しのつかない長期間にわたって帰還不能となり、そこでの生活の断念を余儀なくされた精神的苦痛等による損害に対する賠償として、上記に以下の内容で追加賠償がなされることが明らかにされました。

「避難指示区域の第3期において賠償すべき精神的損害の具体的な損害額については、避難者の住居があった地域に応じて、以下のとおりとする。

第 2 章　避難指示に基づく避難に関する個別の損害

① 帰還困難区域または大熊町若しくは双葉町の居住制限区域若しくは避難指示解除準備区域については、第二次追補で帰還困難区域について示した 1 人 600 万円に 1 人 1000 万円を加算し、右 600 万円を月額に換算した場合の将来分（平成 26 年 3 月以降）の合計額（ただし、通常の範囲の生活費の増加費用を除く）を控除した金額を目安とする。

　具体的には、第 3 期の始期が平成 24 年 6 月の場合は、加算額から将来分を控除した後の額は 700 万円とする。

② ①以外の地域については、引き続き 1 人月額 10 万円を目安とする。」

### (2) 旧緊急時避難準備区域、特定避難勧奨地点

中間指針第二次追補において、旧緊急時避難準備区域、特定避難勧奨地点の第 3 期の精神的損害についてはいずれも 1 人月額 10 万円を目安とするとされています。

紛争解決センターでは、旧緊急時避難準備区域について、避難継続の必要性等個別事情（勤務の状況や家族に幼少の子どもがいる等）を考慮して、第 3 期終了の目安とされた 2012 年 8 月末より後（2012 年 9 月以降）の賠償について認められた例が複数あります（和解事例 574・647・747・749・892・889・908・922・945・1023・1046 等）。

なお、和解事例 908 は、個別事情を考慮して、避難継続の必要性を認めたうえで、精神的損害の増額もしている（2012 年 12 月 1 日から 2014 年 2 月 28 日までの 15 か月分について申立人各人につき 240 万円）事案です。

## 2　東京電力への直接請求の取扱い

### (1) 避難指示区域内

#### （A）かつての賠償期間

東京電力の 2012 年 7 月 24 日付プレスリリース（避難指示区域内）においては、帰還困難区域は 2012 年 6 月 1 日〜 2017 年 5 月 31 日までの 600 万円、居住制限区域は 2012 年 6 月 1 日〜 2014 年 5 月 31 日までの 240 万円、避難指示準備区域は 2012 年 6 月 1 日〜 2013 年 5 月 31 日までの 120 万円の賠償

を認め、一括払いできるとされていました。そのうえで、避難指示解除までに要する期間が長引き対象期間を超えた場合には、実際の解除時期に応じた金額が支払われるとされていました。

　（B）賠償額の拡大

　2013年12月26日の中間指針第四次追補の発表を受け、東京電力は2014年3月26日付プレスリリース「移住を余儀なくされたことによる精神的損害に係る賠償のお取り扱いについて」において、帰還困難区域および大熊町・双葉町全域の者に対して、移住を余儀なくされたことによる将来分も含む精神的損害につき700万円を支払うことを明らかにしています。

　（C）賠償期間の拡大

　上記中間指針第四次追補を踏まえ、東京電力は2014年3月26日付プレスリリース「避難指示解除後の相当期間に係る賠償のお取り扱いについて」においては、居住制限区域・避難指示解除準備区域（大熊町、双葉町を除く）における避難生活等による精神的損害、その他実費等（避難・帰宅等に係る費用相当額および家賃に係る費用相当額）について、避難指示解除後1年間を賠償する旨を明らかにしていました。

　しかし2015年6月12日の閣議決定（「原子力災害からの福島復興の加速に向けて」改訂）に基づき、東京電力は、大熊町・双葉町以外の居住制限区域および避難指示解除準備区域にあり避難継続を余儀なくされている者についても、すでに避難指示が解除された田村市・川内村も含め、避難指示解除の時期にかかわらず、事故から6年後（2017年3月）に避難指示が解除されるのと同等の精神的損害の賠償を行うことを明らかにしました（2015年6月17日付プレスリリース）。これにより、居住制限区域・避難指示解除準備区域について、2018年3月まで月額10万円の慰謝料が認められることになります。

　その後東京電力は2015年8月26日付プレスリリースにおいて、具体的賠償の内容を明らかにし、避難生活等による精神的損害について、従来請求方式の場合は1人月額10万円を2018年3月まで3か月ごとに支払い、包括請求方式の場合は1人月額10万円を包括請求で支払い済みの期間の最終年月の翌月から2018年3月までの分を一括して支払うとしました。

## (2) 旧緊急時避難準備区域等

2012年7月24日付プレスリリース(旧緊急時避難準備区域等)では、以下のように賠償することが示されています。

- 2012年6月1日から同年8月末日までにつき精神的損害の賠償として1人月額10万円(30万円の一括払い)
- 2012年9月1日時点において中学生以下の者(1997年4月2日以降生まれ)についてのみ2012年9月1日から2013年3月31日まで精神的損害の賠償として1人月額5万円(35万円の一括払い)
- 2012年9月1日から2013年3月31日までの通院交通費等の生活費の増加費用の賠償として、一括して1人20万円

さらに、2013年2月4日付プレスリリースでは、以下のように賠償することが示されています。

- 2012年9月1日時点において高等学校に在学し、かつ、年齢が15歳から18歳までの者(1994年4月2日から1997年4月1日生まれ)については、避難等に関連した学校生活等における精神的損害として、2012年9月1日から2013年3月31日まで1人月額5万円

## 5 旧緊急時避難準備区域への早期帰還者および滞在者の精神的損害

> Q18 緊急時避難準備区域等に指定後避難せずに滞在した場合や同区域解除(2011年9月30日)後に帰還した場合の慰謝料は、いくら請求できますか。

A

### ① 紛争解決センターでの取扱い

中間指針第二次追補においては、第1期または第2期に帰還した場合や事故発生当初から避難せず滞在し続けた場合は、個別具体的な事情に応じて賠償の対象となり得るとされていたものの、具体的な金額の明示や基準までは

設けられていませんでした。

　2012年8月1日、紛争解決センター総括委員会は、旧緊急時避難準備区域の滞在者等に関する慰謝料につき総括基準11を決定し、以下の①または②のいずれかの方法とする選択的な賠償方法となっています。なお、終期については、Q15を参照してください。

　①　2011年3月11日から同年9月30日まで

　　　月額10万円（2011年3月分は1か月分の10万円を賠償する）

　　　2011年10月1日以降

　　　月額8万円（ただし、低額とはいえない生活費の増加費用については、当該慰謝料には含まれず、別途賠償を受けることができるものとして扱う）

　②　2011年3月11日以降

　　　月額10万円（2011年3月分は1か月分の10万円を賠償する）（①の基準と比較して看過し難いほどの顕著な不公平が生じない限り、当該期間中の生活費の増加費用の全額が、当該慰謝料に含まれているものとして扱う）

## 2　東京電力への直接請求での取扱い

　東京電力は当初、旧緊急時避難準備区域における早期帰還者・滞在者に対する賠償を避難者と同様には認めない扱いをしていましたが、扱いを見直しています。

　早期帰還者・滞在者に対しても、2011年3月11日から2012年2月29日まで、精神的損害にかかる賠償金として、1人月額10万円を支払うとしています（2012年6月21日付、8月13日付プレスリリース）。東京電力に対する直接請求においてもその後2012年8月31日までの賠償は認められているようです（2012年9月25日付プレスリリース別紙）。

## 6 旧屋内退避区域および南相馬市の一部地域に滞在した等の場合の精神的損害

> Q19 旧屋内退避区域および南相馬市の一部地域に指定されましたが、避難せず、滞在した等の場合、慰謝料はいくら請求できますか。

### A

　これらの区域の滞在者等については、かつては、2011年4月22日までの1人10万円1回きりの賠償とされていましたが、2012年7月24日付プレスリリース（旧緊急時避難準備区域等）により、早期帰還者および滞在者についても、避難を行った者と同様に扱い、2011年3月11日から同年9月30日まで、精神的損害として1人月額10万円を支払うものとされています。

　なお、旧屋内退避区域とは、2011年3月25日に屋内退避区域として指定され、同年4月22日に計画的避難区域および緊急時避難準備区域いずれにも指定されず、解除された地域です（中間指針　第3　政府による避難指示等に係る損害について［対象区域］「(2) 屋内退避区域」）。

　また、南相馬市の一部地域とは、南相馬市のうち避難区域、屋内退避区域、計画的避難区域、緊急時避難準備区域、特定避難勧奨地点いずれにも指定されなかった地域です（中間指針　第3　政府による避難指示等に係る損害について［対象区域］「(6) 地方公共団体住民に一時避難を要請した区域」）。

## 7 精神的損害の増額事由

> Q20 紛争解決センターは、精神的損害にかかる賠償の増額事由について、どのように処理をしていますか。

## A

### 1  増額事由

総括基準2は、増額事由として以下の項目を挙げています。
・要介護状態にあること
・身体または精神の障害があること
・重度または中程度の持病があること
・上記の者の介護を恒常的に行ったこと
・懐妊中であること
・乳幼児の世話を恒常的に行ったこと
・家族の別離、二重生活等が生じたこと
・避難所の移動回数が多かったこと
・避難生活に適応が困難な客観的事情であって、上記の事情と同程度以上の困難さがあるものがあったこと

### 2  具体的対応

上記総括基準2は日常生活阻害慰謝料の増額の方法として、上記の増額事由がある月について目安とされた月額よりも増額すること、目安とされた月額とは別に一時金として適切な金額を賠償額に加算することなどが考えられ、具体的な増額の方法および金額については、各パネルの合理的な裁量に委ねられるとしています。

そして、日常生活阻害慰謝料以外に、本件事故と相当因果関係のある精神的苦痛が発生した場合には、別途賠償の対象とすることができるとしています。

### 3  東京電力への直接請求の取扱い

東京電力も2014年1月17日付プレスリリースにおいて、要介護者等に対

する増額の対応を明らかにしています。

　要介護度・障害の程度により、要介護状態等にある人に対しては月額1～2万円、その中でも恒常的に介護が必要とされる人（要介護度5・4、身体障害等級1級・2級、精神障害等級1級、療養手帳障がいの程度A、またはこれらと同等事情をもつ者）の介護者に対しては月額1万円の追加の支払いをするとしています。

　2011年3月11日から2013年11月30日までの請求期間分をまとめて請求するとされ、その後は半年ごとに期間を区切り請求する形となっています（2014年1月17日付、5月29日付、11月26日付、2015年5月27日付、11月26日付プレスリリース）。


## 8　精神的損害の増額事由の報告例

> **Q21**　紛争解決センターでは、実際には、どのような場合に精神的損害の増額が認められますか。

**A**

### 1　増額事例の分類

　紛争解決センターにおいては、①中間指針で定められた日常生活阻害慰謝料（月額10万円または12万円）を増額し、1か月あたりの日常生活阻害慰謝料を算定する方法、②請求期間に対する慰謝料として一定の金額を追加支払いすることで増額慰謝料を算定する方法、③①および②を併用する方法等で解決が図られています。

　増額事由の実例として以下のものが参考になります。複数の増額事由に該当している場合が多いので、分類は目安として考えてください。

　①　「要介護状態にあること」の増額事例（介護者も含む）
　　・旧警戒区域から、身体障害者と要介護者の介護をしながら避難した家

族3名について、その過酷な避難態様および避難生活を考慮し、避難による日常生活阻害慰謝料の大幅な増額（一部の申立人については、2011年3月および4月は月額35万円を上回る金額）が認められています（和解事例310）。

・旧警戒区域（双葉町）の老人ホームから避難を余儀なくされた高齢者（認知症のため歩行・会話困難）について、避難先で床ずれを重症化させたことなどの避難生活の過酷さを考慮して、2011年3月11日から同年11月30日までの期間の日常生活阻害慰謝料が月額20万円に増額が認められています（和解事例408）。

・旧警戒区域（富岡町）から避難した家族4名の2011年3月11日から2012年7月31日の期間の避難慰謝料について、高齢者につき要支援1から要介護4への状態の悪化、避難中の負傷や肺炎等のり患、病院や施設の多数回の移動等を考慮して月10割、他の高齢者につき要支援2から要介護1への状態の悪化等を考慮して月6割、両名を介護した息子夫婦につきそれぞれ月8割の増額が認められています（和解事例492）。

② 「身体または精神の障害があること」または「重度または中程度の持病があること」の増額事例（介助者も含む）

・障がいがあり、また不動産等の財産を所有しておらず賠償によりまとまった金額を得る可能性がない事案について、他の事案と比較し、本件では生活再建が著しく困難という特殊性に着目し、2011年3月から2012年7月までの17か月間の避難慰謝料を合計425万円とする和解が成立しました（原発被災者弁護団ウェブサイト、ニュース2012年11月27日「【報告】避難慰謝料増額和解例のご報告」）。

・南相馬市原町区から中部地方に9か月にわたり避難をした視覚障害者の日常生活阻害慰謝料について、2011年3月11日から2012年8月31日までの18か月分について、避難にかかる精神的損害として180万円、「滞在者に関する精神的損害」として270万円とする和解が成立しています（和解事例232）。

・旧警戒区域（浪江町）から避難した夫婦の2011年3月11日から2013

年 3 月 31 日の期間の日常生活阻害慰謝料について、視力障害（身体障害 1 級）を有する夫につき月 8 割、持病を抱えながら夫の介護を行った妻につき月 6 割の増額分、合計 342 万円が認められた和解が成立しています（和解事例 494）。
- 避難指示解除準備区域（南相馬市小高区）で兼業農家を営んでいた申立人らについて、持病、身体障害および家族の別離等を理由に 2011 年 3 月 11 日から 2013 年 11 月 30 日までの避難慰謝料が月 3 割から 6 割増額されています（和解事例 884-2）。
- 旧緊急時避難準備区域（南相馬市原町区）から避難した母親と小学生の子ども 2 名につき、子ども 2 名にそれぞれ重度・中度の知的障害があり、避難中の環境変化のため情緒不安定となり問題行動を繰り返したことや、母親が 1 人で子どもの世話をしながら避難せざるをえなかったことを考慮して、2011 年 3 月から同年 11 月までの期間について、各人月 10 万円の慰謝料増額がされています（和解事例 912-1）。
- 帰還困難区域から避難した、子どものいる夫婦の避難慰謝料について、夫婦がともに重度の身体障害を有し、通常の避難者と比べ精神的苦痛が大きく、その状況が将来も継続することが見込まれることを理由に、2017 年 5 月まで月 10 割の増額が認められています（和解事例 976）。
- 居住制限区域（富岡町）から避難した申立人 2 名（母と娘）について、高齢の母が視力障害で身体障害等級 1 級、要介護 5 であることおよび娘が介護を行っていたこと等を考慮し、申立人双方に 2014 年 7 月から 2015 年 5 月まで、月 10 割の慰謝料増額が認められています（和解事例 1084）。

③ 「家族の別離、二重生活等が生じたこと」、「避難所の移動回数が多かったこと」に関する増額事例
- 事故により家族が分かれて避難した事案につき、2011 年 3 月 15 日まで家族の安否が確認できないために探し歩くことを余儀なくされたこと、短期間で長距離の避難を 5 回行ったこと、同居していた家族と同年 6 月までの別居を余儀なくされたこと等を考慮し、2011 年 3 月は 14 万円、4 月および 5 月は 11 万円に慰謝料が増額されました（和解

Ⅱ 精神的損害

案提示理由書 6)）。
・旧警戒区域からの避難により仕事や学校などの関係で家族の別離を余儀なくされた事案につき、2011 年 3 月 11 日から 2012 年 11 月 30 日の期間について、家族各々に月額 3 万円の日常生活阻害慰謝料の増加を認めた和解が成立しています（和解事例 266）。

2 その他の増額事例

・墓参りに行くことができなくなったことを理由として一時金として 5 万円を認めた和解が成立しています（原発被災者弁護団・和解事例集Ⅰ事例(34)）。
・自主的避難等対象区域内に居住し地元の病院で原発事故の直前に出産し、原発事故直後に当該病院が旧警戒区域の患者を受け入れるために退院を余儀なくされ、退院とともに会津地方に自主的避難を実行した母親について、帝王切開の術後すぐの避難であったこと、原発事故のため予定より退院が早まったこと等を考慮し、精神的損害について 20 万円増額が認められています（和解事例 379）。
・避難指示解除準備区域（大熊町）所在の土地（農地として利用）の財物損害が全損と評価されている事例において、営農できなくなったことによる精神的損害として 20 万円の賠償が認められています（和解事例 470）。

## 9 生命・身体的損害による精神的損害（入通院慰謝料等）

> Q 22 生命・身体的損害が認められる場合、避難生活一般に伴う精神的損害とは別に慰謝料が認められますか。

第2章　避難指示に基づく避難に関する個別の損害

## A

### 1　中間指針

　中間指針では、第3「5　生命・身体的損害」で生命・身体的損害を被った場合についての指針が示されています。本件事故により避難等を余儀なくされたため傷害を負い、治療を要する程度に健康状態が悪化（精神的障害を含む）し、疾病にかかり、あるいは死亡したことにより生じた逸失利益・治療費・薬代・精神的損害等は賠償の対象と認められるとしています。また、避難を余儀なくされ治療を要する程度の健康状態の悪化を防止するために負担が増加した診断費・治療費・薬代等も賠償すべき損害とされています。

　中間指針は第3「6　精神的損害」の項目において賠償すべき精神的苦痛による損害を、生命・身体的損害を伴わないものに限るとしているため、生命・身体的損害については、日常生活阻害慰謝料とは別に賠償が認められると考えられます。

### 2　紛争解決センターでの取扱い

#### (1) 身体的損害の場合

精神的疾患と身体的疾患の各ケースにつき説明します。

##### （A）精神的疾患

　避難を原因としてうつ等の精神的疾患を有するに至った事案で、自動車損害賠償責任保険（自賠責）の基準ではなく、民事交通事故訴訟　損害賠償算定基準（いわゆる赤本）による基準が採用された事案があります。入通院慰謝料について、ムチ打ち症で他覚症状がない場合ではないため、赤本の別表Ⅰを基準とし、通院実日数ではなく通院期間を基準として損害額が算定されたものがあります。もっとも、日常生活阻害慰謝料との重複等を考慮して50〜70％前後の減額がなされています。赤本基準で入通院慰謝料が認められた事案として、和解事例821や原発被災者弁護団ウェブサイト・和解事例集Ⅰ（55）などがありますが、精神的疾患のすべての事案で、赤本の基準が

当然に採用されるとは限りませんので注意してください。

なお、通院交通費についても慰謝料に含むとの判断がされたものがあります。

また、避難前から精神疾患を有していた被害者について、避難を原因として精神疾患が悪化したことを理由として、2011年3月11日から2012年10月31日までの期間につき、日常生活阻害慰謝料を月額6万円、合計120万円の増額を認めた和解も成立しています（和解事例210）。

### (B) 身体的疾患

避難等のため、長時間運転を行った結果、ぎっくり腰になった場合に30万円の慰謝料を認める和解案が提示されたとの報告例が存在します。

この事案においては、赤本の別表Ⅰを基準として算定され、従前もぎっくり腰になったことがあるという既往歴、因果関係の立証が弱い事などの事情を考慮して75％前後の減額がなされたようです。ただし、身体的疾患の全ての事案で、赤本基準が当然に採用されるとは限らないので注意をしてください。

旧警戒区域（富岡町）から避難中の2012年3月14日に心筋梗塞を発症した申立人について、原発事故と心筋梗塞の因果関係を認め、治療費用、入通院慰謝料等が認められた和解も成立しています（和解事例509）。

なお、疾患の種別は明らかではありませんが、旧緊急時避難準備区域（広野町）から避難した申立人について、処方されていた薬が原発事故直後になくなり2011年5月初旬まで服薬できなかったことにより持病が悪化した事案について、原発事故による避難との因果関係が認められ、生命・身体的損害に係る慰謝料として、2011年3月11日から2012年8月末日までの期間（18か月）につき30万円の賠償が認められた和解が成立しています（和解事例508）。

その他、避難中に脳出血で倒れ後遺障害を負った申立人に、事故の寄与度を5割として後遺症慰謝料等が賠償された事例もあります（和解事例719）。

## (2) 生命損害の場合
### （A）因果関係

　生命損害の場合については、本書第 5 章「避難関連死」の項目も参照してください。

　生命損害においては、原発事故と死亡との因果関係の存在を立証できるかが重要です。

　被害者の避難前の状態に関するものとして避難前に入通院していた医療機関の診療記録等、避難後の状態・死亡原因に関するものとして避難後に入通院していた医療機関の診療記録、死亡診断書、医師の意見書等が証拠として考えられます。

　なお、上記書類の入手も重要ですが、まずは、災害弔慰金の支給申請を行い、支給決定通知書の入手を行ってください。災害弔慰金の支給決定の通知書が存在すれば避難と死亡との関連性が公的に認定されることになります。和解案において災害弔慰金審査委員会により「東日本大震災に係る避難中における原子力災害関連死」と認定されていることが死亡との因果関係を認める一要素として考慮されたとの報告例もあります。

　紛争解決センターにおいては、死亡慰謝料として、従前持病を有していた者が避難を原因として死期が早まった場合に和解が成立した報告例が存在します。この報告された事案においては、赤本を基準として、過酷な避難生活、既往症の治療が著しく阻害されたこと、医師の意見、災害弔慰金審査委員会の認定等を考慮して、事故によって被害者の死期が早められたことに対する寄与的・割合的認定が行われ算定されたものと考えられます。ただし、生命損害のすべての事案で、赤本基準が当然に採用されるとは限らないので注意をしてください。

### （B）和解事例

　和解事例として、以下が参考になります。

- 身体に障害があり要介護 5 の状態で自主的避難等対象区域（いわき市）内の介護施設に入所していたが、原発事故により 2011 年 3 月中に施設から自主的避難し、避難生活中に体調を悪化させ、同年 6 月に死亡した被相続人について、死亡の結果と原発事故による避難との間の因果関係

の存在を認め、死亡慰謝料700万円の賠償が認められています（和解事例395）。
・旧警戒区域に居住し、白血病等にり患していた70歳近い被相続人が、避難により適切な治療を受けられず、不十分な避難生活環境により体力を低下させ、2011年10月に死亡した事案について、死亡に対する原発事故の寄与度を5割としたうえで、相続人である申立人らに死亡慰謝料900万円が認められています（和解事例706）。
・旧警戒区域に居住し、既往症があった80歳代半ばの高齢者が、避難開始の約2週間後に多臓器不全により死亡した事案について、死亡に対する原発事故の寄与度を5割としたうえで、相続人に死亡慰謝料900万円が賠償されています（和解事例730）。

## 2 東京電力への直接請求の取扱い

### (1) 基本方針

　生命・身体的損害にかかる費用について、東京電力は「避難等」を余儀なくされたために、傷害を負い、健康状態が悪化し、疾病にかかったことなどが原因で亡くなった親族がいる者には、個別に対応するとしています。2012年7月24日付プレスリリース（避難指示区域内・旧緊急時避難準備区域等）において、生命・身体的損害については、一定期間中に想定される費用を一律に設定することが困難なことから、引き続き個別に事情を確認し実費を支払う旨が記載されています。その後2012年9月25日付プレスリリースで請求方法の変更について言及され、また入通院の日数に応じて入通院慰謝料を支払うように取扱いを見直すとされていますが、個別事情に応じて賠償金を支払うことには変わりありません。

### (2) 請求方式

　2015年11月26日付プレスリリースにより、従来の3か月ごとの請求方式に加え、将来分を含めた包括請求方式を行うことが明らかにされました。

## 3 訴訟

### (1) 福島地裁平成26年8月26日判決

2014年8月、原発事故後の自死について、初めて因果関係を認める判断をした裁判事例が出ています（福島地判平成26・8・26判時2237号78頁）。東京電力は控訴せず、判決は確定しています。

本件は、計画的避難区域に指定された川俣町で生まれ育った者が、原発事故後の2011年7月1日に焼身による自死をし、その相続人らが逸失利益・慰謝料等の賠償請求をした事案です。

争点は、①原発事故と自死の間の因果関係の有無、②因果関係がある場合、心因的要因を理由に損害額を減額すべきか、また減額すべき場合は減額割合、③損害額でした。

判決は原発事故と自死の間の相当因果関係を認めたうえで、心因的要因を理由として賠償額を2割減額しました。

判決での因果関係の判断枠組みは、原発事故が自死の引き金になったか否かという観点からだけでなく、自死につながる準備状態がいかなる原因で形成されたか、その準備状態を形成した諸原因の中で、原発事故がどの程度の重きをなすものだったかを検討・評価する必要があるとされ、そのうえで、うつ病を発症したかどうかは、原発事故と自死との間の相当因果関係の有無を判断する上で不可欠の前提事実ではなく、自死につながる準備状態を形成した諸原因の一つとして検討、評価すれば足りるとされました。

判決では、原発事故によって生じた一般的に強いストレスが、うつ状態に至らせ、その原因になったストレス要因自体が、自死に至る準備状態の形成に大きく寄与したとして因果関係を認め、自死に至る準備状態の形成に寄与した割合を8割として、相続人らに4900万円余りの賠償を認めています。

### (2) 福島地裁平成27年6月30日判決

2015年6月には、原発事故後の自死について賠償を認めた2例目の判決が出ました（福島地判平成27・6・30裁判所ウェブサイト）。東京電力は控訴せず、判決は確定しています。

Ⅱ　精神的損害

　本件は、福島県双葉郡で生まれ育ち、原発事故後に避難所生活を経て二本松市に避難した者が、2011年7月23日に橋から自ら飛び降りて死亡し、その相続人らが逸失利益・慰謝料等の賠償を請求した事案です。
　争点は、①原発事故と自死の間の因果関係はあるか、②因果関係が認められる場合に、本人の個体側の要因を理由に損害額を減額すべきか、また減額すべき場合は減額割合をどうするのか、③損害額はいくらか、の3点でした。
　判決は、原発事故と自死の間の相当因果関係を認めたうえで、本人の糖尿病の持病を理由に賠償額を4割減額し、原告らに総額で2700万円余りの賠償を認めました。

### (3) 訴訟における和解

　近時は、原発事故後の自死について損害賠償請求した訴訟において、原告と東京電力との間で和解が成立した事例も報道されています（時事通信2015年12月1日）。

## 10　ペットの死亡に対する精神的損害

> *Q23*　避難により、可愛がっていたペットに餌を与えることができず、死んでしまいました。損害として認められていますか。

### A

　紛争解決センターにおいて、ペット（猫）の死亡につき、5万円の慰謝料を認める内容で和解が成立した事案があります。当該事案においては、避難生活一般に伴う精神的苦痛とは性質を異にする精神的損害であることが認められています（和解案提示理由書2「第7　1　ペットの死亡の慰謝料」）。
　また、ペットではありませんが、類似の事例として飼育して野馬追や競馬等にも参加させていた馬を手放したことに伴う精神的損害として賠償がなされた事例（和解事例1081）もあります。

もっとも、一般的にペットの死亡で通常の1人月額10万円支払われる日常生活阻害慰謝料に加え別途慰謝料が認められる場合は必ずしも多くはないと考えられ、請求にあたってはペットが死亡したことにより特別の精神的苦痛を被ったことを主張立証する必要があると考えられます。

なお、避難を余儀なくされたことにより離別・死別したペットについては財物賠償の対象として扱われるとされており、原則として一般家財の財物賠償基準で賠償され、購入金額が30万円以上の場合は全額賠償するとされています（2013年3月29日付プレスリリース）。

## 11　中絶による精神的損害

> Q24　事故前に妊娠をしましたが、警戒区域等の付近で生活・仕事をしていたため、生まれてくる子どもに障害がでてくる可能性があることへの不安や事故による今後の生活への不安から中絶しました。妊婦については慰謝料が増額されているようですが、私は増額した慰謝料は請求できるでしょうか。

A

紛争解決センターにおいて、事故前から妊娠をし、事故後に人工妊娠中絶を行った場合に、2名の申立人について50万円の慰謝料が認められた和解が成立した事案があります（和解事例128）。

ただし、和解契約書において、妊娠○週目ころである2011年3月11日から同月14日まで福島第一原子力発電所の○○キロメートル地点に滞在していたこと、「および医師に相談したものの出産に支障がない旨の助言が得られなかったことに伴う不安による精神的苦痛」としての慰謝料と記載されていますので、人工中絶を行った場合一般の慰謝料を判断したものとはいえない可能性があります。

Ⅱ 精神的損害

## 12 家族を捜索できなかったことについての慰謝料

> Q25 私の家族は、津波被害の犠牲となりました。しかし原発事故が原因で、速やかに捜索をしてもらうことができませんでした。そのため、家族の遺体は、腐敗が進んでしまい、ひどい状況になっていました。紛争解決センターにおいては、私のような遺族の感情は無視されてしまうのでしょうか。

## A

### 1 和解事例

浪江町では、福島第一原発で水素爆発が起き、半径20km圏外への避難指示が出された2011年3月12日から約1か月間、警察や自衛隊による不明者の捜索ができず、津波の犠牲者の捜索や収容が遅れました。その慰謝料を請求した集団申立事案につき、紛争解決センターが和解案提示理由書20において提示した理由に基づき、和解が成立しています（和解事例698）。遺族に対して、故人1名につき1人20～60万円の慰謝料（ただし故人ごとの総額に上限あり）を認める等の内容の理由書を前提とした和解です。

### 2 和解内容

内容としては、①故人に対する敬愛・追慕の情、②自らまたは適切な捜索機関に求める等して迅速に故人らを捜索する権利または利益、③適切な時期・方法により故人が発見・収容されることにより尊厳を保つ形で故人を葬ることができるよう求める権利または利益が侵害されたために生じた精神的苦痛に対しての賠償、であり、金額は以下のとおりです。

・父母・子どもの1親等の血族と配偶者（内縁関係を含む）
　60万円
・孫などの同居の2親等の血族
　40万円

・上記以外の同居親族

20万円

## 13　放射線被ばくへの不安に対する慰謝料

> Q26　原発事故後、私は放射線への被ばくがとても不安です。放射線被ばくの不安についての慰謝料は、紛争解決センターにおいては認められているでしょうか。

### A

### 1　飯舘村長泥行政区

　飯舘村長泥行政区集団申立事件において、放射線被ばくへの不安に対する慰謝料について紛争解決センターが和解方針を提示しています。

　長泥地区は、2011年4月22日に計画的避難区域に指定され、同年5月末日までの避難が求められたほか、放射線に対する何らの注意も喚起されていない地区でした。そのため、同地区の住民の多くは、原発事故から数か月間、適切な避難を行うことができませんでした。長泥地区が、遅くとも原発事故の数日後から旧警戒区域と同程度の放射線量に晒されていたと考えられることからすれば、住民らの放射線被ばくへの現在および将来にわたる恐怖や不安は大きなものです。

　紛争解決センターの和解方針においても「飯舘村長泥地区に結果的に留まることとなった申立人らは、旧警戒区域と同程度の放射線量であった同地区において、放射線に対する特別な防護措置も講じずに本件事故前とほぼ同じ生活をしていたのであるから、放射線被曝への現在及び将来にわたる恐怖や不安を感じるのは無理からぬことである。この恐怖や不安は、飯舘村長泥地区と同程度ないしより低い放射線量の地域の住民が本件事故から数日以内に低線量地域へ避難することができたことと対比すれば、他の避難等対象者一

般と比べ量的にも質的にも異なるというべきである。」と述べています（原発被災者弁護団ウェブサイト、ニュース2013年6月2日「【ご報告】ADRの和解方針について（飯舘村長泥行政区集団申立事件）」）。

　和解方針は、①2011年3月15日以降の放射線量が高かった期間、②長泥地区に、③2日以上滞在した者に対し、④1人50万円（妊婦および子供は100万円）を支払うという内容です。

　被ばく不安に対する慰謝料に関し、東京電力は本事案については、和解金の支払いを受諾する意向を示しました。ただし、考え方自体は受け入れられないとしています（原発被災者弁護団ウェブサイト、ニュース2014年2月16日「【報告】東京電力、被ばく不安慰謝料支払の意向（飯舘村長泥行政区集団申立案件）」）。

### 2　飯舘村蕨平行政区

　また、飯舘村蕨平の集団申立においても、紛争解決センターから、事故後蕨平にとどまり続けた者に対して、50万円（妊婦および子供は100万円）の放射線被ばくへの不安に対する慰謝料を支払う和解案が提示されています（原発被災者弁護団ウェブサイト、ニュース2014年3月24日「【報告】飯舘村蕨平集団申立てで、帰還困難区域と同等の賠償認められる」）。

　もっとも、2015年12月1日現在、東京電力は本件の被ばくの不安に対する慰謝料については和解案を受諾しておらず、この点については和解成立に至っていません。

### 3　伊達市霊山町（小国・坂ノ上・相葭地区）

　伊達市霊山町小国・坂ノ上・相葭地区（月舘町）で特定避難勧奨地点の設定を受けていない場所の住民による集団申立事案おいては、放射線被ばくへの恐怖や不安および実生活上のさまざまな制限・制約に起因する精神的苦痛に対して、以下の賠償を認める和解案が出されました（原発被災者弁護団ウェブサイト、ニュース2014年1月28日「【報告】伊達市霊山町小国・坂ノ上・相

蕀地区集団 ADR 申立て和解案の報告」)。

・賠償額

1 人月額 7 万円

・賠償期間

2011 年 6 月 30 日から 2013 年 3 月 31 日まで（始期は特定避難勧奨地点の最初の設定の日、終期は特定避難勧奨地点の設定の解除から相当期間経過後）

精神的損害につき、特定避難勧奨地点の住民に対しては 1 人月額 10 万円の慰謝料が認められている一方で、同地域でも特定避難勧奨地点に設定されていない場所の住民に対しては自主的避難等対象区域の住民に対する慰謝料（1 人 8 万円、子供・妊婦は 40 万または 60 万円）しか認められていませんでした。本和解案は、賠償額は同額でないものの、特定避難勧奨地点の居住者に準じて精神的苦痛を認めたものと評価されます。

### 4 南相馬市原町区（高倉地区・馬場地区・大谷地区）

さらに、南相馬市原町区高倉地区・馬場地区・大谷地区の、特定避難勧奨地点に設定されていない場所の住民について、放射線被ばくへの懸念や不安、生活上のさまざまな制限・制約に起因する精神的苦痛に対する賠償として、以下のとおり、特定避難勧奨地点と同額の賠償を認める和解案が提示されるに至っています（和解案提示理由書 26（高倉地区）、27（馬場地区）、28（大谷地区）いずれも成立事例）。

・賠償額

1 人月額 10 万円

・賠償期間

2012 年 9 月 1 日から 2014 年 4 月 30 日まで

・始期

特定避難勧奨地点設定以降東京電力により精神的損害の賠償を打ち切られたとき（なお、原町区高倉・馬場・大谷地区は旧緊急時避難準備区域のため 2012 年 8 月までの精神的損害は賠償されたものと考えられる）

・終期

Ⅱ　精神的損害

当該地区の今後の見通しが明らかでない現状においては和解案提示時


## 14　故郷喪失慰謝料

> *Q 27*　すでに原発事故から5年以上が経過し、その間避難していますが、故郷のコミュニティが失われたとして、慰謝料の請求はできないのでしょうか。

A

### 1　東京電力への直接請求の取扱い

　東京電力は、中間指針第四次追補の内容を踏まえて、帰還困難区域および大熊町・双葉町全域については、「長年住み慣れた住居および地域が見通しのつかない長期間にわたって帰還不能となり、そこでの生活の断念を余儀なくされた精神的苦痛等」を対象として、通常の1人月額10万円の賠償に加え、1人700万円を追加賠償することを明らかにしています（2014年3月26日付プレスリリース）。

　これに対し、上記以外の地域に居住していた者に対しては、中間指針第四次追補も同様の理由での賠償指針は示しておらず、東京電力による同様の理由での追加賠償は表明されていません。


### 2　紛争解決センターでの取扱い

　紛争解決センターにおいては、帰還困難区域の住民で、当該土地で生まれ育ち、母親の介護をしたり、その土地の自宅や畑等を単独で相続し、地域の人々とのつながりを活かした業務を行っていた等の事情がある50歳代の単身で生活していた者の事案について、「その精神的な安寧は、居住環境や地域コミュニティに依存する部分が大きかったところ、知人のいない避難先での環境に順応することが、申立人の年齢や生活歴等に鑑みると容易ではない

こ␣とも相俟って、長年慣れ親しみ拠り所としてきた○○町における居住環境や地域コミュニティを失ったことが、申立人に強い精神的苦痛を与えていると認められる。」として、中間指針第四次追補の定める1000万円の追加賠償額を1割（100万円）増額することが相当であるとの和解案を提示し（和解理由提示書34、和解事例1013）、和解が成立しています。

また、浪江町の住民による紛争解決センターにおける集団申立事案については、紛争解決センターから慰謝料を一律に月額5万円増額する等の和解案が提示されました（浪江町ウェブサイト　原子力災害関連情報　ADR集団申立て・要求活動　和解案提示理由書〈http://www.town.namie.fukushima.jp/uploaded/attachment/2942.pdf〉和解案提示理由補充書〈http://www.town.namie.fukushima.jp/uploaded/attachment/2946.pdf〉）が、東京電力はこれを受諾しておらず和解は成立していない状況です。

一方で、旧緊急時避難準備区域である田村市都路地区に居住していた者による、故郷のコミュニティを喪失したことに対する慰謝料支払いを求める紛争解決センター申立事案については、和解案の提示に否定的な対応がされています（原発被災者弁護団ウェブサイト、ニュース2015年2月18日「【報告】福島県田村市都路町地区居住者の集団提訴事件」）。

### 3　訴訟の動向

前記の田村市都路地区においては、自然豊かなコミュニティ等を喪失したことに対する慰謝料の支払いを求め、集団訴訟が提起されており、今後の裁判の動向が注目されます。

2015年9月には、帰還困難区域である浪江町津島地区の住民により、地域コミュニティの再生が困難になり古里を奪われることの慰謝料の支払いを求めて集団訴訟が提起されました（毎日新聞2015年9月29日）。こちらについても今後の裁判の動向が注目されます。

# III　事故前の住居に放置された財物等

## 1　東京電力への直接請求の取扱い

> Q28　東京電力に直接請求をする場合の家財賠償の基準を教えてください。

A

### ①　対象区域

　東京電力による家財の賠償基準は、避難指示区域内の家財を対象とするものであり、旧緊急時避難準備区域等、避難指示区域外に家財を有していた方が一定額の賠償を当然に請求できる基準は存在しません。

　なお、ここでは、一品あたりの購入金額が30万円未満（税入）の一般家財の賠償について説明します（一品あたりの購入金額が30万円以上の高額家財の賠償につきましては、Q30を参照してください）。

### ②　定型賠償

　2012年7月24日付プレスリリース「避難指示区域の見直しに伴う賠償の実施について（避難指示区域内）」および2013年3月29日付プレスリリース「個人さまに対する家財の賠償に係わる請求手続きの開始について」によると、本件事故当時避難指示区域内に居住していた場合は、世帯人数・家族構成ごとに定額の賠償が行われています。

　賠償額は、帰還困難区域と居住制限区域および避難指示解除準備区域を区別して、以下のとおり算定されます。帰還困難区域においては、避難指示期

間中の立ち入りの条件が厳しく、家財の使用が大きく制限されること等を理由に、他の区域と比較して一定程度賠償額が高く設定されています。

なお、世帯の扱いについて、台所がそれぞれ独立して設置されている場合でかつ各世帯の区画が壁または扉で分離されている場合には、各々を一世帯として賠償金を支払うとされています。住民票が複数に分かれているというだけでは、別世帯とは認められないので注意してください。

**表5　家財賠償の基準**

| 世帯構成<br>居住されていた場所 | 単身世帯の場合<br>（定額） | | 複数人世帯の場合<br>（世帯基礎額＋家族構成に応じた加算額) | | |
|---|---|---|---|---|---|
| | | 学生 | 世帯基礎額 | 加算額 | |
| | | | | 大人1名あたり | 子ども1名あたり |
| 帰還困難区域 | 325万円 | 40万円 | 475万円 | 60万円 | 40万円 |
| 居住制限区域 | 245万円 | 30万円 | 355万円 | 45万円 | 30万円 |
| 避難指示解除準備区域 | | | | | |

出典：東京電力2013年3月29日付プレスリリース

たとえば、大人3人、子ども2人の世帯の場合、帰還困難区域では「475万円＋60万円×3人＋40万円×2人＝735万円」、居住制限区域または避難指示解除準備区域では、「355万円＋45万円×3人＋30万円×2人＝550万円」となります。

なお、本件事故当時、避難指示区域内に住宅を所有または賃借していたものの避難指示区域外に居住していた場合の定型賠償額は、管理不能等による家財の毀損等の修理・清掃費用相当額として1人10万円とされています。

また、賠償の対象となる家財の具体例の中には、冷蔵庫、テレビ、洗濯機等、避難生活のために購入を余儀なくされた家財も含まれていますが、これら家財の新規購入費用相当額が避難費用の一部として既に賠償されている場合でも、特別な事情がない限り、避難前の住宅にあった家財の定額賠償は別途認められています。

## 3　個別賠償

　個別の家財に生じた損害の積み上げ総額が定型賠償額を上回る場合には、その超過分を個別賠償によって請求することができます（2015年2月25日付プレスリリース）。賠償額は、本件事故時の家財ごとの時価相当額（原則として購入金額から本件事故までの時間経過による価値低減分を控除した額）または避難による管理不能に伴う価値減少の原状回復費用の合計額から、定型賠償額を控除した残額に諸費用（1人1回あたり定額1万円または合理的な範囲の実費）を加えた額です。このような趣旨から、東京電力は個別賠償の請求者を、定額賠償に合意し、個別評価の損害総額が定型賠償額を超える場合としています。

　個別賠償の対象となる家財は、その品目により経年減価する家財と経年減価しない家財に分類されます。まず、経年減価する家財（東京電力の分類によれば、冷蔵庫、テレビ等の耐久財及びスーツ、着物等の非耐久財）については、家財毎に購入年によって定まる償却係数が東京電力によって設定されています（最低残存価値を20％とした場合の価値低減割合）ので、購入金額にこの償却係数を乗じた額が時価相当額とされます。一方、経年減価しない家財（美術品、骨董品、動植物等）については、原則、原状回復のための修理・清掃に伴う実費を、当該家財の時価相当額を上限に賠償するとしています。もっとも、損傷が激しく修理不可の状態の場合は、時価相当額が賠償されます。

　個別賠償の請求には、原則としてすべての家財について家財の存在を示す写真（一品単位でなく一部屋単位でも可）、購入金額がわかる証憑や当該家財の特徴を示す資料（ただし東京電力の一般家財リストに記載されている家財については不要）などの提出が必要とされており、請求のための事務処理の負担は相当大きいものです。また本件事故後、盗難や廃棄・処分によりすでに存在しない家財については、事情に基づく対応になるようですが、賠償は難しくなることが予想されます。個別請求の前に家財を撤去・処分せざるを得ない場合には、可能な限り、当該家財の写真等の証憑類を保管しておくべきでしょう。

　なお、個別賠償のうち、仏壇については別途基準が設けられています

(2014年3月26日付プレスリリース)。具体的には、避難指示区域から持ち出すことができず価値が喪失した場合は、仏壇・仏具一式につき40万円の定額または個別査定による時価相当額を、また実際に持ち出して避難期間中に修理清掃した場合は、実費を請求することができます。位牌の移し替えをする際の祭祀にかかわる費用については、仏壇1台あたり10万円を1回限り支払う(10万円を超えた場合は、個別事情による合理的範囲)とされています。ただし、この請求は、家財の定型賠償に合意した世帯代表者を対象としていることに注意してください。

## 2　財物価値の喪失または減少

> **Q29** 紛争解決センターでは、家財についてどの程度の立証をすれば、どの程度の損害を認めてくれますか。

**A**

### 1　総括基準

まず、総括基準(基準4)においては、避難等対象区域内に存在する動産に関する以下の損害は、現地への立ち入りができない等の理由で被害物の現状等が確認できない場合であっても、速やかに賠償すべき損害としています。

①　管理が不能等となったため、価値の喪失または減少分およびこれらに伴う必要かつ合理的な範囲の追加的費用

②　その価値を喪失または減少させる程度の量の放射性物質に曝露した場合における価値の喪失または減少分およびこれらに伴う必要かつ合理的な範囲の追加的費用

③　財物の種類、性質および取引態様等から、平均的・一般的な人の認識を基準として、本件事故による価値の喪失または減少分およびこれらに伴う必要かつ合理的な範囲の追加的費用

Ⅲ　事故前の住居に放置された財物等

## 2　紛争解決センターでの取扱い

　東電基準（Q28参照）が発表される以前は、家財保険の基準等を前提にした和解の報告も複数ありましたが、現在の紛争解決センターにおける解決は、東電基準を前提に算定されることが多いようです。

　もっとも、東電基準を前提に、家財の量が同規模の通常の家庭よりはるかに多い場合、通常の家庭には存在しないような高価な商品が含まれる場合、別宅や大きな蔵や、倉庫等を有している場合等には、東電基準に一定金額が積み上げ加算されています。そのためには、たとえば、自宅に存在する家財等の写真や被害者の記憶に基づく財産目録、被害者の住宅の広さ、居住年数、事故前の収入、家財保険の保険額等について、個別に資料を提出する必要があります。

　ある和解事例においては、自宅床面積、居住年数、年収、家財の写真、申立人の記憶に基づく個別財産目録等の資料を総合し、東電基準よりも300万円程度多いと推定される賠償額が認められました。また、住宅の間取り、家具の数および高額な仏壇があったことを考慮して、東電基準による定額賠償額715万円から185万円を増額された家財賠償が認められた事例もあります（和解事例585、586）。

　事故前に家族の死別・別居等の変動があった場合には、変動前の人数に応じて家財の賠償が行われる場合があります。たとえば、東京に生活の本拠を移したが、富岡町にも自宅と家財を所有している申立人らについて、富岡町の自宅に住む他の親族と合わせた人数に基づいて算定された家財の賠償が認められました（和解事例374）。

　なお、緊急時避難準備区域において、避難のために従前の住居を引き払い、避難先に新たに住居を確保したものの、新たに確保した住居に動産を持ち込むことが困難であったため、その動産を処分せざるを得なかった事情がある申立人について、処分した動産について一定額の賠償を認めた和解が成立したとの報告があります。

　また、避難先の東京に車両を持っていくことが困難であったため、車両を売却せざるを得なかったところ、車両に残ローン70万円があったという事

案において、ローンと買取価格の差額に近い金額を損害と認めるとの和解が成立しています（原発被災者弁護団・和解事例集Ⅰ事例（94））。

このように、紛争解決センターでは、個別事情を汲み上げ、必ずしも東京電力による避難指示の区域割に基づく基準によらない和解も成立しています。

## 3 高額家財の賠償

> Q30 私の自宅には、着物がたくさんあり、1着50万円は下らないと思いますが、先日一時帰宅したときに見たらカビが生えていました。着物の賠償を求めることはできますか。

## A

### 1 東京電力への直接請求の取扱い

東電基準では、一品あたりの購入金額が30万円以上の家財を高額家財とし、一般家財の定型賠償とは別に、避難等に伴う管理不能等による毀損の修理・清掃費用相当額として1世帯20万円の定型賠償が行われています（2013年3月29日付プレスリリース）。

購入金額1着50万円を超える着物のカビは、高額家財の毀損にあたりますので、東京電力に対し直接請求することにより、まず1世帯あたり20万円の定型賠償を得ることができると考えられます。

もっとも高額家財の定型賠償は1世帯あたりの金額ですので、すべての着物の損害総額が20万円を超える場合に不足額を請求するには個別賠償によることになります（2015年2月25日付プレスリリース）。高額家財の個別賠償における賠償額は、一般家財の個別賠償と同様に、家財ごとの本件事故時の時価相当額または避難による管理不能に伴う価値減少の原状回復費用の合計額から定型賠償額を控除した残額です。

高額家財も、一般家財と同様に品目ごとに経年減価するもの（大型テレビ、

Ⅲ　事故前の住居に放置された財物等

家具、ピアノ、スーツ、着物等）と経年減価しないもの（絵画等の美術品、動植物、骨董品、神棚等）に分けられ、前者は時価相当額が、後者は原則として原状回復費用が賠償額とされます。

　1着50万円以上の着物は、東京電力の分類によれば、経年減価する高額家財ですので、時価相当額が賠償額となります。具体的には着物全部の写真および購入金額の証憑等着物の価値を示す資料を提出するとともに、購入金額に購入年に基づいて東京電力が定めている償却係数を乗じた額を時価相当額とし、その合計額に諸費用（定額1万円または合理的な範囲の実費）を加算し、定型賠償額（20万円）を控除した額を請求することになります（世帯単位で一般家財と高額家財を合算する）。なお、着物洗い業者に東電査定による時価相当額を上回る費用を払ってカビを落としてもらった場合でも、賠償額は時価相当額にとどまり、原状回復費用としての実費は請求できないのが原則のようです。

2　紛争解決センターでの取扱い

　紛争解決センターにおいては、着物の損害額について、購入額とともに中古着物市場の相場価格等の資料から時価相当額を推定することになるでしょう。また、着物洗い業者へ依頼をした場合の見積額を出し原状回復費用の損害賠償を求めることもできます。大熊町に居住し避難により着物を毀損し新品価格で1455万910円の損害を請求したところ、減価70％概算として900万円の損害を認めた和解例があります（原発被災者弁護団・和解事例集Ⅰ事例(91)）。また、高価な着物等を保有していたことが考慮され、東京電力による定額賠償額を上回る賠償が得られた和解例もあります（和解事例898）。

## 4　庭木や山野草等の損害

> *Q 31*　お金をかけて自宅の庭を整備し、庭木をいじり、山野草を育てることを、20年以上楽しみにしてきました。庭木等を含めた庭の損害を請求できますか。

### A

　既に原発事故から長期間が経過し、立ち入りができず、手入れができなかったため、庭木や山野草も枯れていることと思われます。

　東電基準（2013年3月29日付プレスリリース）によると、宅地の上に植えられている植栽である庭木については、建築物の想定新築価格の5％の額として賠償請求ができます。建物については築年数に応じて経年による減価償却を考慮した時価相当額としているのに対し、庭木については建物新築価格を基準としていることから高めの金額となります。なお、盆栽については家財の扱いですので、Q28～Q30をご参照下さい。

　紛争解決センターでは、南相馬市小高区において、庭師を入れて手入れしていた庭木（7mを超える松を含む計50本ほど）につき、庭師による見積もりを基に賠償金が認められた和解例があります（原発被災者弁護団・和解事例集Ⅱ事例（1））。

　また広野町から関東地方に長期間避難したため管理不能となったさつき盆栽につき、250万円の賠償を認める和解が成立した事例も報告されています（和解事例269）。

## 5　墓地移転に伴う損害

> *Q 32*　避難指示区域に指定された地域に墓があるため、自由に墓参りに行くことすらできません。そこで、私としては、墓を別の場所に移動させたいと考えていますが、墓地の移転費用等を請求することはできるのでしょうか。

Ⅲ 事故前の住居に放置された財物等

A

　管理不能により墓石等に毀損が生じている場合または持ち出し制限もしくは放射線量がスクリーニング基準値を超える等により墓石等を持ち出すことができない場合（放射線量の測定結果がわかる書類の提出が必要。ただし、当該墓地区画が帰宅困難区域に所在する場合は不要）、墓の移転に要した費用につき150万円を上限として、東京電力に対し直接請求できます（2015年4月28日付プレスリリース）。ただし、墓を所有する祭祀の主宰者が、墓の移転を行った後に、改葬等にかかった費用の領収書等を提出して請求する必要があります。支払対象費用の内訳は、墓石の購入・工事費用、遺骨の取り出し・運搬費用、移転前の墓地区画の廃棄・整地費用等の改葬費用、改葬許可証等各種証明書発行費用および開眼・閉眼供養など祭祀にかかる費用です。また、1人1回の請求に限り1万円を定額とする諸費用も合わせて請求可能です。

　なお、本件事故により毀損した墓の修理費用についても請求できますが、その場合は、墓地移転にかかる賠償は請求できません。

　紛争解決センターにおいても、大熊町からの避難者につき、墓地移転の費用として136万円の損害を認め（大熊町所在の墓石等の財物損害も含めた金額）、和解が成立した事例が報告されています（和解事例222）。


## 6　農機具の損害

Q33　トラクターやコンバインなどがありますが、これらの賠償も認められるのでしょうか。また、鍬や鎌などの農具の賠償を求めることはできますか。

A

### ① 東京電力への直接請求の取扱い

　東京電力によれば、避難指示区域においてこれら農機具を所有し、専ら事

業のためだけに使用していたのであれば、個人事業主の償却資産・棚卸資産として賠償を請求することになります。一方、趣味で農作物を育てていた場合など事業以外の目的にも使用していた場合は、購入価格により、一般家財（Q28）または高額家財（Q30）として扱われます。以下、個人事業主の償却資産・棚卸資産の賠償について説明します。

　東電基準（2012年12月26日付プレスリリース）によれば、本件事故発生当時、避難指示区域に個人事業主が所有し、持ち出されていない償却資産について、避難に伴う経年または管理不能による財物価値の減少額が賠償されます。トラクターやコンバインなどの農業機械や鍬や鎌などの農具も、償却資産に含まれると考えられます。

　賠償額は、対象財産の本件事故時の帳簿価額をもとに時価相当額を出し（具体的には、耐用年数経過時点においても一定の財物価値が残ると仮定した償却資産係数を乗じる）、避難指示期間に応じた割合的価値減少率（事故発生から避難指示解除まで6年経過後に100％の価値を喪失するとした場合の価値減少割合）を乗じた金額です。帳簿に記載のない償却資産については、取得時期と購入価額から本件事故時の帳簿価格を計算しますが、その場合、使用可能期間については、税法上の耐用年数を参考に5年または10年のどちらかを選択することになります。

　ここで、機械機具類の償却資産は通常、法定耐用年数よりも相当長期間使用されており、購入価額から減価償却累積額を控除した帳簿価格は概ね低額であるという点が問題になります。上記償却資産係数を用いて補正しても、本件事故時の使用価値を考慮すれば低額過ぎるということも多いようです。なお、帳簿価額によらず、一括して50万円の定額賠償を選択することもできます。

　鍬や鎌など取得価額が少額で資産計上せず費用処理を行っていた場合は、定額10万円またはトラクターやコンバインなどの農業機械等の帳簿価額合計の5％の額が賠償されるとのことです。

Ⅲ 事故前の住居に放置された財物等

## 2 紛争解決センターにおける和解例

　紛争解決センターでは、原則として、帳簿価額ではなく、実際の使用可能年数（効用持続年数）を用いて、下記の計算式により本件事故時の時価相当額を算定しますので、おおむね東電基準による算定額に比べ高額になるようです（営業損害の Q61 参照）。

　取得価格×（実際の効用持続年数－事故時までの使用年数）÷実際の効用持続年数

　双葉町で農業を営んでいた申立人ら所有の農機具等について、取得価格に実際の使用可能年数を考慮して損害額を算出し、東京電力が認める金額から約 1600 万円増額した事例（和解事例 643）、同じく双葉町で営農していた申立人について使用可能年数を 15 年、30 年などとして損害額を算定したうえ、経過使用年数が 1 年以内の農機具は減価せずに取得価格に基づき損害額を算定した事例（和解事例 665）、浪江町から避難した申立人ら所有の農機具について償却期間を東京電力が主張する 10 年から倍の 20 年に延ばして算出した価格で賠償された事例（和解事例 685）、富岡町で農業を営んでいた申立人が所有する農機具等（帳簿等に記載されていないものも含む）について、写真等から農機具等の存在を認定し、取得価格に実際の使用可能年数（申立人が主張する年数に 6 割を乗じた年数）を考慮した減価を行って損害額を算定した事例（和解事例 1034）などがあります。

## Ⅳ　不動産損害

### 1　宅地の賠償（本件事故時点における時価額との差額を損害として賠償金を請求する方法）

> Q 34　本件事故時点における宅地の価値の喪失または減少につき、東京電力に対する直接請求または紛争解決センターへの申立てでは、どのように扱われますか。

A

### 1　宅地賠償の対象

　東京電力に対する直接請求の基準は、帰還困難区域、居住制限区域、避難指示解除準備区域（旧警戒区域・旧計画的避難区域）にある宅地に関する基準であり、旧緊急時避難準備区域および自主的避難等対象区域にある宅地の賠償に関する基準は存在しません。

　他方で、紛争解決センターにおいて宅地賠償に関する和解が成立している事例は、帰還困難区域、居住制限区域、避難指示解除準備区域（旧警戒区域・旧計画的避難区域）にある宅地に関する賠償であり、旧緊急時避難準備区域および自主的避難等対象区域にある宅地に関する賠償に関しては原則として和解が成立していません。

　旧緊急時避難準備区域および自主的避難等対象区域にある宅地地価の原発事故の下落幅や原発事故の寄与度の認定資料を申立人側が提出できず、また、再申立が可能であることを理由として、多くの申立ては打ち切られているようです（野山宏「原子力損害賠償紛争解決センターにおける和解の仲介の実務 9」判時 2210 号 3 頁以下）。

Ⅳ　不動産損害

　そのため、本件事故による損害賠償請求が認められる宅地の対象の範囲は、紛争解決センターへの申立てと東京電力に対する直接請求には原則としては違いがありません。もっとも、紛争解決センターへの申立ての場合には、個別事情に応じて一応の審理が認められる点で、例外的に和解案が示される可能性がある点で異なります。

　以下の説明は、帰還困難区域、居住制限区域、避難指示解除準備区域（旧警戒区域・旧計画的避難区域）にある宅地の賠償についての説明が中心になります。

### ２　損害賠償請求の方法（損害の内容）

　損害賠償請求の方法は、損害を①本件事故時点における時価額との差額を損害として賠償金を請求する方法および②移住先地価をも反映した金額を損害として賠償金を請求する方法（住居確保損害とも呼ばれています）があります。

　本設問においては、①について説明します。②についてはQ35を参照してください。

### ３　本件事故時点における時価額との差額を損害と考える場合

　本件事故時点における時価額との差額の損害は、被害土地地価単価（円／㎡）×被害土地面積（㎡）×価値減少率により算定されています。

　基本的な考え方は、東京電力に対する直接請求の場合と紛争解決センターへの申立ての場合で共通しています。

### ４　東京電力に対する直接請求による場合

　東京電力に対する直接請求の基準は、2013年3月29日付プレスリリースによると、次のとおり発表されています。

　平成22年度の固定資産課税証明書記載の評価額を1.43倍した金額を被害

107

土地単価と考え、同証明書記載の面積を被害土地面積と考えます。

　そして、価値減少率については、避難指示期間割合に応じて算定し、6年間使用不能になることをもって、全損になると考えています。分母を72か月とし、分子を避難指示地域に応じて設定しています。帰還困難区域は全損地域、居住制限区域は分子を36か月（36/72）、避難指示解除準備区域は24か月（24/72）と考えられていました。なお、避難指示期間が上記の分子の期間を上回ると追加で賠償されます。


## 5　紛争解決センターへの申立てによる場合

### (1)　被害土地地価単価

　紛争解決センターにおいては、被害土地地価単価が適正な価格のゾーンの範囲内にあるか否かを判断し、範囲内にあると判断すれば、より細かな審理を行わない方針であるようです。適正な価格のゾーンにある価格について、より低額な金額を主張して、細かな審理を求める当事者の行為は、不当な遅延行為と評価される可能性があるとも考えているようです（野山宏「原子力損害賠償紛争解決センターにおける和解の仲介の実務9」判時2210号3頁以下）

#### （A）被害土地の取得価格が判明する場合

　取引における宅地の取得価格は、取引時点の地価を反映していることから、適正な価格のゾーンの範囲内と判断されるのが原則と考えられます。

　もっとも、宅地の取得価格が適正な価格のゾーンにあると判断できない事情がある場合には、取得価格であっても被害土地地価単価と判断されていません。

　たとえば、取得時期がバブル期の場合には、不動産価格が高騰していたため、取引価格は、事故時点における時価と比べて高額であり、適正な価格のゾーンの範囲内にはないと判断される可能性が高いと考えられます。

　また、原野商法などの詐欺的商法の被害による土地取得の場合には、取引価格が詐欺商法により時価より高額に設定されているため、事故時点における時価と比べて高額であり、適正な価格のゾーンの範囲内にはないと判断される可能性が高いと考えられます。

### （B）被害土地の取得価格が不明な場合

　紛争解決センターは、固定資産課税証明書記載の評価額が判明する場合、当該評価額を参考にして、当該評価額の1.43倍の金額を被害土地地価単価として算定することが多いようです。この場合は、東京電力に対する直接請求による基準と同じ数値になります。

　また、近隣同種地の取引事例または公示価格を参考にしながら、必要に応じて、地域的要因・個別的要因の比較・時点修正などを行い、被害土地地価単価を算定する方法も考えられます。たとえば、帰還困難区域（大熊町）の複数の土地（登記上の地目は山林、雑種地）について、いずれも現況を宅地と認定したうえで、東京電力が実施した「現地評価」（2013年3月29日付プレスリリース別紙2を参照）の結果や、不動産鑑定士が机上において固定資産税評価における標準宅地との比較によって行った評価の結果ではなく、近隣公示価格を参考にして賠償が認められた事例（和解事例933）が紹介されています。

### (2) 被害土地面積（㎡）

#### （A）登記簿や固定資産税課税証明書の記載により明らかにする方法

　紛争解決センターにおいては、登記簿や固定資産税課税証明書等の地目が宅地である場合には、原則として登記簿や固定資産税課税証明書等の面積で判断されるのが原則です。この場合は、東京電力に対する直接請求による基準と同じ取扱いになります。

#### （B）現況により明らかにする方法

　登記簿上等の地目が宅地以外（雑種地、山林、田、畑等）である場合であっても、現況が宅地であることが判明した場合には現況宅地部分の面積の概算を算定し、当該面積部分を宅地として判断されることがあります。

　もっとも、紛争解決センターにおいては、簡易測量等の現地調査、東京電力に対する直接請求における現地調査をセンターの手続内で実施することは原則として行わないものとされており、紛争解決センターが現実に現況確認をすることは手続上予定されていません。

　そのため、申立人が資料を提出することで、現況が宅地であることを説明

していく必要があります。たとえば、写真や住宅地図等で現況が宅地であることを説明していくことが多いです。また、当該土地部分について、宅地の一部としてどのように用いていたのか等を陳述書等で説明していくことも考えられます。

登記簿上等の地目が宅地以外（雑種地、山林、田、畑等）であるにもかかわらず、宅地として認められた和解事例として紛争解決センターのウェブサイトで次のような事例が紹介されています。

- 申立会社が所有する浪江町（避難指示解除準備区域）の土地の財物損害について、登記上の地目は農地等となっていたが、申立会社がこの土地を取得した不動産競売手続における評価書で現況宅地との評価がされていたことに鑑み、この評価書における評価額（宅地並み）に基づき算定された賠償が認められた事例（和解事例920）。
- 申立人が所有する帰還困難区域（大熊町）の土地の財物損害について、登記上の地目は山林となっていたが、航空写真や公図等の客観的資料のほか、購入当時の別荘販売の情報誌にこの土地を含む地域を別荘地として販売している旨の記載があることなどの事情を考慮し、現況宅地と認定して賠償が認められた事例（和解事例971）。

### (3) 価値減少率

紛争解決センターにおける価値減少率の判断は、土地を使用できない期間を基準にしています。

具体的には、土地を使用できない期間が、本件事故時後、被害土地を72か月（6年）以上使用できる見込みがない場合を全損として扱っています。

他方で、使用できる見込みがない期間が72か月を超えない場合については、72か月を分母、使用できない具体的期間を分子と考え、部分損として価値減少率を算定しています。そして、分子である使用できない具体的期間は、一次的には下記の形式基準で判断し、二次的に個別具体的な事情に応じて使用不能の状況を判断しています。

#### （A）一次的な判断基準（形式基準）

紛争解決センターへの申立てに対する和解案は、東京電力に対する直接請

求による基準よりは不利益には扱わない方針です（総括基準10参照）。

そのため、紛争解決センターでは、東京電力が使用できる見込みがない期間として地域ごとに認めている期間については、これを下回る期間を採用せず、使用不能の期間の最低保障として取り扱うものとして紹介されています（野山宏「原子力損害賠償紛争解決センターにおける和解の仲介の実務9」判時2210号3頁以下）。

具体的には、全損地域（使用不能期間の見込みが事故後6年以上の地域）は、帰還困難区域、大熊町および双葉町の居住制限区域および避難指示解除準備区域です。

また、使用不能期間の見込みが事故後5年（分子が60か月）の地域は、浪江町、富岡町、および南相馬市の居住制限区域および避難指示解除準備区域、飯舘村のうち蕨平行政区、比曽行政区、および前田・八和木行政区、葛尾村のうち広谷地行政区の一部（かげ広谷地区）です。

そして、使用不能期間の見込みが事故後3年（分子が36か月）の地域は、居住制限区域、飯舘村のうち全損地域および使用不能期間の見込みが事故後5年に属しない地域すなわち帰還困難区域または蕨平行政区、比曽行政区、および前田・八和木行政区に属しない地域、葛尾村のうち帰還困難区域または使用不能期間の見込みが事故後5年に属しない地域である広谷地行政区の一部（かげ広谷地区）に属しない地域です。

もっとも、本件事故から約5年が経過し、当初の予定と異なり現時点でも避難指示が解除されていない地域が多く、少なくとも、解除がされ相当期間経過するまでは具体的に使用が不能であることは明らかであり、一次的な基準はもはや意味を失っている部分が大きいと考えられます。

（B）二次的な判断基準（個別具体的基準）

また、使用不能期間の見込み期間が一次的な基準を超えて認定されることも多く、全損として判断される和解も多く成立しています。この点が、東京電力に対する直接請求による基準と紛争解決センターに対する申立てとが異なる点です。

二次的な基準としては、当該土地の使用不能期間の見込み期間について、個別具体的に調査を行い、判断されるとされています。調査の方法としては、

紛争解決センターの調査官から、確認項目が記載された書面が送付されてくることが多いようです。

具体的には、「原発事故前の当該不動産の利用の歴史・利用の具体的状況」について、「当該不動産を居住用として利用してきた場合には、家族構成・年齢・職業等の歴史、一家の収入状況、周辺の各種施設（生活インフラ）の所在地及び利用状況、通勤・通学状況その他生活状況全般」、「現在（原発事故後）の時点における今後の生活設計」、「仮に被害土地に帰還したと仮定して、その場合に想定される職業上・事業上の支障、通学上の支障その他生活上の支障」、「不動産の所在地の位置・不動産の形状等を示した地図（住宅地図が望ましい）、不動産所在地の周辺地域の地図、周辺地域の避難地区の設定状況、周辺地域の放射線量」などが確認項目であり（野山宏「原子力損害賠償紛争解決センターにおける和解の仲介の実務9」判時2210号3頁以下）、周辺地域一体の状況を把握し、仮に帰還したとして土地所有者やその家族らが生活を成り立たせていくことができるかという観点から、使用できる見込みがない期間を具体的に認定しているものと考えられます。

### （C）和解事例

紛争解決センターが、不動産を全損と判断した和解事例の和解案提示理由書において、不動産の価値を全損と判断する判断過程が示されました（和解案提示理由書13および原発被災者弁護団ウェブサイト、2012年10月18日「【報告】双葉町不動産についての「全損」和解案提示のご報告」（http://ghb-law.net/wp-content/uploads/2012/10/121018riyu2.pdf））。具体的には、「文部科学省が公表している放射線量モニタリングマップによれば本件不動産は帰還困難区域に指定されない可能性がある」ことを認めた（対象不動産の最も近い測定地点の空間線量率は、3.8マイクロシーベルト／時以上9.5マイクロシーベルト／時未満。なお、帰宅困難区域は、年間積算線量は50ミリシーベルト超えの地域であり、空間線量率が9.5マイクロシーベルト／時以上に相当する地域と考えられています）うえで、「人間は、行動する社会的存在で」あり「不動産の価値ないし価格の減少を検討する際には、対象不動産の所在地1点ではなく、その周辺地域も含めて、人の社会的・経済的活動を成り立たせるだけのある程度の広がりを持った面で考える必要がある」との判断を示しました。そして、不

Ⅳ　不動産損害

動産の僅か1km北方ないし北東部には19マイクロシーベルト／時以上の地点があり、これらの周辺には駅、役場、病院、学校等の生活に必要不可欠な施設が多数存在すること、南西方向には2～3km未満の地点に19マイクロシーベルト／時以上の地点が多数あり、これらの地点が帰還困難区域に指定されることは明らかであること、および、財物の価値ないし価格は、当該財物の取引等を行う人の印象・意識・認識等の心理的・主観的な要素によって大きな影響を受けるものであるが（中間指針第3の10備考3）、福島第一原発から本件の不動産までは3～4km程度しか離れていないことを理由として、当該事案においては全損との判断を示しました。

　最近では、帰宅困難区域、居住制限区域のみならず、避難指示解除準備区域においても、個別事情を考慮のうえ、全損の扱いと認定された和解が成立複数成立しています。

- 楢葉町（避難指示解除準備区域）の不動産（自宅土地建物）について、自宅周辺は田畑で防風林に囲まれていたこと、申立人らは農業と年金で生計を立てているが、作付けが制限されていることなどを考慮し、全損と判断し、移住先での不動産取得を考慮した額での賠償が認められた事例（和解事例839）。
- 避難指示解除準備区域（南相馬市小高区）の不動産（自宅土地建物）について、放射線量、除染の見通し、近隣の状況、建物の状況、申立人の今後の生活設計等を考慮し、全損と評価して財物損害が賠償された事例（和解事例859）。
- 浪江町（避難指示解除準備区域）の不動産（自宅土地建物）について、自宅の位置、付近の放射線量、周辺施設の状況、申立人らの生活状況、水道の復旧状況等を考慮して全損と評価し、平成10年の購入時価格（造成費用として申立人らが支払った額を含む）を土地の事故前価値として、財物損害が賠償された事例（和解事例868）。
- 浪江町（避難指示解除準備区域）に居住していた申立人らの財物損害について、申立人らが農業を営んでいたこと、原発事故の5年後に避難指示が解除されたとしても従前どおり農業を営むのは困難であること、申立人らの年齢等を考慮して、自宅土地建物等の不動産を全損と評価し、

農業用機具につき、実際の使用可能年数を基礎に減価をして損害額が算定された事例（和解事例875）。
・南相馬市小高区（避難指示解除準備区域）に居住していた申立人夫婦の財物損害（自宅土地建物）について、息子夫婦と発達障害を有する孫が既に県南地域に避難しており、孫の世話などのため、息子らと同居する必要があること、自宅付近の除染状況等の事情を考慮して、全損と評価した事例（和解事例876）。
・避難指示解除準備区域（南相馬市小高区）で兼業農家を営んでいた申立人らについて、持病、身体障害および家族の別離等を理由に避難慰謝料が月3割から6割増額されるとともに、自宅土地建物等につき、周辺の放射線量の高さ、周辺施設やインフラの復旧状況に加え、除染状況・農業用水源の汚染・申立人らの年齢等から、申立人らの農業再開は不可能であることを考慮して全損と評価された事例（和解事例884）。

(D) その他

その他、宅地の使用目的を、宅地価格の価値減少率に反映する場合があると考えられます（野山宏「原子力損害賠償紛争解決センターにおける和解の仲介の実務9」判時2210号3頁）。

宅地を事業用施設として利用していた場合には、将来避難指示解除があった場合に、帰還してその土地で事業を再開することが現実的かどうかが検討対象になるとされています。不動産を事業施設として利用してきた場合には、事業の具体的内容の歴史、当該不動産の具体的利用状況、周辺地域における事業インフラ、顧客・取引先等の所在地・活動状況や現在の時点における今後の事業設計（事業設計が立たない場合にはその旨およびその理由、事業設計に複数の候補がある場合にはその全部についての内容と長所・短所等）を調査して全損または部分損の割合を判断します。

都会からの移住者・別荘地として利用されていた場合には、「有害物質に汚染されていない自然豊かな環境で、有害物質のことを気にせずに生活を送ることを考えていたのが通常」であり、「仮に専門家が健康に影響がない程度の微量にすぎないという意見を述べたとしても、無農薬（減農薬）・有機農業などを志し、有害物質を気にする必要のない生活を期待して移住した

人々にとっては、社会通念上利用価値のない土地にすぎない」ので、全損扱いにすることが「多い」とされています。

以上のとおり、宅地の利用目的および属人性にも着目して、宅地の価値減少率が判断される可能性もあるようです。

### (4) 小括

申立ての際には、固定資産税評価額以外の算定方法の利用が可能か否か（被害土地地価単価）、登記簿上の地目が宅地以外であるものの宅地の一部として利用していた部分が存在するか（被害土地面積）、帰還困難区域以外の場合は使用できない期間の認定にあたっての個別具体的な事情の有無（価値減少率）を検討する必要があり、東京電力に対する直接請求の基準より有利な和解を得られる可能性がある場合には、紛争解決センターへの申立てを検討するべきであると考えられます。

### 6 損害額が全損認定された場合の賠償対象不動産の所有関係

賠償対象不動産の価値が全損扱いとなり、東京電力から全額の賠償がされた場合、民法422条による代位の規定の適用の余地があり、当該不動産の所有権が東京電力に移転するとも考えられます。

もっとも、紛争解決センターにおいては、賠償対象不動産の価値が全損扱いとなった場合、当初は、不動産所有権は移転しない扱いの特約条項を設けることで、民法422条による代位の規定の適用を排除する和解が成立していました。また、現在の和解では、特約条項は設けられていませんが、民法422条による代位の規定の適用を排除し、全損の賠償であっても被害者に不動産の所有権が残っていることを当然の前提にしています。2012年7月24日付プレスリリースでは、宅地についての賠償を請求するためには、宅地、建物についての賠償後も避難指示解除までの間は、公共の用に供する場合等を除き第三者への譲渡を制限すること等に承諾することとなっている（【共通事項等】の＊2）（原則として、所有権は失わないことは明記されています）ので、東京電力に対する直接請求による基準の場合も同様の取扱いです。

## 2 宅地の賠償（宅地の住居確保損害の賠償を請求する方法）

> *Q 35* 住居確保損害（宅地）について、東京電力に対する直接請求または紛争解決センターへの申立ては、どのように扱っていますか。

A

### 1 住居確保損害

　紛争解決センターにおける宅地の住居確保損害とは、移住先地価をも反映した金額を損害の内容とする考え方です。

　一方、東京電力に対する直接請求の基準の宅地の住居確保損害は、移住により、実際に発生した宅地や建物の再取得費用等のうち財物賠償では不足する金額について、上限額を設定し、その範囲内で追加して賠償を認めるものです。東京電力の住居確保損害の考え方は、Q34で計算された賠償額に住居確保損害部分を加算する方法での説明になります。

　他方で、紛争解決センターにおける住居確保損害の考え方は、差額説による説明になります。

　東京電力の場合には、Q34で計算された賠償額では新たな住居の確保ができず現実に不足した場合に初めて賠償金が追加して支払われます。他方で、紛争解決センターの場合には、差額説により移住先地価をも反映した金額を宅地の損害として考えるため、Q34で計算された賠償額によって宅地が確保できた場合でも、住居確保損害が認められることになると説明されています（野山宏「原子力損害賠償紛争解決センターにおける和解の仲介の実務9」判時2210号3頁以下）。

Ⅳ　不動産損害

## 2　東京電力に対する直接請求による場合

### (1) 中間指針第四次追補

　まず、被害者の現状として「避難を余儀なくされている住民は、具体的な生活再建を図ろうとしているが、特に築年数の経過した住宅に居住していた住民においては、第二次追補で示した財物としての住宅の賠償金額が低額となり、帰還の際の修繕・建替えや長期間の避難等のため他所での住宅の取得ができないという問題が生じている。また、長期間の避難等のために他所へ移住する場合には、従前よりも相対的に地価単価の高い地域に移住せざるを得ない場合があることから、移住先の土地を取得できないという問題も生じている。」(中間指針第四次追補第1・1項)と、従前の被害賠償では不足していることが問題点として指摘されています。

　上記問題点を解決するために、「住居確保に係る損害」(中間指針第四次追補第2・2項)について次のとおり指針が設けられました。

　避難指示区域内の従前の居住が持家であった者で、移住等をすることが合理的である被害者の土地については、宅地(居住部分に限る)取得のために実際に発生した費用と本件事故時に所有していた宅地の事故価値(第二次追補第2の4の財物価値)との差額を損害として考えるべきであるとされています。ただし、登記費用および消費税等の諸費用は除くとされています(中間指針第四次追補第2・2項・Ⅰ・①および同Ⅱ)。

　また、一定の制限があり、①宅地面積が400㎡以上の場合には、当該宅地の400㎡相当分の価値を所有していた宅地の事故前価値とすること、②取得した宅地面積が福島県都市部の平均宅地面積以上である場合には福島県都市部の平均宅地面積とすること(ただし、所有していた宅地面積がこれより小さい場合には、所有宅地面積)、③取得した宅地が高額な場合には福島県都市部の平均宅地面積(ただし、所有していた宅地面積がこれより小さい場合には、所有宅地面積)に福島県都市部の平均宅地単価を乗じた額を取得した宅地価格とすることが定められています(中間指針第四次追補第2・2項・Ⅰ・②および同Ⅱ)。所有宅地面積の制限数値の400㎡は、福島県の平均宅地面積を考慮して定められています。また、福島県都市部の平均宅地面積は250㎡、平均

宅地単価は3万8000円／㎡とされ、これは福島市、会津若松市、郡山市、いわき市、二本松市および南相馬市の平均値とされています（中間指針第四次追補第2・備考4項）。福島市、会津若松市、郡山市、いわき市、二本松市および南相馬市を選定した理由は、「復興庁がとりまとめた『平成24年度原子力被災自治体における住民意向調査報告書』を参考にし、『避難生活を送る場所として希望する市町村』及び『災害公営住宅への意向のある世帯が避難生活を送る場として希望する市町村』の上位5都市ずつ」であったため採用されたということです（中間指針第四次追補に関するＱ＆Ａ集・問11）。

## （2）東京電力に対する直接請求の基準
### （Ａ）住居確保損害を請求するための要件
#### （ア）所有と居住の要件

　東京電力に対する直接請求による基準で住居確保損害の対象となるのは、本件事故時点において、避難指示区域内において自己が「所有」する持家に「居住」をしていた方のうち土地を所有していた方、とされています。

　もっとも、所有者と居住者の同一性については、完全な一致は要求されておらず、「居住者が所有者の推定相続人、または財物賠償時のその他相続人であれば、所有者が居住者の同意を取得することにより請求可能」と説明されています。（福島県ウェブサイト「【原子力損害賠償】住居確保損害の賠償について」(https://www.pref.fukushima.lg.jp/sec/16055a/jyukyokakuhosetsumeikai.html) 資源エネルギー庁「住居確保損害の賠償に関する住民説明会」PDF（https://www.pref.fukushima.lg.jp/uploaded/attachment/133559.pdf））（資源エネルギー庁「別冊参考資料1」PDF（https://www.pref.fukushima.lg.jp/uploaded/attachment/133564.pdf））。

　たとえば、①親が所有している建物・土地に親が居住していないが、子が居住している場合、子の同意（所有者の推定相続人）をもって親から請求可能とされ、②事故後に相続未了物件（被相続人：父）に対し、兄が相続人全員から同意を得て財物賠償を請求し、建物・宅地には弟が居住（兄は非居住）している場合、弟（財物賠償におけるその他相続人）の同意をもって兄（財物賠償請求者）から請求可能とされています。

なお、親名義で受領した賠償金で購入した宅地・建物を子ども名義にすると、住宅取得資金の贈与を受けたとみなされ、贈与税の課税対象になる可能性があるので注意が必要です。この場合、住宅取得等資金贈与の特例の利用等について具体的なアドバイスをすることも重要ですので、税理士にも相談するように進めてください。

### (イ) 避難を余儀なくされた者であること、または移住が合理的であると判断された者であること

帰還困難区域および大熊町・双葉町のその他区域に居住し、避難を余儀なくされた被害者または居住制限区域または避難指示解除準備区域（大熊町および双葉町を除く）に居住し、就労や医療等の理由から移住が合理的である被害者に認められるとされています。

そして、この合理的な理由の有無の東京電力の判断は、被害者の方々の心情に配慮し、柔軟に対応されているようです。

### (ウ) その他の要件

まず、財物賠償での不足分に対する賠償であるため、原則として、受領済みの財物額を超過して実費が発生する蓋然性が高いことが前提として必要とされています。

また、住居確保損害を算定するにあたり、財物の価額の合意が必要であるため、財物賠償（事故時の時価における不動産賠償価格）の合意が必要とされています。

そして、住居確保損害の対象となるのは登記上の1筆のみになります。

### (B) 住居確保損害における宅地の賠償基準

中間指針第四次追補を受けて、東京電力の2014年4月30日付プレスリリースにおいて宅地の賠償金の上限金額の計算式が発表され、従前の宅地面積（250㎡を上限とします）×3万8000円／㎡−従前の宅地面積（400㎡を上限とします）×従前の宅地単価、により計算するとされています。そして、250㎡×3万8000円／㎡＝950万円となるため、950万円から400㎡を限度とした従前の宅地の価格を控除した金額が、宅地の住居確保損害になります。

また、「帰還困難区域又は大熊町もしくは双葉町の居住制限区域もしくは避難指示解除準備区域」に居住していた被害者以外のうち、移転が合理的な

方と判断された方は、土地の価値が回復することを考慮して、上記賠償可能金額に75％を掛けた額が損害額とされています。

ただし、宅地の住居確保損害が賠償上限額として反映されるのは、移住にかかる賠償の方法の場合のみであり、帰還にかかる賠償の方法の場合には、宅地を確保する必要がないため対象とされていませんので、この点注意が必要です。

## ③ 紛争解決センターへの申立てによる場合

### (1) 考え方

紛争解決センターの宅地の住居確保損害の考え方、すなわち、差額説による考え方は、次のように説明されています。

「他人の不法行為により所有財物の価値を全部毀損された場合の損害額は、特段の事情がない限り、不法行為当時の当該財物の交換価値と考えられてきた。しかしながら、今回の原発事故に特有の先例のない事態（近傍同種地の代替地の取得不能）の発生を考慮するとき、不法行為の既存の考え方を機械的に当てはめていくのは不相当な場合がしばしばある。「特段の事情」を、必要に応じて、幅広く認めていかないと、正義公平の観点からバランスがとれない。」とされています（野山宏「原子力損害賠償紛争解決センターにおける和解の仲介の実務9」判時2210号3頁以下）。

すなわち、損害賠償請求において、一般的に損害額を当該財物の交換価値たる時価で足りると考えるのは、同金額による賠償により当該財物と同程度の財物の再調達が可能と考えられるためであり、当該財物と同程度の財物の存在・取得ができる環境であることがその前提となっています。

もっとも、今回の原発事故被害の場合には、大規模な被害かつ大多数の被害者が存在するため、近傍同種地を代替地として取得できるという前提が成立しません。そのため、事故時の時価のみの賠償では、近傍において地価水準が同程度の同種の代替土地を取得することは困難であると指摘されることが少なくありませんでした。仮に、日本全国を対象にすれば、被害土地と同程度の同種の代替土地を取得すること自体は可能であるとは考えられるもの

の、被害者にとって過度な負担になり、被害者の救済として不十分であることは明らかです。

そこで、移住が合理的な選択の1つであり、移住先地価単価が被害土地単価より高額な場合、被害土地単価の賠償のみでは不足する赤字額部分（マイナスの数値）を損害と考え、被害宅地の事故前の価格から赤字額を差し引く（マイナスからマイナスするため結果的にはプラスになります）ことで、移転先の新たな宅地の価格の単価を含めた損害を住居確保損害として導きだします。

たとえば、「被害土地面積が200㎡、被害土地地価単価が1万円／㎡、移住先地価単価が4万円／㎡」の場合には、「(1万円×200㎡)－{(1万円－4万円)×200㎡} ＝200万円－(－600万円)＝800万円」と差額説による説明がされ、基本的な計算としては、「4万円×200㎡」（野山宏「原子力損害賠償紛争解決センターにおける和解の仲介の実務9」判時2210号3頁以下）、すなわち、移住先土地単価×被害土地面積で算定されています。

## (2) 住居確保損害を請求するための要件

「移住先となる地域を決定し、当該地域に移住する蓋然性が高いこと」が必要です。（野山宏「原子力損害賠償紛争解決センターにおける和解の仲介の実務9」判時2210号3頁以下）

移住の蓋然性の要件について、不動産を現実に取得することまたは手付金の交付をすることまでは要件とはしていないようですが、どの程度まで準備すれば、当該地域に移住する蓋然性が高いと認定されるのかは明確ではありません。

また、移住の必要性が認められる必要があります。紛争解決センターの和解事例を見ると、移住先土地単価の賠償が認められた事例では、価値減少率について全損の認定がされていることが多いようです。そのため、移住の必要性が認められるためには、宅地の価値減少率が全損であるという紛争解決センターの判断が必要とされているのではないかと考えられます。

もっとも、宅地の価値減少率が全損と認定されたとしても、ただちに移住の必要性が認められるわけではないため、注意が必要であり、帰還困難区域以外に所在する宅地の場合には、移住の必要性が認められるか慎重な検討を

要します。紛争解決センターにおいても、宅地の価値減少率が全損と認定されたにもかかわらず、移転の必要性が否定された事案が複数存在します。

宅地の価値減少率が全損と認定されるためには、72か月以上使用できる見込みがないことで足ります。しかし、移住の必要性が認められるためには、より長期の使用ができないことや、介護や持病の治療のため、または子どもがいるため等、他の同地域の被害者に比べ、被害宅地への帰還が困難な事情を説明し、申立人が移住をする必要性が高いことを説明していく必要があると考えられます。

東京電力に対する直接請求の基準における移住が合理的であることと同趣旨からくる要件と考えられますが、紛争解決センターにおける移住の必要性の要件は、東京電力に対する直接請求の基準に比して、厳格な基準です。そのため、現在のところ、帰還困難区域の被害者以外の場合には、住居確保損害の請求の要件は、東京電力に対する直接請求の基準の方が、被害者の移住の合理性の判断を柔軟に取り扱っているため、有利に運用されていることが多いようです。

### (3) 住居確保損害における宅地の賠償基準

#### (A) 計算方法

基本的な計算式は、移住先地価単価×被害土地面積により算定します。

#### (B) 移住先地価単価

まず、移住先地価単価は、現実の移住先または移住する蓋然の高い移住先における、標準的な住宅地の地価単価とするとされています。仮に現実に宅地を取得したとしても、取得価格は考慮せず、標準的な住宅地の地価単価より、高額であっても、低額であっても考慮しない扱いになっているようです。

また、標準的な住宅地の地価単価は、原則として、福島県内都市部の平均単価を一応の上限とするとされています。

もっとも、例外的に、移住先地価単価を基準にすることが認められる場合もあるようです。たとえば、病気・要介護状態などが原因で避難した移住先から被災地への再度の長距離移動が不可能または心身上の理由により不適切な場合が例外に該当するとされています。

紛争解決センターの和解事例でも、複数名の家族が精神障害にり患している世帯について、避難先の大阪市において、新たな通院先・通学先・就労先を確保し、治療のためのよい環境を構築することができたケースで、医師やケースワーカ等の社会資源を利用した医療環境、西成区の協力を得て築いた就労・就学基盤などから成る環境が変化することは申立人らの生活・医療に悪影響を及ぼすことから、本件事故前の医療環境・生活環境は、浜通りの帰還困難区域において形成されたものがほとんどで、今後長期にわたり再建される見込みはないと認定したうえで、福島県都市部の地価水準にとどまらず、移転先として合理性があると認める特段の事情がある大阪の地価（15万1400円）によるのが相当であるとして、例外事情が認められた事例も存在します（和解案提示理由書22）。

なお、「標準的な住宅地の地価単価」の算定資料について、福島県内の平均地価算定資料を統計資料にして頼ると、半年以上前の資料であるなど、リアルタイムの地価の把握が困難であることも指摘されています。そのため、賠償においては、現在の標準的な住宅地の地価単価の立証が重要であると考えられます。

### （C）被害土地面積

被害土地の面積によるのが原則とされています。

もっとも、例外として、「被害土地の面積が200～300㎡を超える場合には、200～300㎡の範囲内で移住先の地価単価を用いる。」「そして、超過部分の面積部分については、」「被害土地の地価単価を用いる」とされています（野山宏「原子力損害賠償紛争解決センターにおける和解の仲介の実務9」判時2210号3頁以下）。住居確保損害が認められる被害土地面積の範囲に制限を設ける理由は、被害土地面積のうち、住宅の実質的な敷地部分は、通常300㎡を超えないため、移住先地価単価についての賠償も、当該限度で算定することが合理的と考えられているからです。

そして、紛争解決センターでは、移住先土地単価の適用を限定的に認めた次のような和解が複数成立しています。

・双葉町（帰還困難区域）から避難し、埼玉県内に土地建物を購入した申立人らの双葉町の自宅土地建物について、土地につき、その購入金額に

福島県の平均地価変動率を乗じて原発事故前の地価を算定したうえ、250㎡の範囲で郡山市の平均地価を参考に損害額を増額し、建物につき移住先での建物取得を考慮して損害額の増額を認めた事例（和解事例842）。

・富岡町（居住制限区域）に居住していた申立人らの不動産（自宅土地建物）について、帰還困難区域に近接していること、インフラの復旧状況、除染実施状況等から全損と評価し、土地の賠償額を、300㎡までは移住先であるいわき市の平均地価を乗じた額とし、300㎡を超える部分は本件事故前の地価を乗じた額とした事例（和解事例852）。

・南相馬市小高区（避難指示解除準備区域）に居住していた申立人夫婦の財物損害（自宅土地建物）について、息子夫婦と発達障害を有する孫が既に県南地域に避難しており、孫の世話などのため、息子らと同居する必要があること、自宅付近の除染状況等の事情を考慮して、全損と評価し、また、県南地域（白河市周辺）への移住の合理性を認め、自宅土地のうち300㎡につき白河市の平均地価を参考に損害額が算定されるなどした事例（和解事例876）。

・双葉町（帰還困難区域）から避難した申立人ら（夫婦と成人の子）の自宅土地建物について、子が既に仙台市に避難していること、夫が病気を抱えていること、夫婦の現在の避難先住居は手狭であり、申立人らは仙台市内の宅地建物を購入する予定であることなどを考慮し、移住の合理性を認め、双葉町の自宅土地のうち200㎡につき、移住予定地付近の公示地価と自宅土地の地価との差額分を上乗せした額が賠償された事例（和解事例890）。

### （D）小括

　移住先土地単価の賠償においては、移住の必要性および蓋然性についての事情の確認、土地単価の調査が重要になると考えられます。

　また、移住の蓋然性は不動産を購入すれば要件は充足するものと考えられますが、移住の必要性については不動産の価値減少率の全損認定の個別事情を超えた個別の移転の必要性を要する場合もあり、不動産の価値減少率が全損の認定であっても、移転の必要性が否定される場合が少なくないことには

特に注意が必要です。

### ④ 紛争解決センターへの申立てが有利な点

　紛争解決センターへの申立てと東京電力に対する直接請求とを比較すると、東京電力に対する直接請求の基準の場合には、福島県都市部の平均宅地単価を3万8000円／㎡、福島県の都市部の平均宅地面積を250㎡、と固定しているものの、紛争解決センターの場合には固定されていない点で、紛争解決センターへの申立ての方が東京電力に対する直接請求より、有利になる可能性があると考えられます。

　なお、野山宏「原子力損害賠償紛争解決センターにおける和解の仲介の実務9」判時2210号3頁以下においても差異が生じる可能性がある事案が紹介されています。

## 3　借地権の賠償

> Q36　借地権の賠償について、東京電力に対する直接請求または紛争解決センターへの申立ては、どのように扱っていますか。

A

### ① 東京電力に対する直接請求による場合

　東京電力に対する直接請求の基準は、2013年3月29日付プレスリリース別紙2で発表されており、借地権の金額を宅地の時価相当額×20％の借地権割合で算定した金額を損害額とする、と認められています。

第2章　避難指示に基づく避難に関する個別の損害

## ②　紛争解決センターへの申立てによる場合

　紛争解決センターにおける被害宅地の借地権の賠償については、東京電力に対する直接請求の基準と同様、借地権の時価相当額を宅地の時価相当額×20％の借地権割合で算定して、これを損害額として認める和解が多いようです。

　もっとも、移住の合理性が認められる場合には、移住先地価を反映して土地損害額が算定されており、この点が東京電力に対する直接請求による基準より有利と考えられます。

　たとえば、帰還困難区域（双葉町）から東京都に避難した申立人の自宅建物およびその敷地の借地権について、身寄りは関東に住む子らのみであること、申立人は帰還を断念し、東京都内への移住を希望していることなどを考慮して、自宅建物につき、原発事故時の残価率を8割とし、借地権の一部（250㎡）につき、郡山市の平均地価を参考にして賠償が認められた和解事例があります（和解事例956）。

　また、移住先地価を反映するのみならず、移住先における借地権割合をも考慮して、損害金額を算定した和解が成立する場合もあるようです。

　たとえば、楢葉町（避難指示解除準備区域）から東京都に避難した申立人夫婦の自宅建物およびその敷地の借地権について、夫が、避難中の食生活やストレスなどにより糖尿病を発症し、週3日の透析治療に加え、糖尿病網膜症による視力低下のため日常生活全般に介助が必要になり、東京都内の複数の病院に通院していること、そのため、申立人らは帰還を断念し、東京近郊（千葉県）への移住を希望していること等を考慮して、価値減少率を全損と評価し、借地権の一部（250㎡）の借地権割合を、千葉県内の東京通勤圏のそれを参考に6割として損害額が算定された和解事例があります（和解事例902）。この和解事例は、宅地の賠償においての標準的な住宅地の地価単価の例外事情が認められた場合に、移住先の地価単価の反映のみならず、借地権割合についても移住先のものを反映して判断されているものと考えられます。

## 4 その他の土地の賠償

> Q37 宅地以外の不動産の賠償について、東京電力に対する直接請求または紛争解決センターへの申立ては、どのように扱っていますか。

## A

### 1 田畑

(1) 東京電力に対する直接請求による場合

田畑については、2013年11月29日付プレスリリースにより、次のとおり東京電力に対する直接請求の基準が発表されています。

　（A）対象（2013年11月29日付プレスリリース別紙1）

避難指示区域内の所有の田畑を対象として賠償の手続が認められています。

対象となる田は水田、蓮田などであり、畑は野菜畑、果樹園、茶園、たばこ畑などです。事故発生時に耕作されたもののみならず、過去に耕作され、事故時点においては耕作されていなくてもいつでも耕作を再開できる状態の土地も含むものとされています。

また、固定資産課税情報を基準として一次的に判断をしています。課税科目が田、一般田、介在田、宅地介在田、田介在は田と判断し、畑、一般畑、介在畑、宅地介在畑、畑介在が畑と判断されています。

そして、固定資産課税情報で確認できない場合においても、代替の証明書類（農地基本台帳、耕作証明書、水稲精算実施計画書）の提出や現地調査の実施により二次的に判断するとされています。

　（B）損害金額

賠償金額は、時価相当額×避難指示期間割合×持分＋諸費用とされています。

諸費用は、請求費用として定額で1万円支給するとされています。

時価相当額の計算基準は、一般の田畑の場合、一般の田畑のうち用途地域

第2章　避難指示に基づく避難に関する個別の損害

内に存在する田畑の場合、介在田畑の場合で基準が異なります。

一般田畑の場合は、「㈳福島県不動産鑑定士協会の調査結果に基づく評価単価」×対象地の面積により時価相当額を算定します。もっとも、計算式等を含め、鑑定方法の詳細については不明です（2013年11月29日付プレスリリース別紙3）。

一般の田畑のうち用途地域内に存在する田畑の場合、用途地域に存在する田畑については宅地に転用されやすいことを踏まえ、標準宅地の評価額単価×宅地価格に対する価値割合×対象地の面積により時価相当額を算定します。

介在田畑の場合は、農地転用許可を受けている未転用の田畑であり、宅地として利用することなどを目的としていることが多いため、㈳福島県不動産鑑定士協会が個別に標準宅地より比準評価した評価単価−宅地造成費相当額（300円/㎡））×対象地の面積により時価相当額を算定します。

### (2) 紛争解決センターへの申立てによる場合

紛争解決センターにおける多くの解決事例では、この東京電力に対する直接請求の基準と同程度の基準により解決されていることが多いようです。

もっとも、紛争解決センターの和解事例において、東京電力が不動産鑑定士の調査報告書（800円/㎡）を提出したにもかかわらず、「福島県農業会議が作成した田畑売買取引等に関する調査結果（1000円/㎡）が採用されたものもあるようです（原発被災者弁護団・和解事例集Ⅳ財物損害（不動産）事例(6)）。

なお、原発事故により得られなかった農作物の収穫・販売等による休業損害については、一定期間につき別途賠償が認められています。

### 2　宅地・田畑以外の土地

### (1) 東京電力に対する直接請求による場合

2014年9月18日付プレスリリースにより、次のとおり東京電力に対する直接請求の基準が発表されています。

Ⅳ　不動産損害

### (A) 対象（2014年9月18日付プレスリリース別紙1）

　対象となる土地は、準宅地、事業地、山林の土地、原野等の土地になります。

　一次的には固定資産課税情報の課税地目により判断し、二次的には代替の証明書類により判断するとされていることは田畑の賠償と同様です。固定資産課税情報の課税地目の種類については、2014年9月18日付プレスリリース別紙1の「資産の確認方法」に記載されているのでご確認ください。

　準宅地とは、造成工事が行われ、整地されている土地であり、たとえば、駐車場、資材置場等とされています。

　また、事業地とは、宅地、準宅地、田畑、山林の土地を除く、その土地上で収益を得る事業を営むために造成された土地であり、たとえば、牧場、墓地、鉱山地、ゴルフ場、産業廃棄物処理用地、ゴルフ練習場、公園、釣り堀等とされています。

　山林の土地とは、果樹園、茶畑等の畑を除く、土地の大半を樹木が占めている土地になり、例えば、森林の土地、保安林の土地、砂防林の土地等とされています。

　原野等の土地とは、宅地、準宅地、田畑、事業地、山林の土地以外の土地であり、例えば、原野、池沼、堤、溜池等とされています。

### (B) 損害金額

　賠償金額は、土地の時価相当額（円/㎡）×避難期間割合×持分割合×諸費用（1万円）により算定されます。諸費用は、実費が1万円を超える場合には別途請求できるとされています。

　準宅地の場合には、時価相当額＝土地ごとの評価単価額×対象地の面積（㎡）により算定します。時価相当額は、㈳福島県不動産鑑定士協会による評価であり、宅地の価格水準をもとに土地ごとに評価した単価を用いて算定されています。

　事業地の場合には、時価相当額＝土地ごとの評価単価額×対象地の面積（㎡）により算定します。時価相当額は、㈳福島県不動産鑑定士協会による評価であり、土地ごとの特性に応じて評価した単価を用いて算定されています。

山林の土地、原野等の土地の場合には、時価相当額＝状況類似地区ごとの単価（円/㎡）×対象地の面積（㎡）により算定します。状況類似地区とは、賠償対象となる地域全体をおおむね同じ地価水準となるように区分けした単位であり、㈳福島県不動産鑑定士協会により評価されていると考えられます。

### (2) 紛争解決センターへの申立てによる場合

紛争解決センターにおける多くの解決事例では、東京電力に対する直接請求の基準により解決されるものと考えられます。

### 3 小括

以上のとおり、東京電力に対する直接請求の基準による時価は、㈳福島県不動産鑑定士協会による評価とされているのみで、その具体的な評価方法等が明らかにされていないため、時価の算定方法は具体的には不明な状況です。

そして、紛争解決センターで和解が成立している多くの和解事例は、東京電力に対する直接請求の基準にしたがい算定した時価を前提にしているようです。

もっとも、㈳福島県不動産鑑定士協会の評価と同程度の信用性をもち、東京電力に対する直接請求の基準より高額な土地価格の評価を示す資料の提出を行える場合には、東京電力に対する直接請求の基準以外での和解事例も成立しています。

そのため、紛争解決センターへの申立てを行う場合には、㈳福島県不動産鑑定士協会の評価と同程度の信用性があり、かつ、申立人に有利な土地価格の評価を示す資料の提出を行えるか否かが重要となります。

## 5 建物の賠償

> *Q 38* 建物の賠償について、東京電力に対する直接請求または紛争解決センターへの申立ては、どのように扱っていますか。

## A

### 1 本件事故時点における時価額との差額を損害として賠償金を請求する方法

(1) 東京電力に対する直接請求による場合

まず、建物の時価額を算定し、その後、土地の場合と同様に避難期間割合に応じて、価値減少率を算定します。

建物の時価額の算定方法として、定型評価による算定、個別評価による算定、現地評価による算定の各方法があります。

定型評価による算定は、固定資産税評価額をもとにした算定方法と平均新築単価をもとにした算定の各方法があります。

固定資産税評価額をもとにした算定方法は、東京電力が定めた建物係数が存在し、固定資産課税証明書記載の評価額にこの建物係数を掛けて算定することで、建物の事故時点の価格を算定します。建物係数は、①建築時点と本件事故発生日時点との間の物価変動の補正、②現在の評価額から建築時点の評価額への補正、③積雪や寒冷の影響による損耗の補正、④評価額や建物の実際の建築費用よりも低く設定されていることに対する補正、⑤建築時点から現在までの経年にともなう価値の減少の反映を考慮して、計算された数値です。この建物係数は、東京電力に対する直接請求の請求書付属書類「賠償金　ご請求書①（所有資産確認用）解説と記入例　宅地・建物・借地権」の「8　ご参考」107頁以下に掲載されています。

平均新築単価をもとにした算定方法の場合、住宅着工統計に基づく平均新築単価を基礎とした単価に、床面積を掛けて算定することで、建物の事故時点の価格を算定します。この住宅着工統計に基づく平均新築単価も、東京電力に対する直接請求の請求書付属書類「賠償金　ご請求書①（所有資産確認用）解説と記入例　宅地・建物・借地権」の「8　ご参考」107頁以下に掲載されています。

なお、東京電力に対する直接請求の基準では、築年数が経過した場合の建物の場合の残存価値は20％の下限が設けられています。

また、構築物・庭木についても賠償され、構築物の時価相当額は建築物の時価相当額の10％、庭木の時価相当額は建築物の時価相当額の5％とされています。

### (2) 紛争解決センターへの申立てによる場合

　従来、紛争解決センターにおいて解決された事案においては、建物の取得価格を基本に再取得価格を算定し、減価償却費相当額を控除した額を事故発生時点における財物の時価と考えていたようです。減価償却費の算定にあたっては、「基準の通用性、明確性に鑑み、税務上使用されている」基準が採用され、耐用年数は33年として算定されていました（和解案提示理由書2）。しかし、この算定方法に対しては、税務上の処理のための基準であることから、築年数が経過している場合には、基準を形式的に適用すると事故時の建物の価格が不当に低い価格で算定されることになるとの指摘が多数されていました。

　そこで、公共用地の収用時の耐用年数を基準として採用し（48年）、事故時にける建物の経過時の残存価値を多く残すこと等により、本件事故時の建物の時価を算定し、柔軟な解決を図る運用がされています。

　紛争解決センターにおいては、まず、当該建物の新築価格を算定します。その算定方法として、東電基準の建物係数を用いて算定した金額から想定新築価格を割り戻すことが多いようです（たとえば、新築想定価格をAとして、A－8／10A×（経過年数／耐用年数）＝東電基準の建物係数等を利用して算定した金額といった計算式等から割り戻します）。

　次に、想定新築価格から48年経過時の残存価値を設定し、減価償却することによって、本件事故時の建物の価格を算定します（たとえば、A－A×（10割－48年経過時の残存価値）×（経過年数／耐用年数）といった計算式等によって算定します）。

　そして、紛争解決センターにおいて、事故時点の建物の賠償による方法で居住用不動産の48年経過時の残存価値の下限を4割前後として算定することが多いようです。残存価値の判断の際は、建物のメンテナンス状況等も考慮されるようです。東電基準では、残存価値については20％の下限を設け

ているにすぎませんので、紛争解決センターで解決された事例では、より高い割合の残存価値を認めた賠償が成立しているようです。

## 2 建物における住居確保損害の賠償金を請求する方法

### (1) 建物における住居確保損害

建物における住居確保損害は、移住または帰還により、実際に発生した不動産の再取得費用または立替・修繕費用等のうち財物賠償では不足する金額を賠償するものです。

### (2) 東京電力に対する直接請求による場合

#### （A）中間指針第四次追補

まず、被害者の現状として「避難を余儀なくされている住民は、具体的な生活再建を図ろうとしているが、特に築年数の経過した住宅に居住していた住民においては、第二次追補で示した財物としての住宅の賠償金額が低額となり、帰還の際の修繕・建替えや長期間の避難等のため他所での住宅の取得ができないという問題が生じている。また、長期間の避難等のために他所へ移住する場合には、従前よりも相対的に地価単価の高い地域に移住せざるを得ない場合があることから、移住先の土地を取得できないという問題も生じている。」（中間指針第四次追補第1・1項）と、従前の被害賠償では不足していることが問題点として指摘されています。

この問題点を解決するために、「住居確保に係る損害」（中間指針第四次追補第2・2項）について次のとおり指針が設けられました。

たとえば、避難指示区域内の従前の居住が持家であった者で、移住等をすることが合理的である被害者の建物については、住宅（建物で居住部分に限る）取得のために実際に発生した費用と本件事故時に所有し居住していた住宅の事故前価値（中間指針第二次追補第2の4の財物価値）との差額であって、事故前価値と当該住宅の新築時点相当価値との差額の75％を超えない額は損害と認めるべきであるとされています。ただし、登記費用および消費税等の諸費用は除くとされています（中間指針第四次追補第2・2項・Ⅰ・①および

同Ⅱ）。75％という数値は、公共用地取得の際の補償額（築48年の木造建築物であっても新築時の相当の価値の5割）を参考にし、この金額を上回る水準で賠償されることが適当と考えられ設定されました（中間指針第四次追補第2・備考3項）。

### （B）東京電力に対する直接請求の基準

#### （ア）損害の要件

Q35の宅地の住居確保損害の場合と同様です。

#### （イ）損害額の考え方

中間指針第四次追補をうけて、東京電力は、住居確保損害の建物についての損害上限額は、（算定対象資産の想定新築価格－算定対象資産の時価相当額）×75％により算定するとしています。

建物の賠償の場合には「居住制限区域、避難指示解除準備区域については、事故前価値と財物賠償との差額分を含む」とされています。これは、居住制限区域、避難指示解除準備区域であったため、全損として価値減少率が認められていない部分について加算されることを意味します。

また、東京電力に対する直接請求の基準による建物の財物賠償の価格は、減価償却後の残存価値が最低2割とされ、最低残存価値と想定新築価格との差額8割の75％は、想定新築価格の6割に相当します。そのため、東京電力に対する直接請求の基準では、想定新築価格の8割は不動産賠償および住居確保損害として認められることになります（中間指針第四次追補に関するQ＆A集・問10）。

さらに、住居確保損害の上限額の算定対象資産は、建物・宅地以外に、居住住所に所在する構築物・庭木および同一地番内の建築物（特定の高額な設備等を含む）も含まれます。建築物は、課税情報の用途が「併用」や居住用用途以外の場合でも、床面積が250㎡以内であれば、床面積の全てを居住部分とみなして算定するとされています。

また、建物の再取得にかかる諸費用も加算して賠償されています。諸費用の算定方法の詳細は、東京電力に対する直接請求の請求書付属書類の「賠償金　ご請求書　解説　住居確保にかかる費用（持ち家）　住居以外の建物修復にかかる費用」の5「2諸費用の算定方法」49頁以下に掲載されています。

なお、2013年3月29日付プレスリリース別紙2によると特定の高額設備を有する場合には、その設備についても別途賠償することが公表されています。具体的には、特定の高額な設備として、「太陽光発電設備」（ただし、瓦一体型の太陽光発電設備は除くものとされています）、「合併浄化槽」、「井戸」の3種類が賠償の対象となるとされています。詳しい算定方法は、東京電力に対する直接請求の請求書付属書類の「賠償金　ご請求書①（所有資産確認用）解説と記入例　宅地・建物・借地権」の92頁に掲載されています。また、個人事業主が所有し、構築物（勘定項目）に計上されている取得価格が100万円以上の構築物も対象とされています。

　（ウ）請求可能な賠償

住居確保損害は、移住にかかる賠償または帰還にかかる賠償が認められています。

次の内容のものが、賠償可能上限額の範囲で認められます。

賠償可能上限額の対象となる費用の説明は、Q39を参照してください。

　　（a）移住にかかる賠償

移住にかかる賠償として、住居の取得に充てる費用、宅地の取得に充てる費用、諸税、登記費用にかかる合理的な費用が認められます。

　　（b）帰還にかかる賠償

帰還にかかる賠償として、建替、修繕に充てる費用、諸税、登記費用にかかる合理的な費用、解体費用が認められています。

帰還にかかる賠償について、解体費用は、住宅確保損害の上限額とは別途で、実費での賠償が可能となっています。

　（エ）賠償の支払方法

不動産申込書、買付証明書、不動産売買契約書、設計監理業務委託契約書など宅地・建物を再取得する場合に必要な書類、工事見積書、工事請負契約書、設計監理業務委託契約書など新築、建替え、修繕を行う場合に必要な書類等を提出すれば、賠償金の概算額を現実に支出する以前でも支払いを受けることが可能です。

また、領収書を提出することで、概算額の不足分の調整や現に負担をした金額を確定して支払いを求めることも可能です。

## (2) 紛争解決センターへの申立てによる場合

紛争解決センターへの申立てで建物についての住居確保損害が認められるような場合には8割前後の残存価値を認める和解事例が存在します。

原発被災者弁護団・和解事例集Ⅳ財物損害（不動産）のうち、事例（6）（7）（8）（11）において、建物の残存価値を8割とする賠償が認められた事例が紹介されています。

なお、建物のリフォームが行われた場合、想定新築価格に反映される場合や耐用年数に反映される場合、またはリフォーム代金の賠償が認められる（原発被災者弁護団・和解事例集Ⅳ財物損害（不動産）事例（8））等して、賠償に反映されているようです。固定資産課税証明書の評価替えがないか等には注意が必要です。

## (3) 東京電力に対する直接請求の基準と紛争解決センターの取扱いの違い

紛争解決センターの建物の住宅確保損害と東京電力に対する直接請求の場合の建物の住居確保損害を比べた場合、残存価値の最大値の点では8割程度であり、大きな違いがありません。

また、移住の必要性要件については、紛争解決センターよりも、東京電力に対する直接請求の基準の方が柔軟な対応がされています。

# 6 東京電力の住居確保損害の上限額の内容

> *Q39* 東京電力に対する直接請求の基準において住居確保損害として認められる上限額からは、どのような費用について賠償金として受け取ることができるのでしょうか。

Ⅳ　不動産損害

## A

### １　対象となる費用

　上限額の範囲で支出可能な、対象となる費用の賠償は、住居確保にかかる費用であれば、柔軟に認められる運用です。

　具体的には、東京電力に対する直接請求の請求書付属書類の「賠償金　ご請求書　解説　住居確保にかかる費用（持ち家）　住居以外の建物修復にかかる費用」の 12 頁以下に①住宅の購入費用、新築工事費用、建替え工事費用、修繕工事費用等の住宅の取得費用、②宅地の購入費用、借地権の設定費用（権利金相当額）等の宅地・借地権の取得費用、③解体費用等の立替えに要した解体費用（ただし、帰還の場合には、上限額とは別途での賠償請求が可能）、④移住先の家賃、老人ホーム等のその他住居確保にかかる費用、⑤不動産の表示、保存、移転および減失等の登記費用（登録免許税、司法書士へ支払う申請手数料も含まれるとされています）、設計監理料、各種税金（消費税、不動産取得税）、各種手数料（印紙代、不動産仲介手数料、建築確認費用）および地鎮祭、上棟式、建築祝いにかかる費用等のその他の諸費用等住居確保にかかる諸費用が対象として掲載されています。

### ２　費用の内訳等

　移住にかかる賠償の上限額の範囲であれば、土地の住居確保損害は土地の購入等のためだけ、建物の住居確保損害は建物の購入等のためだけといった制限は設けられていません。

　たとえば、土地の住居確保損害の賠償金が 1500 万円、上限額が 5000 万円の場合、3000 万円の土地の購入は上限額の範囲内であるため認められます。また、建物の住居確保損害の賠償金が 3000 万円、上限額が 5000 万円の場合、4000 万円の建物の購入は上限額の範囲内であるため認められます。

　上記④のうち移住先の借家の家賃の請求については、避難費用としての家賃の請求との区別が必要になります。また、老人ホーム等の施設に入居する

第 2 章　避難指示に基づく避難に関する個別の損害

場合も、食費、介護費、光熱費等は請求できないものの、入居一時金や月々の入居費用、管理費用等の入居にかかわる費用については、移住にかかる賠償の賠償可能上限額の範囲で請求することが可能です。ただし、このような住居確保損害としての家賃等の支払いを求めるためには、移住先の家賃等の累計が本件事故時の不動産時価の賠償金額を超過することが必要になります。

　また、中古の家を購入した場合には、リフォーム費用等も、移住にかかる賠償の賠償可能上限額の範囲であれば、請求が可能です（中間指針第四次追補に関するQ＆A集・問15）。ただし、自宅の維持費・管理費については、移住にかかる賠償の上限額の範囲内であっても、請求できないとされているので、中古の家を購入後相当期間経過した後のリフォームは、劣化による自宅の維持費・管理費と判断される可能性があるので注意が必要と考えられます。

　さらに、事故時点の所有実態に対応しなくても賠償が認められるものとして、従前は土地を所有していなかったにもかかわらず土地を購入した場合や、従前は納屋や倉庫を所有していなかったにもかかわらず納屋や倉庫を購入する場合も対象費用に含まれるとされています。また、事故時点では二世帯で1つの不動産に住んでいた場合に、世帯が別れて別々に不動産を購入することも、賠償上限額の範囲で、費用として認められます（福島県ウェブサイト「【原子力損害賠償】住居確保損害の賠償について」(https://www.pref.fukushima.lg.jp/sec/16055a/jyukyokakuhosetsumeikai.html)（資源エネルギー庁「別冊参考資料1」PDF（https://www.pref.fukushima.lg.jp/uploaded/attachment/133564.pdf））。

## 7　賃借物件の場合の賠償

> *Q 40*　本件事故時に不動産を所有せず、賃貸借物件に住んでいたのですが、この場合にも住居に関する賠償の請求を行うことは、可能でしょうか。

Ⅳ　不動産損害

## A

### 1　賠償の対象

　本設問における賃借物件の賠償は、事故時点に被害者の方が有していた賃借権の填補賠償になります。

　他方で、避難費用として、賃料相当額を損害賠償として請求している場合もありますので、区別が必要です。避難費用としての賃料の請求は詳しくは本書 Q12 に掲載されています。

　避難費用の終期の考え方は、新たな住居に転居しない限り避難費用の賠償が継続するわけではなく、賠償の対象となる期間は、合理的な時期までとされています（中間指針第四次追補に関する Q & A 集・問 7）ので、転居しないかぎり、避難費用としての賃料の賠償が認められるわけではないので注意が必要です。

### 2　東京電力に対する直接請求による場合

#### (1) 中間指針第四次追補

　中間指針第四次追補・第 2・2 項・Ⅳにおいて、「従前の住居が避難指示区域内の借家であった者が、移住等又は帰還のために負担した以下の費用は賠償すべき損害と認められる。」「①新たに借家に入居するために負担した礼金等の一時金」「②新たな借家と従前の借家との家賃の差額の 8 年分」とされました。

#### (2) 東京電力に対する直接請求の基準

　東京電力は、2014 年 4 月 30 日付プレスリリースで、中間指針第四次追補を踏まえ、下記のとおり東京電力に対する直接請求による基準を定めました。

　　**（A）対象**

　事故発生時点において避難指示区域内の借家に住んでいた者について、移住を余儀なくされた区域（帰還困難区域および大熊町・双葉町全域）に該当す

る場合および移住を余儀なくされた区域に該当しない場合でも、移住をすることが合理的な場合に賠償が認められています。

####（B）賠償額

借家に住んでいた者に対する住居確保にかかる費用の賠償として、「新たに借家に入居するための礼金等の一時金相当額」「新たな借家と従前の借家との家賃差額相当額（8年分）」が認められるものとされています。この8年という数値は、公共用地取得の際に最長4年分の家賃の差額が補償されていることに鑑み、それを上回る水準として、8年分の家賃の差額を賠償の対象としたものです（中間指針第四次追補に関するQ＆A集・問18）。

具体的には、避難指示区域外の地域を新たな生活の本拠とする場合、1人世帯の場合162万円を定額賠償（世帯人数が1人増えるごとに61万円を加算）することが認められています。

他方で、避難指示区域であった地域を新たな生活の本拠とする場合、従前と同じ地域の家賃相場になるため、原則として家賃差額はないものと考えられます。そのため、礼金等の一時金相当額として1人世帯の場合10万円の定額賠償（世帯人数が1人増えるごとに1万円の加算）が認められるのみです。もっとも、事故時点の借家の家賃が低廉で、新たな借家の家賃との差額が発生するような場合は、負担した家賃の差額が発生すると考えられますので、その差額について、必要かつ合理的な範囲で賠償するものとされています。

なお、東京電力に対する直接請求の請求書付属書類の「賠償金ご請求書解説と記入例　住居確保にかかる費用（借家）」には、住居確保にかかる費用（借家）において、世帯全員の移住に伴う新たな住居を確保するための費用として賠償金を受領された場合には、原則として帰還に伴う賠償を請求いただくことはできないと掲載されています。

### ③　紛争解決センターへの申立てによる場合

現時点では、和解事例は多くないですが、基本的には、東京電力に対する直接請求による場合と同様の考え方が前提になるものと考えられます。

もっとも、定額賠償による賠償では不足する事情が存在し、東京電力に対

する直接請求が拒否される場合には、個別事情に応じて、和解案が提示される可能性があると考えられます。

## 8 地震による損壊を伴う家屋の扱い

> Q41 地震で屋根が壊れました。すぐに修理を行えば住むことができましたが、原発事故が原因で修理を行うことができませんでした。そのため、部屋の中が雨漏りでカビだらけになり、部屋の中に動物が巣を作り部屋の中で排泄等を行ったため、家に帰れるようになっても住むことが困難になりました。このような場合の損害賠償請求について、東京電力に対する直接請求または紛争解決センターへの申立ては、どのように扱っていますか。

A

### 1 東京電力に対する直接請求による場合

2013年3月29日付プレスリリース別紙3によると、地震・津波被害がある場合には、建物の損壊の程度に応じて賠償することが定められています。建物が「倒壊」している場合には賠償の支払いは0%、「全損」(地震で構造的に大きく損壊し住み続けることが困難な状態、または、津波で建物の高さの半分以上が浸水した場合等) している場合には賠償の支払いは50%、「半損」(地震で構造的に損壊しており、住み続けるためには、大がかりな補修工事が必要な状態) している場合には賠償の支払いは80%、「一部損」(地震で構造的な損壊は少なく、比較的簡単な補修で原状回復が可能な状態、または、津波で床上浸水した場合等) している場合には賠償の支払いは97%とすることが発表されています。

### 2 紛争解決センターへの申立てによる場合

紛争解決センターにおいて、東京電力は、上記基準を前提に建物価値の減

少を主張してくる場合が多いようです。たとえば、申立人側が建物に損壊はないものの屋根の一部が壊れ、本件事故により修繕ができない結果、拡大損害が生じたと主張した場合には、東京電力は3％の減額を主張することが多いようです。

　もっとも、紛争解決センターにおいては、家屋の破損が軽微な場合には、東京電力による3％の減額の主張は認めず、震災による建物の価値減少率を0として判断していることも少なくないようです。

　なお、中間指針第二次追補第2・4項・備考5においては、「本件事故による損害か地震・津波による損害かの区別が判別しない場合もあることから、合理的な範囲で『原子力損害』に該当するか否か及びその損害額を推認することが考えられるとともに、東京電力株式会社には合理的かつ柔軟な対応が求められる」とされています。

## 9　住宅の修復費用等（東京電力に対する直接請求の基準）

> Q42　住宅の修復費用について教えてください。

A

### 1　中間指針第四次追補

　避難指示が解除された後に帰還するために負担した費用について、①事故前に居住していた住宅の必要かつ合理的な修繕または建替えのために実際に発生した費用と当該住宅の事故前の価値との差額であって、事故前価値と当該住宅の新築時点相当の価値との差額の75％を超えない額、②必要かつ合理的な建替えのために要した当該住居の解体費用を賠償すべきとされました。ただし、①および②には、登記費用および消費税等の諸費用は含まないものとされています（中間指針第四次追補第2・2項・Ⅲ）。

　また、移住にあたっての住居確保にかかる損害の賠償を受けた方が、将来、

従前の住居に帰還する場合、当該住居の修繕、建替え費用等については、特段の事情のない限り、移住先の住宅および宅地を売却等することで得られた資金を充てていただくことになるとされています（中間指針第四次追補に関するＱ＆Ａ集・問16）。

## 2 避難指示区域

東京電力に対する直接請求の基準では、この中間指針第四次追補を受けて、住居確保損害の内容として賠償することが明記されています。

すなわち、住居確保損害は、移住または帰還により、実際に発生した宅地や建物の再取得または建替・修繕費用等のうち財物賠償では不足する金額について、上限額を設定し、その範囲内で追加賠償を認めるものです。

そのため、従前の財物賠償の中に、修復費用が含まれるという考え方が自然であり、仮に従前の財物賠償で不足しない場合には、直接請求で修復費用を別途請求することは困難と考えるのが自然です。従前の財物賠償で不足する場合には、住居確保損害として認められた上限額の範囲内であれば、住宅の修復費用についての費用を東京電力から受け取ることが可能です。

他方で、住居確保損害のうち、帰還を選択した場合には、解体費用は、住宅確保損害の上限額とは別途で、実費での賠償が可能とされています。

なお、建物損害の賠償の一部前払いとして、住宅の修復費用がすでに賠償をされている方については、財物賠償の際に、賠償金額が控除される扱いが通常となります（賠償金の計算式は、床面積（㎡数）×単価（1㎡あたり1万4000円）により算定。2012年7月20付の経済産業省の基準（避難指示区域の見直しに伴う賠償基準の考え方について（別紙））および2012年7月24日付プレスリリース（避難指示区域内））。

## 3 旧緊急時避難準備区域

2012年7月20付の経済産業省の基準（避難指示区域の見直しに伴う賠償基準の考え方について（別紙））および2012年7月24日付プレスリリース（旧

緊急時避難準備区域等）によると、住宅等の補修・清掃に要する費用として30万円の定額の賠償を行うとされています。30万円の金額については、福島県の平均的な住宅の簡易な補修および室内クリーニング費用を参考に設定したものとされています。

　もっとも、住宅の修復費用等が30万円の定額賠償を超える場合には、30万円を超える実費について、避難等に伴う管理不能により発生した住宅等の損傷にかかる補修・清掃費用として必要かつ合理的な範囲の賠償にも応じるものとされています。その際には、住民票の写しの原本、補修・清掃費用に要した領収書の原本、施行内容を示す書類（見積書、工事請負契約書、工事完了確認書）、施行前後の写真等が添付資料として必要であると考えられます。

　なお、この定額賠償は、旧緊急時避難準備区域のものであり、避難指示区域の場合のものではありません。

　また、建物の不動産登記をしていない場合でも、請求者が当該建物の固定資産税の納税義務者になっていること、および、建物の所在が確認できる場合には、請求に応じるようです。具体的な資料としては、固定資産税納税通知書および同封された固定資産税課税明細書（コピー、2010年もしくは2012年）、固定資産評価証明（原本、2010年〜2012年のいずれか）、または、固定資産課税台帳の写し（原本、2010年〜2012年のいずれか）のいずれかが必要と考えられます。

## 10　事故前に家屋のリフォーム等を行った場合のリフォーム代金額の請求

> *Q 43*　本件事故が発生する前に、住宅のリフォームを行いました。現在、発表されている東京電力に対する直接請求の基準等では、リフォームに関しては何も考慮されていないようですが、紛争解決センターに申立てを行った場合には考慮されるのでしょうか。

Ⅳ　不動産損害

## A

### 1　東京電力に対する直接請求による場合

　まず、修繕・メンテナンス工事と増改築工事を区別します。修繕・メンテナンス工事については、建物本体の時価相当額の算定に含まれると考え、別途賠償は行わず、増改築工事についてのみ別途賠償を行うものとしています。

　修繕・メンテナンスの具体例は、東京電力に対する直接請求の請求書付属書類の「賠償金　ご請求書①（所有資産確認用①）解説と記入例　宅地・建物・借地権」の93頁に掲載されています。

　また、増改築工事部分の時価相当額の算定方法は、①増改築部分に対する固定資産課税明細が単独である場合、②増改築部分に対する固定資産課税明細が建物本体と合算されている場合、③増改築部分が未登記・未課税である場合が存在します。

　①の場合は本体建物の賠償と同様に算定し、②の場合は本体建物の賠償の算定に含まれます。

　③の場合のうち、増築工事の場合には、増築部分の時価相当額を次のとおり算定します。増築部分の時価相当額＝増築部分の工事金額×建築物価調整係数×増築時からの経年による価値の減少により算定されます。

　また、③のうち、改築工事の場合には、改築部分の時価相当額は、「改築部分の時価相当額＝（改築部分の工事金額－取替部分の改築時残価値相当額）×建築物価調整係数×改築時からの経年による価値の減少」により算定されます。そして、「取替部分の時価相当額」は原則として改築工事部分の工事金額の20％とされています（東京電力に対する直接請求の請求書付属書類の「賠償金　ご請求書①（所有資産確認用①）解説と記入例　宅地・建物・借地権」95、96頁）。

　なお、建築物価調整係数および増築時からの経年による価値減少については2013年3月29日付プレスリリース参考資料「建築物価調整係数」および「取得時からの経年による価値減少」に掲載されています。

第 2 章　避難指示に基づく避難に関する個別の損害

## ２　紛争解決センターへの申立てによる場合

　建物の損害に加えて、本件事故 3 か月前に建物の大規模リフォームを行った場合に、リフォーム代金全額についても不動産損害として加算した和解が成立しています（原発被災者弁護団・和解事例集Ⅰ事例 (86)）。

　ただし、和解案が出された事案は、事故直近時にリフォームを行った事案であり、リフォーム後相当期間が経過している場合には、支出したリフォーム代金から一定の金額を減額した和解案になる可能性が高いので、相談の際には、リフォームの時期についても注意が必要です。

　なお、東京電力は、コンクリート擁壁の工事費用は、土地の評価額に含まれると主張していた事例で、土地上に設置されていた土留めのためのコンクリート擁壁の工事費用（一部）について別途 100 万円の賠償が認められた事例があります（和解事例 932）。

## 11　不動産の除染費用

> Q44　今後、自宅に帰宅する場合に備えて、除染の準備を行いたいと考えています。紛争解決センターであれば、見積さえ提出すれば、除染費用をあらかじめ請求することはできるでしょうか。

### A

　紛争解決センターにおいて、除染費用が認められたとの報告もありますが、現段階では、除染費用の請求を行ったとしても、低額な金額の場合を除いては、判断を留保する等、その取扱いには消極的な対応が多いようです。東京電力は、自治体の除染を待つべき、除染は環境省のガイドラインに従うべき等の反論を行うことが多いようです。

　比較的高額な除染費用の解決事例として、自宅（南相馬市の旧緊急時避難準備区域）の周囲の生け垣（ヒノキ）の線量が高かったため、生け垣に生えた

植物を切断し、代わりにブロック塀を建てることにしたケースで、その費用を見積ったうえで、その見積金額を請求したところ、除染費用の損害として約207万円を認め、和解が成立しています（原発被災者弁護団・和解事例集Ⅰ(95)）。

福島市所在の高層マンションの管理組合により請求された除染工事費用として、2011年3月11日から2012年8月9日の期間について、合計1824万1110円の賠償が認められた事例があります（和解事例480）。

また、避難指示区域でない場合であっても、除染費用を認める和解が複数成立しているようです。郡山市市街地の自宅周りの除染費用（庭木伐採、芝張り撤去、表土撤去等）として94万5000円の賠償を認める和解が成立しています（和解事例243）。その他にも郡山市、福島市、南相馬市、茨城県牛久市等においては除染費用が認められた和解が複数公表されています（和解事例115・155・175・179・207・220・255等）が、いずれも、除染費用に関し、交付金、助成金、その他名目のいかんを問わず、国や地方自治体に対する請求を行わないことを約する条項が和解契約書に記載されています。

以上のとおり、紛争解決センターの和解事例の多くは、除染費用を現に支出した後に、賠償が認められているものが多いですが、除染費用の見積書の提出のみで和解が成立しているものも一部あります。

なお、2015年9月18日付プレスリリース（自主的除染に係る費用の賠償について）において、2011年3月11日から2012年9月30日までに実施された自主的除染でかかった費用のうち、外部委託費用、物品購入費、証明取得費用については賠償するものとされています。

## 12 相続未了不動産

> Q45 相続不動産の名義が、亡くなった父名義となっているのですが、不動産賠償を受けることはできるのでしょうか。

第2章　避難指示に基づく避難に関する個別の損害

## A

　事故時点において相続未了の不動産についても、所有者であれば、不動産賠償を受取ることは可能です。

　もっとも、紛争解決センターにおいては、請求者がその不動産の賠償を受取ることが可能な権利者であるかを確認するために、その不動産についての遺産分割協議書の提出を求められるか、または、不動産の賠償について相続人全員の参加が必要であり、遺産分割未了のまま、相続人のうちの一人による賠償請求は認められていません。

　他方で、東京電力に対する直接請求を行う場合も、不動産の相続登記が完了していない場合、原則として遺産分割協議書の提出または相続人全員の同意が必要とされています。

　しかし、東京電力に対する直接請求の場合、不動産については相続登記がなく、相続人全員の同意等がない場合でも、一定の要件のもと、例外的に請求に対応しています。2013年11月29日付プレスリリースの別紙2および2014年9月18日付プレスリリースの別紙2によれば、例えば、①戸籍謄本により相続人全員を確定したうえで、法定相続分に応じた請求を認める方法、この場合には他の相続人の同意が得られる場合には他の相続人の法定相続分の賠償請求を認めるものとされています。また、②他の相続人による同意書が提出できない場合でも、同意を得られなかった相続人から賠償の請求があった場合には受領した賠償金を精算する趣旨の条項を含んだ公正証書での合意（精算に応じない場合の法的措置に関する同意を含みます）により賠償請求する方法もあります。また、③二親等以内による同意を得て行う賠償請求の方法や④不動産の種別に応じて一定の要件のもと請求を認める賠償方法もありますが、不動産の種別により要件は異なりますので、個別に東京電力に確認することが必要です。

# Ⅴ 就労不能等による損害

## 1 避難先での就労と就労損害の関係

> Q46 勤務先が旧警戒区域にあり、事故後、職を失いました。避難後は新しい就職先で働いています。しかし、周囲の人からは、働かなくても東京電力に請求できるのだから、働くのは損と言われるので、労働意欲が失われてしまいます。働いている人には、働いたことについて何らかの配慮はないのでしょうか。

A

### 1 東京電力への直接請求の取扱い

　2012年6月21日付および2013年6月10日付プレスリリースによると、東京電力は、①本件事故発生時点において、勤務先または生活の本拠としての住居が避難等対象区域内（中間指針第3項に掲げる「政府による避難等の指示等があった区域」）にあり、②本件事故以降新たに就労された勤務先から収入を得られた人を対象として、1人月額50万円までについては、中間指針の「特別の努力」として、事故がなければ得られたであろう収入から控除しないとしました。

　そして、この「特別の努力」の取扱いは、本件事故発生日以降、2014年2月28日までの就労不能損害を算定するにあたって適用するとしました（2012年7月24日付プレスリリース。ただし、勤務先または住居が避難指示区域内の場合）。なお、2012年6月1日から2014年2月28日までの損害分については、「特別の努力」を考慮したうえでの損害額を一括して受領する方法（包括請求方式）を選択することができます。

第 2 章　避難指示に基づく避難に関する個別の損害

　その後、東京電力は、2014 年 3 月 1 日以降の就労不能損害について、就労意思がある場合に 2015 年 2 月 28 日まで賠償する旨を明らかにしましたが、賠償額は事故発生前の収入と発生後の収入の差額とされており（2014 年 2 月 24 日付プレスリリース）、「特別の努力」の取扱いはしないようです。これは事故後 3 年を経過し、「被害者が営業・就労を行なうことが通常より困難である」（中間指針第二次追補第 2 の 2 項 3））との事情が解消されつつあるとの判断によるものと考えられます。

　したがって、本件事故時から 2014 年 2 月 28 日までの就労不能損害については、避難先で得た収入のうち月 50 万円までは、得られたであろう収入額から控除されませんが、同年 3 月 1 日以降については、避難先の収入全額が控除される扱いとなっているようです。

## 2　紛争解決センターでの取扱い

　中間指針第二次追補の第 2 の 3「就労不能等に伴う損害」の（指針）Ⅱ）において、「就労不能に伴う損害を被った勤労者による転職や臨時の就労等が特別の努力と認められる場合には、かかる努力により得た給与等を損害額から控除しない等の合理的かつ柔軟な対応が必要である」としており、働いている人が不利益を受けないように配慮が求められています。

　これを受けて、総括基準（基準 8）では、避難先等で得た利益や給与等について、避難先での就労の特殊性を考慮して、「本件事故がなくても当該営業・就労が実行されたことが見込まれるとか、当該営業・就労が従来と同等の内容及び安定性・継続性を有するものであるとか、その利益や給与等の額が多額であったり、損害額を上回ったりするなどの特段の事情のない限り、営業損害や就労不能損害の損害額から控除しないものとする」としています。ここで多額である場合とは、避難先における就労によって得た給与等の額が 1 人月額 30 万円を目安とし、原則として、30 万円を超える部分に限り、営業損害や就労不能損害の損害額から控除するとしています。

　その後、紛争解決センターは、東京電力による 2012 年 6 月 21 日付プレスリリースを受けて、非控除限度額の目安を 1 人月額 50 万円とすることも差

し支えないとしました(2012年6月26日付の中間収入の非控除に関する統括委員会決定)。

東京電力への直接請求の場合は、一律2014年3月1日以降の就労不能損害について避難先で得た給与等を控除する扱いをしているようですが、紛争解決センターでは、個別の事情を考慮したうえで給与等の非控除の扱いを継続する和解例が成立しています(和解事例980、994、1096等)。

## 2 収入額の認定方法

> Q47 本件事故が発生する数か月前から仕事を始めたばかりなので昨年度の同時期の収入を証明する資料はありません。また、事故がなければ、収入は増加していたはずであり、事故直前の収入を参考にして損害額が算定されることには納得がいきません。このような場合に、紛争解決センターを利用すれば、どのように損害が判断されるのでしょうか。

**A**

総括基準(基準7)において、収入額の算定方法については仲介委員の合理的な裁量に委ねられるとされています。そして仲介委員には、総括基準が示す算定方法に関する基準の中から選択する裁量が認められ、その判断は合理的なものと推定されるとされています。

総括基準に示される基準は次のとおりです。
① 2010年度(または、2009年度、2008年度)の同期の額
② 2010年度(または、2009年度、2008年度)の年額の12分の1に対象月を乗じた額
③ 上記の額のいずれかの2年度分または3年度分の平均値(加重平均を含む)
④ 2008年度から2010年度までの各年度の収入額に変動が大きいなどの事情がある場合には、2010年度以前の5年度分の平均値(加重平均を含む)

⑤ 2011年度以降に増収増益の蓋然性が認められる場合には、上記の額に適宜の金額を足した額

⑥ 営業開始直後で前年同期の実績がない場合には、直近の売上額、事業計画上の売上額その他の売上見込みに関する資料、同種事業者の例、統計値などをもとに推定した額

⑦ その他上記の例と遜色のない方法により算定された額

本件事故が発生する数か月前から仕事を始めたばかりとのことですので、上記⑥に当たり、直近の売上額、事業計画上の売上額その他の売上見込みに関する資料、同種事業者の例、統計値等を提出することになります。

もっとも、増収増益を見込んだ損害額が認定されるためには、その蓋然性、確実性を示す資料もあわせて提出する必要があります。


## 3 就労不能原因

*Q 48* 就労不能損害の就労不能原因はどのような場合に認められるでしょうか。

A

### 1 会社の閉鎖、解雇

就労先が旧警戒区域等、避難指示区域内にあり、本件事故を原因として閉鎖または解雇された場合には、就労不能損害が認められています。自主的避難対象区域で勤務をしていた場合でも、本件事故により閉鎖または解雇された場合には、期間の制限はあるものの就労不能損害を認めた和解事例があります。


### 2 通勤困難による退職

旧警戒区域内（双葉町）で居住および就労していたが、本宮市内に家族と

ともに避難し、避難先からの通勤が困難となったことから勤務先を退職した申立人について就労不能損害が認められ和解が成立しています（和解事例507）。この事例では退職時期が本件事故後約半年が経過した 2011 年 7 月であったことが問題になりましたが、就労不能損害との因果関係が認められています。

3　避難に起因する精神的疾患り患による退職

2014 年 2 月 24 日付プレスリリースによれば、生命・身体的損害による就労不能損害が発生している場合は、「生命・身体的損害による就労不能損害」にて支払うとのことですが、例えば避難生活によりうつ病になり、それが原因で通勤できなくなった等の場合でも、生命・身体的損害として扱わず、本件事故による就労不能損害として認められるのが通例です。

和解例では、旧警戒区域内の勤務先工場の閉鎖に伴い、他県のグループ会社に出向しましたが、適応することができず、精神的疾患にり患した後、出向先を退職した場合に、本件事故と相当因果関係を有する損害として、退職による就労不能損害が賠償されました（和解事例856）。

4　避難生活中の家族の看病・介護、家族との同居のための退職

旧警戒区域からの避難中に妻が体調を崩し、2012 年 3 月末に妻の看病のために、いわき市の勤務先（派遣社員）を自主退職した場合において、退職時 63 歳であったことも考慮し、将来分を含む自主退職後 2 年分の就労不能損害が認められた例があります（和解事例578）。

また、旧緊急時避難準備区域（南相馬市原町区）の申立人について、帰還困難区域から避難した老齢の母を受け入れ、同居することになったが、持病が悪化した母の介護を行うため、2012 年 8 月に勤務先を退職せざるを得なくなったことなどの事情を考慮し、請求のあった 2013 年 9 月までの就労不能損害として給与相当額の 7 割が賠償された例もあります（和解事例981）。

夫が仕事のため避難先である関東地方から旧緊急時避難準備区域（南相馬

市原町区）に戻ったものの、避難を継続する妻子との別離解消のために自主退職した事例では、寄与度を5割として相当因果関係が認められ、退職後の就労不能損害が認められました（和解事例878）。

### 5 被ばくの不安による退職

　福島第一原発での勤務をしていたものの、被ばくの不安により退職した場合に、申立人が請求した就労不能損害のうち7割につき認める和解案が報告されています（原発被災者弁護団ウェブサイト、ニュース2013年8月20日付「【ご報告】被ばくの不安により福島第一原子力発電所での勤務を退職した場合の就労不能損害」）。

## 4　避難指示解除後の帰還に伴う就労不能損害

> **Q49**　避難指示解除後に避難元に帰還しても、もとの就職先には戻れないと思うのですが、帰還後は就労不能損害をもらえないのですか。

### A

　2014年2月24日付プレスリリースによりますと、避難指示解除後相当期間内に帰還した人のうち、帰還に伴う就労環境の変化によって就労が困難となり、減収または失業状態となった給与取得者で就業意思がある等の要件を充たす人は、減収額等を賠償するとしています。ただし、避難指示解除後の相当期間内に損害が発生する必要があり、賠償対象期間は損害発生月から12か月間が上限となります。

　なお、上記支払対象者は、中間指針第四次追補にて示された「長年住み慣れた住居及び地域が見通しのつかない長期間にわたって帰還不能となり、そこでの生活の断念を余儀なくされた精神的苦痛等」にかかわる損害賠償の支払対象者を除くとされていることに注意が必要です。

紛争解決センターにおいては、未だ帰還後の就業不能損害についての和解例は見当たらないようですが、今後、帰還が進むにつれて増えていくことが予想されます。

## 5　就労不能損害の賠償終期

> Q 50　帰還困難区域内に勤務先がありましたが、本件事故によって失業してしまいました。事故後、東京電力より就労不能損害の賠償を受けていましたが、この前、一方的に賠償が打ち切られました。50代のためかいまだに定職につけず、収入が安定しません。賠償を継続してもらうことはできませんか。

### A

　東京電力は、2014年2月24日付プレスリリースにおいて、避難指示区域内に生活の本拠または勤務先があり、本件事故により失業状態となった給与所得者で就職意思のある人等を対象として、就労不能損害の対象期間を2015年2月28日までとしました（2014年3月1日以降の就労不能損害について「特別の努力」の取扱いがないことについては、Q46）。

　2015年3月1日以降の就労不能損害については、個別のやむを得ない事情に応じて扱うとされていますが、東京電力のプレスリリースには具体的事情については例示もなく明らかでありません。年齢や健康状態など就労意思があっても再就職困難な事情がこれに該当するようです。

　この点、中間指針第二次追補第2の2および3項では、営業損害および就労不能損害の終期の考え方について、「被害者が従来と同じ又は同等の営業活動を営むことが可能となった日を終期とすることが合理的」、「被害者の側においても、本件事故による損害を可能な限り回避し又は減少させる措置を執ることが期待されており、一般的には事業拠点の移転や転業等の可能性があると考えられる」とし、そのうえで個別具体的な事情に応じて合理的に判断するものとされています。

第 2 章　避難指示に基づく避難に関する個別の損害

　これを受け、紛争解決センターでは、旧緊急時避難準備区域（南相馬市原町区）の勤務先から退職を余儀なくされた 50 歳代後半の申立人について、勤務期間が長く、本件事故がなければ定年まで就労継続の蓋然性があったこと、申立人の年齢からして再就職が困難であることなどが考慮され、退職の 4 年後である 2016 年 7 月末までの就労不能損害の賠償が認められました（和解事例 897）。

　なお、旧緊急時避難準備区域内に在住し勤務地もある場合について、東京電力は就労不能損害の終期を 2012 年 12 月 31 日としていますが、紛争解決センターにおいては、東京電力のかかる主張を排斥し、より長期の損害賠償を認めている和解が多く成立しています（和解事例 462、542、797、878 等）。

　このように、紛争解決センターでは、形式的に就労不能損害の終期を区切るのではなく、個別事情を考慮しながら、本件事故との相当因果関係のある損害の範囲について、その終期までの賠償が認められています。

# 第3章

# 自主的な避難による個別の損害

第3章　自主的な避難による個別の損害

# I　自主的避難等対象区域

> Q51　私は福島市から避難をしたのですが、賠償は認められますか。

## A

　中間指針第一次追補第2によれば、下記の福島県内の23市町村（避難指示等対象区域を除く区域）に生活の本拠としての住居があった方は、自主的避難等対象者として、賠償の対象となります（2012年2月28日付プレスリリース（自主的避難等に係る損害に対する賠償の開始について）別紙1を参照してください）。
（県北地域）
福島市、二本松市、伊達市、本宮市、桑折町、国見町、川俣町、大玉村
（県中地域）
郡山市、須賀川市、田村市、鏡石町、天栄村、石川町、玉川村、平田村、浅川町、古殿町、三春町、小野町
（相双地域）
相馬市、新地町
（いわき地域）
いわき市

Ⅱ　自主的避難等対象者の範囲

### 図18　賠償の対象区域

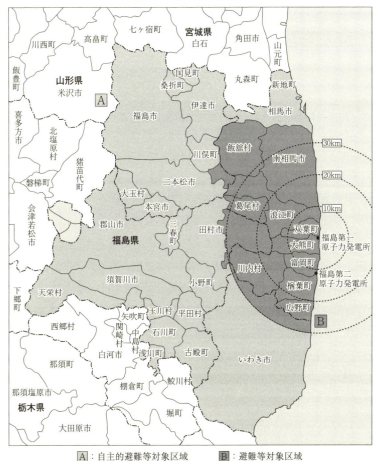

Ⓐ：自主的避難等対象区域　　Ⓑ：避難等対象区域

出典：東京電力2012年2月28日付プレスリリース別紙1

## Ⅱ 自主的避難等対象者の範囲

> Q 52　中間指針第一次追補が認めた自主的避難対象者の範囲を教えてください。

A

　本件事故当時に自主的避難等対象区域内に生活の本拠としての住居があった方は、事故後に自主的避難をした場合のみならず、当該住居に滞在を続けた場合も対象になります。

　本件事故発生時に避難指示等対象区域内に住居があった方で、自主的避難等対象区域に避難してきた場合も対象となります。また、緊急時避難準備区域の指定以降に避難をせずに滞在した場合、緊急時避難準備区域の指定解除後に帰還した場合も、対象となります。

# Ⅲ　自主的避難等対象者の損害の範囲と金額

> Q53　中間指針によれば、どういう損害について、いくら認められるのですか。

A

### 1　損害の範囲

中間指針第一次追補第2は、以下の範囲を損害として認めています。
① 　自主的避難等による損害
・自主的避難によって生じた生活費の増加費用
・正常な日常生活が阻害された精神的苦痛
・避難および帰宅に要した移動費用
② 　放射線被ばくへの恐怖や不安を抱きながら自主的避難等対象区域内に滞在を続けた場合の損害
・放射線被ばくへの恐怖や不安、これに伴う行動の自由の制限等により、正常な日常生活の維持・継続が相当程度阻害されたために生じた精神的苦痛
・放射線被ばくへの恐怖や不安、これに伴う行動の自由の制限等により生活費が増加した分があれば、その増加費用

### 2　損害の金額

損害額は、以下のとおりです。
① 　子どもと妊婦
本件事故発生から2011年12月末までの損害として1人40万円を目安とする。

第3章　自主的な避難による個別の損害

② その他の自主的避難等対象者

本件事故発生当初の時期の損害として1人8万円を目安とする。

## 3 賠償が認められる対象等

① 賠償の対象

中間指針第二次追補第3は、2012年1月以降の損害について、少なくとも子どもおよび妊婦については、放射線への感受性が高い可能性があることが一般的に認識されていることを考慮して、自主的避難を行うような心理が平均的・一般的な人を基準として、合理性を有していると認められる場合には、賠償の対象となるとしています。

その際の考慮要素としては、放射線量に関する客観的情報、避難指示区域との近接性等が挙げられています。

② 賠償すべき損害および損害額

上記①の対象となった場合の損害の範囲や損害額については、原則として上記1 2で示したとおりとされていますが、具体的な損害額については、当該損害の内容に応じて、合理的に算定するものとするとされています。

## Ⅳ 東京電力の基準

> Q 54 東京電力の自主的避難者に対する賠償基準を教えてください。

A

### 1 中間指針第一次追補における地域の自主的避難者等

東京電力は、中間指針第一次追補に従い、妊婦と18歳以下であった子どもには2011年12月末までの損害分として40万円の定額賠償とし、それ以外の方については1人8万円を支払うとしています。なお、2011年3月11日以降同年12月31日までに生まれた子どもおよび同年12月31日までに妊娠した場合にも妊婦に含まれ40万円を支払っています。

さらに、妊婦と18歳以下の子どものうち、実際に避難を行った場合については、中間指針第一次追補の基準を超えて、1人20万円を追加して支払っています。

2012年12月5日付プレスリリースによると、上記2011年分に加えて、2012年分についての追加的費用等分として、避難の有無にかかわらず、1人4万円、さらに、2012年1月1日から同年8月31日の間に、18歳以下であった期間がある方（誕生日が1993年1月2日から2012年8月31日の方）、および、2012年1月1日から同年8月31日の間に妊娠していた期間がある方については、精神的損害等として1人8万円の定額の賠償が支払われています。

### 2 中間指針第一次追補における地域以外の自主的避難者等

2012年6月11日付および同年8月13日付プレスリリースによると、福

### 表6　賠償基準（中間指針対象地域）

（単位：万円）

| 精神的損害等 | | |
|---|---|---|
| | 2011年分 | 2012年分 |
| 妊婦<br>18歳以下 | 40 | 8 |
| | 避難者＋20 | |
| 上記以外 | 8 | |

| 追加的費用 | | |
|---|---|---|
| | 2011年分 | 2012年分 |
| 全員 | | 4 |

島県の県南地域（白河市、西郷村、泉崎村、中島村、矢吹町、棚倉町、矢祭町、塙町、鮫川村）および宮城県丸森町に生活の本拠としての住居があった子どもおよび妊婦を対象として、避難を行ったか否かを区別せず、2011年12月末までの慰謝料および生活費の増加分等として1人20万円、2012年分として1人4万円の賠償金が支払われています。

中間指針第一次追補が、自主的避難等対象区域として認めた地域以外に、東京電力が独自に上記10市町村について賠償の範囲を拡大したということになります。

さらに、2012年12月5日付プレスリリースによると、上記10市町村に生活の本拠があった方を対象として、福島県の県南地域、および、宮城県丸森町での生活において負担された追加的費用（清掃業者への委託費用など）、および、前回の賠償金額を超過して負担された生活費の増加費用、ならびに避難および帰宅に要した移動費用等として、1人4万円を支払う旨発表されています。

### 表7　賠償基準（中間指針対象外地域）

（単位：万円）

| 精神的損害等 | | |
|---|---|---|
| | 2011年分 | 2012年分 |
| 妊婦<br>18歳以下 | 20 | 4 |

| 追加的費用等 | |
|---|---|
| 全員 | 4 |

## V　避難指示等対象区域から自主的避難等対象区域へ避難した場合の精神的損害

> Q 55　避難指示等対象区域から自主的避難等対象区域に避難してきた場合の慰謝料額として、いくらを請求できますか。

### A

　中間指針第一次追補は、本件事故発生時に避難指示等対象区域内に住居があった方で、自主的避難等対象地域に避難してきた場合、賠償すべき損害は自主的避難等対象者の場合に準じるものとし、さらに中間指針で賠償対象とされていない期間については、Q 53 の A の ② 「損害の金額」①および②を目安として勘案した金額とし、子どもおよび妊婦が自主的避難等対象区域内に避難して滞在した期間については、本件事故発生から 2011 年 12 月末までの損害として 1 人 20 万円を目安とするとしました。

　これにより、本件事故発生時に避難指示等対象区域内に住居があった方で、自主的避難等対象地域に避難してきた場合は、避難指示等に基づく避難期間に応じた精神的損害（月額 1 人 10 万円または 12 万円）に加え、子どもおよび妊婦が自主的避難等対象区域内に避難して滞在した期間については、本件事故発生から 2011 年 12 月末までの損害として 1 人 20 万円が加算されることになりました。避難指示等に基づく避難による精神的損害と一部損害内容に重複があることから、1 人 40 万円ではなく 20 万円とされました。

第3章　自主的な避難による個別の損害

# Ⅵ　自主的避難の生活費・実費の賠償

> Q56　自主的避難者について、中間指針第一次追補が示す1人8万円または1人40万円を超える実費の賠償は、紛争解決センターではどのような場合に認められますか。

A

## 1　定額賠償を超える実費賠償

　自主的避難に伴って発生した実費相当額と慰謝料相当額が40万円または8万円を超えている場合には、超えた金額が賠償の対象となります。

## 2　賠償認容の判断基準

　総括基準（基準3）は、自主的避難対象者が自己または家族の自主的避難の実行に伴い支出した実費等の損害の積算額が40万円または8万円を上回る場合において、当該実費等の損害が賠償すべき損害に当たるかどうかを判断するにあたり、以下の事情から、総合的に考慮するとしています。

① 自主的避難を実行したグループに子どもまたは妊婦が含まれていたかどうか
② 自主的避難の実行を開始した時期および継続した時期
③ 当該各時期における放射線量に関する情報の有無および情報があった場合にはその内容
④ 当該実費等の損害の具体的内容、額、発生時期

Ⅵ　自主的避難の生活費・実費の賠償

### 3　賠償対象となる損害

また賠償の対象となるべき実費等の損害として、以下を指摘しています。
① 避難費用および帰宅費用（交通費、宿泊費、家財道具移動費用、生活費増加分）
② 一時帰宅費用、分離された家族内における相互の訪問費用
③ 営業損害、就労不能損害（自主的避難の実行による減収および追加的費用）
④ 財物価値の喪失、減少（自主的避難の実行による管理不能等に起因するもの）
⑤ その他自主的避難の実行と相当因果関係のある支出等の損害

### 4　慰謝料

　総括基準（基準3）では、上記3記載の実費等の損害のほかに、精神的苦痛に対する慰謝料に相当する額も賠償するものとしていますが、慰謝料は中間指針第一次追補記載の金額（40万円または8万円）に含まれているものと扱うとしています。東京電力は、中間指針第一次追補の基準に従って、2011年分として40万円（妊婦、子ども）または8万円（大人）を支払っており、紛争解決センターでの和解仲介の実務においては、そのうち各半分の金額である20万円（妊婦、子ども）、4万円（大人）が慰謝料分であるとされています。

### 5　賠償の単位

　賠償は、本来は個人単位で行われるものですが、実際の和解案の作成にあたっては、グループ単位での計算をすることを妨げないとしており、紛争解決センターにおいてもそのような運用となっています。

# Ⅶ 自主的避難者の紛争解決センターにおける取扱い

> Q57 自主的避難者の慰謝料額や避難費用等は、紛争解決センターでは、実際にどの程度が認められていますか。

A

　Q53に記載のとおり、個別具体的に相当因果関係のある損害と言えるかどうかを判断することになりますが、紛争解決センターにおいては、原則として、以下の一定の判断基準に基づいて賠償をする運用になっているようです。

## 1 賠償期間

　紛争解決センターにおいては、自主的避難等対象区域の中でも空間線量が比較的高い県北地域（Q51）、郡山市、須賀川市に事故時住所があった妊婦子どもを含む避難グループの場合、2013年末までの期間で後記2の基準により賠償を認める運用が多いようです。それ以外の自主的避難等対象区域については、2011年末までの損害については原則として認めるものの、それ以降については自主的避難の実行・継続がやむを得ない事情（避難開始時点および避難継続中の自宅・近所の放射線量その他の事情により判断する）の証明があった場合に限り、認める運用のようです。事案によって、2014年以降の賠償についても認める和解事例も存在するようですが、一定の時点で避難の合理性が否定されることも少なくありません。

　なお、妊婦・子どもを含まないグループについては、原則として2011年9月までに発生した費用に限り、賠償が認められています。

## 2 生活費増加分等の金額

### (1) 家財道具購入費、避難雑費等

家族全員での避難の場合、家財道具購入費として定額15万円が認められる運用です。家族の一部が避難し二重生活（世帯分離）状況となった場合は、家財道具購入費が倍額の定額30万円認められるほか、避難継続中の毎月の生活費増加分として、おおむね月額3万円が認められる運用です（少ない方の世帯人数が1人の場合）。世帯分離後、少ない人数で生活するグループの人数が2人の場合は月額4万円、3人の場合は月額5万円とする運用です。

このほか避難雑費として、2012年以降につき、定額として子ども・妊婦1人あたり月額2万円が認められています。

### (2) 交通費

避難交通費や面会交通費については、東京電力への直接請求で避難交通費として認められている金額の8割を基準として認められています。世帯分離の場合において、別離家族の面会交通費は、月2回往復分までが目安とされています。

なお、定額を上回る実額の立証があった場合は、実額の賠償が認められます。

### (3) 賠償期間

賠償期間については、上記①のとおり、自主的避難等対象区域の中でもエリアによって紛争解決センターの取扱いが異なるようですが、いわき市から避難した申立人ら（父母と子2名）について、避難先で再就職しており、直ちに再就職先を退職することが困難な状況にあったこと、避難元に住居を残していたものの、同住居を親族に貸与していたため直ちに居住を再開できる状況ではなかったことなどの個別事情を考慮し、2013年3月までの避難費用等が賠償された事例（和解事例947）もあります。

第3章　自主的な避難による個別の損害

## ③　就労不能損害

　子ども・妊婦を含むグループの自主的避難の実行に伴う避難実行者の就労不能損害については、避難実行前の給与の6か月分を上限とする運用のようです。

　なお、就労不能が避難実行に伴うというよりも、原発事故による風評被害等による勤務先の経営悪化に伴う解雇と評価できるような場合については、この限りではありません。

　たとえば、自主的避難対象区域に勤務地があったものの、勤務地の閉鎖または解雇により就労不能になった場合に、2012年5月末日までを就労不能期間とする東京電力の主張を斥け、同年6月以降も就労不能損害を認める和解が複数成立しています。

　田村市に居住し、同市内の勤務先の工場が原発事故により閉鎖されたため退職を余儀なくされた申立人について、2012年6月1日から2013年1月末日までの期間の給与相当額の損害が認められ和解が成立した事例（和解事例504）や、いわき市内に居住し、同市内の勤務先から風評被害による業績悪化が見込まれることを理由として解雇された申立人について、2012年6月1日から2013年3月末日までの期間の給与相当額の就労不能損害が認められ和解が成立した事例（和解事例506）が公表されています。


## ④　精神的損害

　総括基準（基準2、精神的損害の増額事由等について）記載の事由があった場合やその他上乗せすることもやむを得ない特別の事情がある場合について、東京電力の定額賠償金（Q54）に含まれる精神的損害の金額（Q56の④）から上乗せが検討される余地があるとされています。

　具体的には、父母、幼児、新生児の自主的避難者グループについて、母親が帝王切開により出産した直後に新生児とともに避難せざるを得なかったこと、幼児が両足の障害のために自力で歩くことができない状態であったこと、父親がこれらの家族を連れて避難したことを考慮し、定額賠償金とは別に、

精神的損害として全員に各10万円が賠償された事例（和解事例690）、福島市から避難した要介護4の夫とその介護をしていた妻について、夫婦の避難生活の困難さや妻が精神的・身体的に変調を来したことなどを考慮し、精神的損害をそれぞれ6万円増額した事例（和解事例827）、福島市の申立人ら（父母と未就学児を含む3名の子）のうち、3名の子を連れて同区域から避難した母と、3名の子のうち重度の身体障害および知的障害を有している子1名について、母が避難先で3名の子を一人で養育せざるを得なかったこと、障害を有する子が避難中の環境変化によるストレスで問題行動を起こしたことなどの事情を考慮し、2011年分の慰謝料につき、それぞれ14万円の増額が認められた事例（和解事例937）、三春町から避難した身体障害1級の子（成人）およびその介護をしていた両親について、定額賠償金よりそれぞれ16万円増額された精神的損害が賠償された事例（和解事例957）、いわき市から東京都に避難した申立人ら（夫婦とその子2名の世帯）について、持病をもつ妻と子1名のために良好な環境を求めていわき市に移転したという経緯や、原発事故により家族が持病を抱えた状態で避難生活を送っていることなどの原発事故後の状況等を考慮し、精神的損害が中間指針第一次追補において示された額よりも世帯全体として40万円増額された事例（和解事例977）などがあります。

しかし、慰謝料の増額が認められたとしても金額が低かったり、あるいはそもそも増額が認められなかったり、区域内避難者の場合と比べると厳しい判断がなされる傾向が強いようです。

### 5　その他

以下の項目については、上記各項目とは別に、損害として認められることがあります。

#### （1）教育費

避難によって余儀なくされた子どもの学校や幼稚園の転校・転園に伴う指定学用品や制服等の購入費、保育料の差額などは、賠償の対象となります。

学用品や制服等の購入費については、学校等から配布されるプリント等で、当該学用品が学校指定であることがわかる資料と領収書等の提出を求められることが多いです。避難に伴う損害であることが必要ですので、原則として、避難先で新たに入学・入園するために支出した費用については賠償の対象となりません。

### (2) 除染費用等

除染費用やガイガーカウンター購入費、被ばく量測定のための健康診断受診費用等については、領収書等の資料があれば賠償の対象となります。ただし、本件事故から相当期間経過した後の支出である場合には、認められないこともあるようです。

### (3) 引越し費用

避難生活が終了し、元の住所地に戻った場合には、帰還の際の引越し費用等についても賠償が認められます。

## 6 定額賠償からの控除

Q56の4に記載のとおり、東京電力から受領した2011年分の定額賠償金は、紛争解決センターでは大人4万円、子ども20万円が慰謝料相当分として扱われ、それ以外の部分に該当する金額は和解案において控除されます。また、控除するにあたっては、家族・グループ単位で合算した賠償額からの控除となります。

たとえば、大人2人、子ども2人の世帯で、母親と子どもの3人が避難した場合に支払われた2011年分の定額賠償金は、4人の合計96万円（8万円＋8万円＋40万円＋40万円）に、避難実行の加算金40万円（20万円×2人）を加えた合計136万円となりますが、このうち、慰謝料相当額は48万円（4万円＋4万円＋20万円＋20万円）であるとされ、それ以外の部分である88万円は、生活費増加分、家財購入費、移動費、就労不能損害等の精神的損害以外の賠償額に該当するものとして、和解案において控除されることとなり

ます。

　実際の紛争解決センターの和解事例では、精神的損害に対する慰謝料が上記運用どおり大人4万円、子ども20万円であると認定して損害額に計上したうえで、既払金の全額を控除するという取扱いが一般的です。例外的に慰謝料が増額された場合には、上記運用とは異なる当該増額された慰謝料を損害額として計上したうえで、既払金全額を控除することになります。ただし、慰謝料以外の実損害よりも既払金のほうが多くなった場合、払い過ぎた分について慰謝料分から控除されたり、翌年以降の損害認定にマイナス分を繰り越したりすることはありません。

　なお、2012年分として追加賠償された金額分については、控除されません。

## VIII　区域外から自主的避難

> Q 58　避難指示等対象区域にも自主的避難等対象区域にも住んでいませんでしたが、自主的避難をしました。損害賠償請求ができますか。

A

　本件事故発生時に避難指示等対象区域および自主的避難等対象区域のいずれにも属さない場所に住居があった者が自主的避難を実行した場合について、総括基準（基準3）は、以下を総合的に考慮して、自主的避難等対象区域と同等の状況にあると評価されるときは、Q51 の基準を準用して判断するとしています。
　① 当該住居の所在場所の発電所からの距離
　② 避難指示等対象区域との近接性
　③ 放射線量に関する情報
　④ 当該住居の属する市町村の自主的避難の状況

　紛争解決センターにおいては、父が仕事のために県南地域（西白河郡西郷村）の自宅に残り、母と子ども 4 名が 2011 年 3 月に関西地方に避難したため、二重生活となった申立人らについて、自宅付近の線量が自主的避難等対象区域の主要都市と同程度以上あることなどを考慮し、申立ての前月である 2013 年 10 月までの避難費用、生活費増加費用、避難雑費等の賠償が認められた事例（和解事例 983）等があります。

# 第4章

# 営業損害・風評被害

第4章 営業損害・風評被害

# I 営業損害

## 1 東京電力に対する直接請求の取扱い

> **Q 59** 東京電力では、営業損害について、どのように取り扱っていますか。

**A**

　東京電力は 2011 年 9 月 21 日付プレスリリースおよび 2012 年 7 月 24 日付プレスリリースにおいて、個人事業主および法人に対する賠償についての原則的な考え方を示しています。

　まず、事業用不動産については、個人が所有していた物と同様に考え、当該財物価値の喪失または減少分を賠償するとしています。詳しくは、第 2 章Ⅳを確認してください。

　償却資産については、勘定科目ごとの帳簿価額を基礎として、償却後の利用価値を考慮した償却資産係数（2012 年 7 月 24 日付プレスリリース別紙 5）を乗じた金額を財物の価値とします。帰還困難区域については全額賠償し、居住制限区域と避難指示解除準備区域については価値減少率を考慮した合理的な範囲での賠償をするとしています。

　棚卸資産については、帳簿価額を前提として売却ができなかったことによる損失額、もしくは売却額が帳簿価額を下回ったことによる損失額を賠償するとしています。

　追加的費用については、合理的な範囲内で実費を賠償するとしています。

　逸失利益については、過去の売上を基準として売上原価等の発生しなくなった費用を除いた額を賠償するとしています。詳しい計算方法については、「6-3　東電方式（貢献利益率方式）による算定（Q68）」を確認してください。

## 2 事業用不動産の賠償

> Q60 避難指示によって区域内にあった工場に立ち入ることができず、事故発生から現在にいたるまで放置してあるので、工場での事業再開は断念せざるを得ません。工場とその土地を失ったことによる損害の賠償はしてもらえるのでしょうか。

A

### 1 事業用土地

土地の賠償に関する考え方は、被害を受けた土地の価格をベースとして、原発事故が原因で使用できない期間に応じて価値減少率を定め、賠償金額を確定します。原則として次の計算式用いられます。

（A）被害土地地価単価（円／㎡）×（B）被害土地面積（㎡）×（C）価値減少率

事業用土地については、「（C）価値減少率」の判断にあたり、当該土地で事業を再開することが可能かどうかを考慮することになります。本件事故発生後6年（72か月）以上事業再開の見込みがないと判断されれば、全損として扱われます。

事業再開の見込みについては、具体的な事業内容・流通経路・取引先や消費者の確保・従業員の確保の可能性等を総合的に考慮します。たとえば、食品の製造・加工業や医療・健康・保健関係の製品の製造であれば事業再開がためらわれますし、国道六号線の不通による物流の不便等も考慮されます。

和解案提示理由書19-1では、土地上に存在する工場がその機能・社会的効用を失ったことにより当該土地での事業継続が不可能となった場合において、その土地についても事業用資産としての価値を喪失したとして、当該土

第4章　営業損害・風評被害

地を全損と認定しています。


2　事業用建物

　建物の賠償に関する考え方はQ38を参照してください。

　居住用建物と事業用建物では、その性質の違いから全損といえるかどうかの判断要素が異なります。すなわち、事業用建物については、事業の性質に応じて事業再開の可能性を判断し、事業用建物としての効用を失ったといえれば全損として認定されます。

　和解案提示理由書19-1では、工場内部にある工場用機械がメンテナンス不足により使用不可能となった場合において、工場設備としての建物、構築物、機械装置を一体として評価し、工場として社会的な効用を失ったと判断しています。和解事例として、以下のものがあります。

・浪江町（避難指示解除準備区域）に居住していた申立人らの財物損害について、申立人らが農業を営んでいたこと、原発事故の5年後に避難指示が解除されたとしても従前どおり農業を営むのは困難であること、申立人らの年齢等を考慮して、自宅土地建物等の不動産を全損と評価し、農業用機具につき、実際の使用可能年数を基礎に減価をして損害額が算定された事例（和解事例875-1）

## 3 事業用動産の賠償

### 3-1 損害の考え方

> Q61 避難指示によって区域内の事業所にあった機材等が使えなくなってしまいました。古いものもありますが、まだ使えるものばかりです。中には、事故の2か月ほど前に新調したものもあります。賠償してもらえるのはいくらでしょうか。

**A**

事業用動産の価値の認定については、原則として下記の計算式が用いられます。

取得価格×(実際の効用持続年数−事故時までの使用年数)÷実際の効用持続年数

ここでは、「実際の効用持続年数」を用いて価値を認定することがポイントとなります。中小企業では、税法上の耐用年数や企業会計上の減価償却期間よりも長く事業用の設備を使用することが多いため、税法上の耐用年数や企業会計上の減価償却期間を基準として価値を算定すると、本来使用できる設備が実際より低い価値として算定されることになります。そこで、実際の効用持続年数を基準として、事故時までの使用した残りの価値の賠償を求めます。

また、資産の性質や管理状況を総合的に考慮した結果、使用期間が短く、減額することが相当でない場合は取得価格がそのまま賠償されることがあります。

中古品市場が発達しておらず、同種品を購入することが困難な場合は、使用者にとって当該動産の使用価値が高いものとして前述の計算式よりも高額な賠償が認められるケースもあるようです。

和解事例として、以下のものがあります。

・旧警戒区域でスポーツ関連事業を営んでいた申立会社の事業用動産について、1回目の和解では法定耐用年数等を用いて損害額が算定されたが、2回目のADRを申し立てた際の和解において、取得価格を基に実際の効用持続年数を用いて算定した価格を損害額とし、1回目からの追加分が賠償された事例（和解事例602）。
・旧警戒区域（帰還困難区域）で弁当製造業を営んでいた申立人が所有していた調理器具等の事業用動産について、取得価格に実際の使用可能年数を考慮して損害額を算定し、また経過使用年数が短期間の資産は減価修正せずに取得価格に基づき損害額を算定し、東京電力が元々認めていた金額から400万円余り増額して賠償が認められた事例（和解事例619）
・旧警戒区域（帰還困難区域・双葉町）で農業を営んでいた申立人らが所有する農機具等について、取得価格に実際の使用可能年数を考慮して損害額を算定し、東京電力が元々認めていた金額から約1600万円増額して賠償が認められた事例（和解事例643）

## 3-2 帳簿・売買契約書等の証拠不十分

> Q62 仕事で使っていた工具がなくなってしまったのですが、帳簿等にはつけていません。この工具についても賠償してもらえるでしょうか。

## A

Q60の計算式によって損害賠償額を定めるためには、当該事業用動産の存在・その取得時期・取得価格を立証する必要があります。これらを立証するためには、当該事業用動産を購入した際の売買契約書、注文書、納品書、受領書、領収書、償却資産台帳等の帳簿の書類があれば、立証は容易です。しかし、今回の原発事故発生による避難等のため書類が滅失していたり、そもそも零細事業者ではこれらの書類を保管したり、帳簿をつけていない場合もあります。

まず、当該事業用動産の存在については、過去の写真があればそれによっ

I 営業損害

て立証することが考えられます。原発事故発生後であっても、写真撮影が可能であればそれを撮影することで当該事業用動産の存在が推定されることもあります。写真撮影も認められない場合、本人の陳述によって立証します。その際は、実際の事業内容や事故前の事業状況にかんがみて信用性を確保します。

事業用動産の取得時期については、事業の開始時期や事故後の原状写真等によって、申立人の陳述を裏付けていきます。取得価格については、同種品があれば新品の販売価格、同種品がなければ類似品の価格から当該事業用動産の取得価格を推定していきます。

いずれにしても、東京電力による原発事故が発生したために証明が困難になっているため、紛争解決センターでは公平の観点から立証の程度が低くても足りるとしているようです。

和解事例としては、以下のものがあります。

・旧警戒区域で曳家業を営んでいた申立人所有の工具等について、財産を記録した帳簿等は存在しないが写真等によりその実在を認定し、取得価格を直接証明する契約書や帳簿は存在しないが、同種品の現在価格から取得価格を推定し、東京電力の認める額を大きく上回る金額の賠償が認められた事例（和解事例673）。

・旧警戒区域でビルの清掃業を営んでいた申立会社の清掃用機械の財物賠償について、償却資産台帳に記載がないがその存在を認定したうえで、新品価格の50～80％の金額で賠償額が算定された事例（和解事例707）。

・旧緊急時避難準備区域で建設業を営む申立会社について、原発事故により避難した後に事業を再開しようとしたところ、元請業者から、原発事故後に旧緊急時避難準備区域内で保管を継続していた在庫（建築部材・窓枠など）の使用禁止を言い渡され、自ら廃棄した事業用部材・資材一式につき、その総量・総額を申立人代表者の陳述により概算で認定したうえ、賠償すべき損害と認定された事例（和解事例728）。

・南相馬市原町区（旧緊急時避難準備区域）に所在する理容業者である申立人らの所有にかかる帳簿に記載されていない理容道具について、避難中の管理不能により、ねずみによる被害が生じたり、金属製品がさび付

いたりしたことを考慮して価値が喪失したと評価し、所有していた理容道具の品目や使用年数に関する申立人の陳述、事業再開に要する理容道具（中古品）の購入費見積り等を参考に算定された損害額が賠償された事例（和解事例918）。

## 4　新規取得財産の取得費用の賠償

### 4-1　代替資産の取得

> Q 63　避難指示によって区域内にあったA工場が使用できなくなったため、区域外にあったB工場にA工場の設備を設置しました。この設置費用は賠償してもらえるのでしょうか。

### A

　原発事故の発生により使用不能となった事業用財産を新たに取得する場合、会計処理上は損害が生じていないため、その賠償が認められるか問題となります。すなわち、貸借対照表の資産の部をみると、新たな資産を購入するために「現金預金」欄の数値は減りますが、当該財産の科目（固定資産など）が増えるので、資産の部の総額には変化がありません。したがって、東京電力は財物損害以上の追加的な費用は賠償の対象とならないと主張します。

　しかし、たとえば固定資産が増加して会計上の損失がないとしても、現金預金が減少すれば企業の与信能力や短期支払の原資が減少するので、企業にとって損失がないとはいえません。そこで、紛争解決センターでは、代替資産の取得費用の一部を損害として認めて賠償の対象としています。

　損害額の認定方法としては、使用できなくなった財産の賠償額・原発事故発生前の現金預金の額と代替資産の取得費用の比較などを参考として、代替資産の取得によって企業の財務の自由度に与えた負荷の程度に応じて認定されます。紛争解決センターでは、代替資産の取得費用の1割から4割程度と算定した例があるようです（野山宏「原子力損害賠償紛争解決センターにおけ

る和解の仲介の実務10」判時2213号8頁)。

　また、原発事故の発生により使用不能となった財物の賠償と切り離して、新規取得費用のみを一部損害として認定するのは、紛争解決センターでは望ましくないと考えているようです。実際には、使用不能になった財物と新規に取得した代替資産の品質・等級等を比較しますが、おおよその算定方法として以下の計算式が考えられます。

被代替資産と代替資産の賠償総額＝代替資産の取得価格×(A－B)÷A
A＝被代替資産の実際上の効用持続年数
B＝被代替資産の事故時までの経過年数

　和解案提示理由書17および19-2では、事業継続のために代替設備を購入する必要性が認められる場合には、新規獲得の取得費用のうち一定額を、損害賠償における本件事故と相当因果関係のある損害として評価するのが相当であるとしています。
　和解事例としては、以下のものがあります。
・大手完成品メーカーの要求に応じられる我が国で数少ない技術を有し、唯一の工場を旧緊急時避難準備区域内に有して産業用機械部品の製造を営んでいた申立会社について、原発事故後、従業員確保の観点から2011年4月に隣県に新工場を設置したが、生産ラインの一部の移転に過大な費用がかかり、福島県内との2工場体制による非効率な経営を余儀なくされていたところ、当該生産ラインの新工場の移設費用（新規取得にかかる金額の5割）が、費用を現実に支出する前に賠償された事例（和解事例743-1）。
・原発事故により、旧警戒区域内の工場を閉鎖し、他県の工場に生産設備を移設した申立会社の新規資産購入代金、生産設備移設費用が賠償された事例（和解事例764-1）。
・外壁のない工場で食品加工を行っていたが、放射能汚染を懸念した複数の取引先から要請を受けて上記工場を解体し、新たな工場を再築した自主的避難等対象区域（伊達市）にある申立会社について、工場の外壁の

みを設置する工事が困難であったことなどの事情を考慮し、工場の建て直し費用（解体および再築の費用）の8割が賠償された事例（和解事例978）。

## 4-2 非代替資産の取得

> *Q 64* 避難先で営業を再開するために仮設事務所を建てました。また避難先は市街地であったためエアコンを設置しなければなりません。このような設置費用は賠償してもらえるのでしょうか。

## A

　原発事故が発生したために新たに取得する必要が生じた財産については、事業での利益獲得に寄与するのであるから損害とは認められないと東京電力から主張されることがあります。しかし、こうした非代替資産の取得費用は、原発事故が発生しなければ費用の支出がなかったといえるので、その費用の一部または全部が賠償の対象となります。

　たとえば、放射性物質が検出されたため、引き取り手が見つからなくなった産業廃棄物を保管するための倉庫などは、原発事故が発生しなければ全く取得の必要がない資産といえるので、その費用の全額が賠償されます。他方で、利益獲得に一定程度寄与する側面がある資産については、割合的因果関係が認められる範囲内で取得費用の一部が賠償されます。

　和解事例には、以下のものがあります。

- 旧緊急時避難準備区域内のエアコンが不要な涼しい山間部で機械部品の製造業を営んでいた申立会社について、避難先の工場が市街地にあり、高温で窓を解放すると土埃が室内に入るなどの事情のために新たに導入したエアコンの購入代金・設置費用が賠償された事例（和解事例750）。
- 会津地方で木材加工製品の製造・販売業を営む申立会社について、製造過程で発生する粉塵による放射性物質汚染を懸念して工場内に設置したダストフロア・ミスト発生機の購入費等が賠償された事例（和解事例776）。

Ⅰ　営業損害

・福島県の採取業者から原材料を仕入れ、漢方生薬剤原料の加工、販売業を営む申立会社について、原発事故後、厚生労働省の通達を受けた取引先から生薬洗浄を指示され、高性能生薬洗浄機の開発・購入を余儀なくされたとして、高性能生薬洗浄機の取得費用が賠償された事例（和解事例795）。
・茨城県において金属スクラップ片の卸売業を営む申立人が、取引先からの要望により購入した大型のゲート型放射線検知器について、購入設置費用全額が賠償された事例（和解事例888）。

## 5　追加的費用の賠償

> Q65　原発事故の発生によって、事業の再開・継続のためにさまざまな費用がかかりました。どのような費用が賠償の対象となりますか。

### A

　原発事故が発生しなければ支出がなかった費用については、追加的費用として賠償の対象となります。たとえば、前述した非代替資産を取得するにあたっては、売買代金だけでなく、購入手数料、設置費用、運搬費用等がかかる可能性があり、これらも追加的費用にあたります。
　紛争解決センターでは、以下のような追加的費用の賠償が認められています。
・旧警戒区域内の養蜂場で養蜂業を営んでいた申立人について、新しくミツバチの越冬場所を確保するために要した追加的費用が賠償された事例（和解事例744-1および744-2）。
・旧警戒区域（帰還困難区域）に工場Ａがあった各種機械・金属製品の製造業者について、原発事故直後より別の工場Ｂで製造活動再開の必要に迫られたところ、原発事故による工場Ａ立入困難により取引先から貸与を受けていた金型が使用できなくなり、その代替品を製造せざるを得な

185

かったことによる製造費用等が賠償された事例（和解事例746）。
・自主的避難等対象区域で米穀類の集荷・販売業等を営む申立会社について、県の指導により実施した放射能測定機器設置場所の間仕切り、壁面補強工事等の追加的費用が賠償された事例（和解事例753）。
・宮城県の養豚業者について、原発事故により堆肥の出荷先から取引の停止を余儀なくされたことに伴う堆肥の一時管理費用、堆肥の自社処理を実施したことによる電気代増加分、新規堆肥処理施設の設置工事費用等が賠償された事例（和解事例755）。
・県北地域の包装用資材製造販売業者について、加工自粛要請のあった福島県産農作物の出荷用に作成していた専用段ボール原紙等の在庫廃棄損が賠償された事例（和解事例763）。
・会津地域で地場の繊維製品を製造していた申立会社について、風評被害の払拭を目的として各地で開催したイベントの開催費用が賠償された事例（和解事例778）
・会津地域で土木建設業を営む申立会社について、原発事故に起因する公共工事の工事期間延長のために負担した追加的費用（人件費やリース費用）が賠償された事例（和解事例780）。
・福島県内の契約農家から原材料を仕入れ、食品製造事業を営む申立会社について、原発事故の影響により契約農家との2011年度の契約を見合さざるを得ず、その代償として契約農家に対し支援金を支払ったことが、原発事故との間に相当因果関係が認められる損害であるとして、支払った支援金の8割が賠償された事例（和解事例791）。
・旧警戒区域にて美容院を営んでいた申立人について、事業再開に向けて行った店舗清掃費用等が賠償された事例（和解事例891）。
・宮城県で衣料品製造業を営む申立会社が、売上の9割を占める取引先（有名ファッションブランド）からの要求により実施している製品の放射線検査費用について、東京電力が直接請求手続で賠償を拒否した2013年7月から2014年1月までの検査費用が賠償された事例（和解事例900）。
・避難指示解除準備区域（浪江町）で飲食店を営んでいたが、原発事故に

よる避難に伴い、避難先で新たに店舗を賃貸し、焼き肉店を始めた申立人について、新旧店舗の地理的状況および規模、事業変更の必要性、新旧事業用設備・備品の状況等を総合的に考慮して、新店舗における備品・機器リース料の一部が賠償された事例（和解事例954）。

## 6　逸失利益の賠償

### 6-1　逸失利益の算定方法

> Q 66　逸失利益の損害はどのように算定しますか。

**A**

　逸失利益の算定方法としては、中間指針方式（実額方式）と東電方式（貢献利益率方式）が挙げられます。中間指針方式では、原発事故がなければ得られたであろう利益と予定されていた費用を予想し、実際の利益と比較して逸失利益を算定します。東電方式では、基準となる年度の売上と賠償対象となる年度の売上を比較し、それに貢献利益率を乗じて逸失利益を算定します。

　中間指針方式では事故後の予想利益をどのように算定するか、東電方式では貢献利益率をどのように定めるかによって算定される逸失利益の金額に差が生じます。

　事案によっては、中間指針方式による予想利益の算定が困難な場合もあります。原則として中間指針方式での算定が望まれますが、事案によっては東電方式で算定することもできます。

　具体的な計算方法については、以下のQ 67～Q 69において解説します。

### 6-2　中間指針方式（実額方式）による算定

> Q 67　中間指針方式（実額方式）ではどのように逸失利益を算定しますか。

# 第4章 営業損害・風評被害

## A

### 1 基本的な考え方

中間指針では、「原則として、本件事故がなければ得られたであろう収益と実際に得られた収益との差額から、本件事故がなければ負担していたであろう費用と実際に負担した費用との差額（本件事故により負担を免れた費用）を控除した額」が逸失利益であるとしています。これを計算式として表すと以下のようになります。なお、以下の説明は野山宏「原子力損害賠償紛争解決センターにおける和解の仲介の実務10」（判時2213号）を参考としています。

逸失利益＝A（事故により減少した収入）－B（事故により負担を免れた費用）
A＝①（予想収入）－②（実際収入）
B＝③（予想費用）－④（実際費用）
→　逸失利益＝（①予想収入－②実際収入）－（③予想費用－④実際費用）

また、上記の計算式を置き換えることで、逸失利益とは「事故後の予想利益額から事故後の実際の利益額を控除した額」と説明することも可能です。

逸失利益＝（事故後の予想利益額）－（事故後の実際の利益額）
　　　　＝（①予想収入－③予想費用）－（②実際収入－④実際費用）

（事故後の予想利益額）の算定については、予想にすぎないため考えうる合理的な算定方法から一つを選択して算定することになります。紛争解決センターでは、算定方法の選択について仲介委員の裁量に委ねられています。例として、算定方法は以下のような方法が考えられます。

Ⅰ　営業損害

## 2　直前の事業年度またはその1～2期前の事業年度

　年度ごとの利益額に大きな変化がない場合、直前の事業年度を参考に事故後の利益額を算定することができます。季節によって収入や費用が変動する事業の場合、年度単位ではなくそれぞれ対応する月の月次利益額を参考にして利益額を定めたほうが合理的といえます。

## 3　過去2～5年の事業年度または対応月の平均値

　年度ごとに収益額の増減が目立つ場合、過去5年ほど遡って収益額の平均をとる方が合理的といえる場合もあります。また、あまりにもイレギュラーな収入や費用がある場合、その年度を含めないで算定することもあります。この算定方法によるときも、季節による利益の変動が大きい場合は月単位で平均の利益額を定めた方が合理的といえます。

　和解事例911では、県北地域で養豚業を営む申立会社について、風評被害に伴う肉豚価格下落による損害として、原発事故前の肉豚1頭の販売価格（過去5か年の販売価格のうち最高価格と最低価格を除外した3か年の平均値）と2011年度における肉豚1頭の販売価格との差額を基準価格差としたうえ、基準価格差に2011年度の販売頭数を乗じた額に、原発事故の寄与度として85％を乗じた額が賠償されています。

## 4　増収増益の金額の加算

　2011年度以降に増収増益の高度の蓋然性が認められる場合、増益分を加算して逸失利益を算定することができます。この場合は、事業計画等を示すことで収益が増えることを立証する必要があります。

　和解事例703では、福島県（避難指示区域外）できのこ類を原料とする製品の製造販売業を営む申立人について、原発事故後の売上増加見込みを考慮した算出額で営業損害が賠償されています。

## 5　特別の努力

　逸失利益の額が減少したとしても、企業に一般的に求められる努力を越えた特別の努力に基づいて損害の拡大が回避されたといえる場合は、予想逸失利益減少額を基準として賠償が認められます（和解案提示理由書17）。

　和解事例には、以下のものがあります。

・自主的避難等対象区域において産婦人科等を経営する医療法人が、2012年3月から同年11月までの間の分娩者数の減少に伴う逸失利益を請求した事案について、当該期間は増収しているので損害はないとする東京電力の主張を排斥し、増収は夜間診療等の特別の努力によるものとして控除せず、逸失利益が賠償された事例（和解事例709）。

・旧計画的避難区域の塗装業者について、避難先で事業を再開した後の売上が原発事故前より増加していたが、原発事故がなければ通常行わないような特別の努力により売上が増加したものであるから、原発事故後の売上高の半分と原発事故前の対応する期間の売上高の全額の差額を原発事故による売上高の減少額とみて営業損害の額が算定された事例（和解事例757）。

・避難指示区域を含む福島県浜通りで林業を営んでいた申立会社について、原発事故後、売上確保のため、従業員の通勤負担の大きい会津地方や県外の現場作業を受注していたことを特別の努力として考慮し、逸失利益等が賠償された事例（和解事例822）。

・2011年1月に開業し、帰還困難区域（大熊町）で不動産販売業等を営んでいたが、原発事故後に営業停止となった申立会社について、申立会社の代表者が開業前10年以上にわたり不動産会社に勤務した中で得たノウハウや人脈を駆使して開業した会社であり、少なくとも融資を受けた金融機関への返済金程度の利益を上げることは可能であったとして、4年分の返済金相当額が逸失利益の額であるとした申立会社の主張を認め、逸失利益および追加的費用が賠償された事例（和解事例952）。

## 6 直近月の売上等による推定

事故発生前に事業実績がない場合、直近月の売上等があればそれを基準として算定します。この場合は、事業計画上の売上の見込み、同種の事業者との比較、その他統計等をもとに推定します。

和解事例には、以下のものがあります。

- 旧計画的避難区域（飯舘村）で個別家庭向けに無農薬・有機栽培野菜の生産・販売業を営む申立人について、原発事故前の収穫・販売実績がなく、野菜増産計画についても客観的資料が乏しいとして支払いを拒否する東京電力の主張を排斥し、申立人の陳述等を根拠に、野菜増産計画に基づく逸失利益およびアスパラガス生産にかかる逸失利益が賠償された事例（和解事例721）。
- 自主的避難等対象区域でしいたけの生産販売を行っていた申立人について、生産施設の増設計画に基づく想定売上高を基礎として、風評被害による売上減少に伴う逸失利益が賠償された事例（和解事例768）。

### 6-3 東電方式（貢献利益率方式）による算定

> Q 68 東電方式（貢献利益率方式）ではどのように逸失利益を算定しますか。

**A**

東京電力の窓口で直接請求する場合に東京電力が採用している計算式は以下のとおりです。

逸 失 利 益＝（基準年度の売上高－対象期間の売上高）×貢献利益率
貢献利益率＝（粗利＋固定費－変動費）÷売上高

粗利とは売上高から売上原価を控除した金額です。
固定費とは、売上原価のうち原発事故の前後を通じて支出額に変動のない費目であり、たとえば給与・賃金や減価償却費等が挙げられます。

変動費とは、原発事故の前後により支出額に変動がある費目であり、たとえば水道光熱費や消耗品費、宣伝広告費等が挙げられます。

そうすると、上記の計算式は、基準とする年度（原則として事故の前年度）の売上高から事故後の賠償の対象となる期間の売上高を引くことで売上高の減少を算定し、減少した売上高から事故後に負担がなくなった費用（変動費）の割合を控除した金額を逸失利益とするという考えを示したものとなります。

上記の計算式によれば、事業にかかる費用のうち固定費と変動費の割合によって算定される逸失利益が大きく異なってきます。もっとも、東京電力の運用では減価償却費や給与、地代家賃といった変動しないことが明白な費用を固定費とし、それ以外の費用をすべて変動費と分類し、逸失利益を過少に算定することがあるようです。そこで、紛争解決センターでは、管理会計上の分類にそのまま従うのではなく、その企業の実態に合わせて固定費と変動費の振り分けをしているようです。

和解事例968では、自主的避難等対象区域（いわき市）で釣舟業を営んでいる申立人について、原発事故の影響により売上がなかった期間中に申立人が支出した費用のうち、東京電力の主張で変動費に振り分けられたものを固定費に分類し直すなどして貢献利益率を再計算し、広告宣伝費や船の維持費等の追加的費用が賠償されています。

I 営業損害

## 6-4 具体的な算定

> Q 69 本件事故前の数年間は安定して 5000 万円ほどあった営業利益が、本件事故があった 2011 年度には 4000 万円に減少しました。逸失利益（営業損害）の賠償を請求する場合、中間指針方式（実額方式）と東電方式（貢献利益率方式）とでは違いがありますか。
>
> なお、2010 年度および 2011 年度の売上高等の金額は以下のとおりです。
>
> |  | （2010 年度） | （2011 年度） |
> | --- | --- | --- |
> | ・売上高 | 5000 万円 | 4000 万円 |
> | ・売上原価 | 2500 万円 | 2200 万円 |
> | ・売上原価中の固定費 | 1000 万円 | 900 万円 |
> | ・販売費および一般管理費 | 2000 万円 | 1700 万円 |
> | ・販売費および一般管理費中の変動費 | 1500 万円 | 1000 万円 |

A

### 1 中間指針方式（実額方式）による場合

中間指針方式では、「予想収入」から「実際収入」を控除した金額（事故により減少した収入）から、「予想費用」から「実際費用」を控除した金額（事故により負担を免れた費用）を差し引いた金額が、逸失利益になります（Q67 参照）。

相談者の収入は本件事故前の数年間は数年安定していたため、予想収入等の基準年度は本件事故の前年の 2010 年度となり、「予想収入（金 5000 万円）」から「実際の収入（金 4000 万円）」を控除した金額は、「金 1000 万円」になります。

そして、2010 年度の売上原価や販売費および一般管理費を加算した「予想費用（金 4500 万円）」から、「実際の費用（金 3900 万円）」を控除した金額は、「金 600 万円」となります。

したがって、逸失利益の金額は、金 1000 万円（事故により減少した収入）から 600 万円（事故により負担を免れた費用）を差し引いた「金 400 万円」となります。

## 2 東電方式（貢献利益率方式）による場合

東電方式での逸失利益は、基準年度の売上高から対象期間の売上高を差し引いた金額に、貢献利益率を乗じて算定します（Q68）。

まず貢献利益率については、基準年度の売上高から売上原価を控除した金額（粗利）に、固定費を加算し、変動費を控除して算出した金額を、売上高で除して算定します。

相談者の場合、上記と同様、2010年度を基準年度とするため、「売上高（金5000万円）」から「売上原価（金2500万円）」を差し引いた金額（金2500万円）に、「固定費（金1000万）」を加算し、「変動費（1500万円）」を控除した金額は、「金2000万円」になります。

そして、この金額を「売上高（金5000万円）」で除した割合が、「貢献利益率（約40％）」になります。

次に、基準年度の「売上高（金5000万円）」から対象期間の「売上高（金4000万円）」を差し引いた金額（1000万円）に、上記貢献利益率（40％）を乗じた逸失利益の金額は、「金400万円」になります。

## 3 小括

したがって、今回の相談者の逸失利益は、どちらの計算によっても金額が変わりません。もっとも、Q68で記載したとおり、東京電力は減価償却費、給与、地代家賃といった変動しないことが明白な費用のみを固定費とし、それ以外をすべて変動費と振り分けることで、逸失利益を過少に算定する傾向があります。そのため、東電方式で算定する場合は、固定費と変動費の振り分けに十分注意する必要があります。

## 7　店舗別での算定

> *Q 70*　避難指示区域内の店舗だけ営業ができなくなってしまいました。この店舗の損害だけを分けて賠償してもらうことはできますか。

**A**

　会社全体の利益を見るのではなく、店舗ごとに損害が認められるのであれば、その店舗の損害を賠償してもらうことはできます。
　紛争解決センターでは、クリーニング業を営む申立会社について、旧警戒区域内の営業所等における逸失利益が賠償されています（和解事例 717）。

## 8　事業性がない場合

> *Q 71*　農作物を栽培し、知人や親戚に贈り、返礼品を受け取っていました。栽培した農作物を売りに出すことはしていなかったのですが、損害として認められますか。

**A**

　自家栽培の農作物を譲り、その謝礼を受け取る場合のように、事業性が認められない場合であっても、原発事故により謝礼を受け取ることができなくなったのであれば、賠償が認められます。
　紛争解決センターでは、南相馬市鹿島地区から避難した申立人らについて、原発事故により自家栽培の干し柿・野菜を知人へ譲ることができなくなり、謝礼の受け取りが減少したことによる休業損害が賠償されています（和解事例 773）。

## 9 部門別の算定

> Q 72 A事業とB事業を営む会社で事故後は一度営業を休止せざるを得ませんでしたが、A事業だけは2011年6月から再開し、復興特需によって収益が増加しました。この場合、損害をどのように算定するのでしょうか。

A

部門別に損害が認められるのであれば、損害がある部門のみを取り出して賠償を受けることは可能です。

和解事例には、以下のものがあります。

・県南地域でしいたけ原木販売業および伐出請負業を営む申立人について、しいたけ原木販売部門の売上減を補うため企業努力で伐出請負業の売上を増加させたところ、全体の売上増のため損害はないとする東京電力の主張を排斥して、しいたけの出荷制限や風評被害に伴うしいたけ原木販売部門の逸失利益が賠償された事例（和解事例720）。

・旧警戒区域で建設業および不動産業を営んでいたが、原発事故後、両事業の営業休止を余儀なくされ、建設業は2011年6月から事業再開して復興需要により増収増益となったものの、不動産業は営業損害が継続していた申立会社について、法人全体の売上・利益を合算し、かつ原発事故後の賠償対象期間を1年単位で算出して減収減益がないとする東京電力の主張を排斥して、部門別に損害発生の有無を検討し、建設業は2011年3月から同年5月までの逸失利益が賠償された事例（和解事例725）。

・福島県中通りで廃棄物の収集運搬業を営んでいる申立会社について、会社全体の売上高は増加しているため損害はないとの東京電力の主張を排斥し、部門別に算定して風評被害により売上が減少した資源物販売部門にかかる逸失利益が賠償された事例（和解事例815）。

・会津地域で木材加工販売業を営んでいるが、原発事故の影響により薪の

Ⅰ　営業損害

加工販売ができなくなった申立人について、原発事故後の主力商品であるチップ用材の売上高が原発事故前より増加しているものの、利益率は薪の加工販売より相当低いことを考慮し、逸失利益が賠償された事例（和解事例860）。

## 10　福島県外の場合

> Q 73　福島県外で木炭の製造販売を業としていますが、原料木に放射性物質が付着していたため、売上が伸びません。この損害は賠償してもらえるのでしょうか。

## A

福島県外で事業を行っていたとしても、原発事故との関係で逸失利益が生じているのであれば賠償が認められます。

和解事例には、以下のものがあります。

・岩手県でしいたけ栽培の事業を始めたが、出荷自粛要請によって製品の出荷を行えなかった申立会社について、販売実績がないことから賠償できないとの東京電力の主張を排斥し、逸失利益の賠償を認めた事例（和解事例809）。

・岩手県の国有林において、きのこ、山菜類を採取し、販売していた申立人について、出荷制限等に伴う逸失利益が賠償された事例（和解事例870）。

・群馬県において、ほうれんそう、ねぎを栽培し、農協を経由せず卸業者に納入していた申立人らについて、ほうれんそうの出荷制限、ねぎの風評被害による逸失利益が賠償された事例（和解事例872）。

## 11 廃業損害

> Q 74 原発事故によって取引先も被害を受け、避難によって人口も減ってしまったため事業再開のめどがつきません。もう廃業せざるを得ないと考えているのですが、原発事故がなければ廃業する必要がなかったので、その損害を賠償してもらえるのでしょうか。

### A

　事業の再開が困難である場合、原発事故が起きなければ営業を継続できたであろう年数に応じて廃業損害の賠償が認められます。紛争解決センターの元和解仲介室長であった野山宏氏は、「経営者が中高年で後継者がいない場合などは、業種によっては、原発事故避難の長期化により、事業再開能力の喪失があったとみて、交通事故の後遺障害による逸失利益の賠償のように、六十七歳まで、又は平均余命期間の半分程度の期間について、営業の継続を前提に算定された逸失利益の賠償を行うことも、一つのアイデアとして検討されてよいのではなかろうか。」と述べています（野山宏「原子力損害賠償紛争解決センターにおける和解の仲介の実務10」判時2213号13頁）。事業の性質に応じて廃業損害として認められる期間や東電の寄与度が定められます。
　和解事例には、以下のものがあります。
・自主的避難等対象区域に本店を置き、旧警戒区域を含む福島県浜通り全域の美容院を主要な取引先としてヘアケア用品の販売等を行っていたが、原発事故による受注減少により事業継続を断念した申立会社について、5年分の営業損害が賠償された事例（和解事例513）。
・果樹の栽培を福島県浜通り（警戒区域外）で営む申立人について、風評被害により廃業することを余儀なくされたことに伴う損害（おおむね年間利益の5年分に相当）等が賠償された事例（和解事例587）。
・いわき市でしいたけ栽培業を営んでいたが、原発事故により事業の断念を余儀なくされた申立人について、約9年分の逸失利益に相当する金額

および廃業費用等が賠償された事例（和解事例783）。
・自主的避難等対象区域でペットのブリーダー業を営んでいたが、原発事故により廃業を余儀なくされた申立人について、5年分の年間収入に原発事故による寄与度を8割として算定した金額の廃業損害が賠償された事例（和解事例784）。
・茨城県内で加工食品を製造し、栃木県内の観光ホテルに卸していたが、原発事故により観光ホテルから取引を打ち切られて廃業を余儀なくされた申立人について、5年分の年間利益に原発事故による寄与度5割を乗じて算定した金額が、廃業損害として賠償された事例（和解事例818）。
・自主的避難等対象区域（いわき市）で飲食業を営んでいたが、原発事故に伴う顧客減少等により廃業した申立人について、廃業についての原発事故の寄与度を5割とし、廃業損害（逸失利益6年分の50％に相当する額であり、廃業に伴う財物損害を含む）等が賠償された事例（和解事例887）。

## 12　逸失利益の賠償終期

> Q 75　原発事故の影響で会社の売上が減少してしまいました。既に事故から5年が経ちましたが、未だに事故前の売上を達成することができません。これまでは、減収分の逸失利益を賠償してもらってきましたが、いつまで賠償してもらえるのでしょうか。

### A

　東京電力は2015年6月17日付プレスリリースにおいて、避難指示区域内および旧緊急時避難準備区域等の方については2015年3月から2年分の逸失利益、避難等対象区域外の方については2015年8月以降発生する減収で原発事故と相当因果関係が認められる減収の2年分の逸失利益を一括で支払うとしています。その後の賠償を打ち切ると明言しているわけではないですが、2017年ころまでには打切りの方針を明らかにする可能性があります。

## Ⅱ 風評被害・間接被害

### 1 中間指針における取扱い

*Q 76* 原発事故により生じた風評被害について、中間指針での取扱いを教えて下さい。

**A**

　中間指針における「風評被害」とは、報道等により広く知らされた事実によって、商品またはサービスに関する放射性物質による汚染の危険性を懸念した消費者または取引先により当該商品またはサービスの買い控え、取引停止等をされたために生じた被害とされています（中間指針第7・1項Ⅰ）。風評被害には、農林水産物や食品に限らず動産・不動産といった商品一般、あるいは、商品以外の無形のサービス（たとえば観光業において提供される各種サービス等）も含まれます。

　風評被害については、本件事故と相当因果関係にある範囲で賠償の対象とされています。ここに相当因果関係にある範囲とは、消費者または取引先が、商品またはサービスについて、本件事故による放射性物質による汚染の危険性を懸念し敬遠したくなる心理が平均的・一般的な人を基準として合理性を有していると認められる場合をいいます（中間指針第7・1項Ⅱ）。

　本件事故との因果関係は、最終的には個々の事案ごとに判断されるものですが、中間指針では、本件事故にかかる紛争解決に資するため、以下のとおり相当因果関係が認められる蓋然性が特に高い業種ごとの特徴を踏まえ、営業や品目の内容、地域、および損害項目等により類型化し、その類型の風評被害については、原則として相当因果関係を有する損害として賠償の対象と

されています（中間指針第7・1項Ⅲ）。

　そして、中間指針第7・1項Ⅳでは、以下のとおり一般的な損害項目を挙げるほか、中間指針第7・2項以下では、農林漁業・食品産業（中間指針第7・2項）、観光業（同3項）、製造業、サービス業等（同4項）、輸出にかかる風評被害（同5項）といった特定の業種について、個別の損害項目を挙げています。

　一般的な損害項目は以下のとおりです。
　① 営業損害
　　取引数量の減少または取引価格の低下による減収分および必要かつ合理的な範囲の追加的費用（商品の返品費用、廃棄費用、除染費用等）
　② 就労不能等に伴う損害
　　①の営業損害により、事業者の経営状態が悪化したため、そこで勤務していた勤労者が就労不能等を余儀なくされた場合の給与等の減収分および必要かつ合理的な範囲の追加的費用
　③ 検査費用（物）
　　取引先の要求等により実施を余儀なくされた検査に関する検査費用
　もっとも、上記類型に属さない場合であっても、本件事故と相当因果関係のある損害であることが立証された場合には、賠償の対象とされます。

　ただし、たとえば東日本大震災自体による消費マインドの落ち込みなど、被害が本件事故による放射能汚染に対する危険性の懸念とは異なる他の原因の影響がある場合には、本件事故と上記相当因果関係のある範囲でしか賠償されません。

　また、風評被害が賠償の対象となる期間は、一般的には平均的・一般的な人を基準として合理性が認められる買い控え、取引停止等が収束した時点が終期とされますが、具体的には、客観的な統計データ等を参照しつつ、取引数量・価格の状況、具体的な買い控え等の発生状況、当該商品またはサービスの特性等を勘案し、個々の事情に応じて合理的に判断されることになります（中間指針第7・1項 備考5））。

## 2　農林漁業・食品産業

> Q 77　隣町の農作物からセシウムが検出されたという報道があったため、私の住んでいる地域の農作物の売れ行きが非常に落ち込みました。私の地域の農作物からは、一度もセシウムは検出されておらず、安全なのに納得できません。損害賠償を請求することはできないのでしょうか。

### A

　現実には商品が放射性物質による汚染等がされていないにもかかわらず、汚染等のおそれがあるとの風評によって発生した買い控え、単価下落等による被害については、損害賠償を請求することができます。

　中間指針においては、次に掲げる産品を産出している農林漁業者、同産品を主原料とする加工業者および食品製造業者、並びに、これらの農林水産物または加工品を継続的に取り扱う流通業者に生じた①逸失利益、②取引先の要求等により放射線検査の実施を余儀なくされた検査費用、③検査費用（物）以外の追加的費用については、風評被害による賠償の対象として挙げられています（中間指針第7・2項、中間指針第三次追補、2013年3月25日付プレスリリース「農林漁業および加工・流通業における風評被害の賠償対象となる方の見直しについて」）。

a．農産物（茶・畜産物を除き、食用に限る。）については、岩手、宮城、福島、茨城、栃木、群馬、千葉および埼玉の各県において産出されたもの。
b．食用林産物については、青森、岩手、宮城、東京、神奈川、静岡および広島（ただし、広島はしいたけに限る。）の各都県において産出されたもの。
c．茶については、宮城、福島、茨城、栃木、群馬、千葉、埼玉、東京、神奈川及び静岡の各県において産出されたもの。
d．牛乳・乳製品については、岩手、宮城、群馬の各県において産出されたもの。
e．畜産物（食用に限る。）については、福島、茨城および栃木の各県におい

て産出されたもの。
f．北海道、青森、岩手、宮城、秋田、山形、福島、茨城、栃木、群馬、埼玉、千葉、新潟、岐阜、静岡、三重、島根の各道県において産出された牛肉、牛肉を主な原材料とする加工品及び食用に供される牛に係るもの。
g．水産物（食用及び餌料用に限る。）については、北海道、青森、岩手、宮城、福島、茨城、栃木、群馬及び千葉の各道県において産出されたもの。
h．家畜の飼料および薪・木炭については、岩手、宮城、福島および栃木の各県において産出されたもの。
i．家畜排泄物を原料とする堆肥については、岩手、宮城、茨城、栃木および千葉の各県において産出されたもの。
j．花きについては、福島、茨城および栃木の各県において産出されたもの。
k．その他の農林水産物については、福島県において産出されたもの。

　風評被害にかかる判断にあたっては、当該産品等の特徴等を考慮したうえで、本件事故との相当因果関係を判断すべきとされており、「例えば、有機農産物等の特別な栽培方法等により生産された産品は、通常のものに比べて品質、安全等の価値を付して販売されているという特徴があることから、通常のものと比べて風評被害を受けやすく、通常のものよりも広範な地域において風評被害を受ける場合もあることなどに留意すべきである。」とされています（中間指針第三次追補第2　備考6))。

　また、一部の対象品目につき政府が本件事故に関し行う指示等があった区域については、その対象品目に限らず同区域内で生育した同一の類型の農林水産物につき、また同指示等があった区域以外でも、一定の地域については、その地理的特徴、その産品の流通実態等から、本件事故と相当因果関係が認められる場合には、風評被害として損害賠償の対象とされています。少なくとも指示等の対象となった品目と同一の品目については、指示等の対象となった区域と近接している地域など一定の地理的範囲において買い控え等の被害が生じている場合には、賠償すべき損害が生じていると考えるべきものとされています（中間指針第三次追補第2　備考2))。

　相談者の場合も、上記賠償の対象とされている場合はもとより、対象外であっても本件事故との相当因果関係のある①逸失利益、②放射能検査費用、

③追加費用につき賠償請求することができます。

紛争解決センターの和解事例では、田村市でニンニクを栽培していた申立人（和解事例459）、県北地域で有機農産物を生産している申立人（和解事例537）、県北地域でブルーベリー狩りの直売所を営む申立人（和解事例549）について、それぞれ風評被害による逸失利益を認めたもの等があります。また、上記の賠償対象に挙げられていない長野県内の畜産農家等の申立人らについて、原発事故の風評被害により長野県産牛肉の販売価格が下落したことに伴う逸失利益等が賠償された事例（和解事例516）や、青森県の畜産農家である申立人について、出荷停止措置や風評被害による逸失利益の算定に当たり、東京電力と申立外の農協との間で合意された算定方法と異なる算定方法により賠償がなされた事例（和解事例600）があります。

## 3　観光業

> Q 78　東京で外国人向けの観光案内を行っているのですが、原発事故を受けてキャンセルが相次ぎました。また、観光シーズンを迎えても、事故前のように予約が入りません。東京電力に損害賠償を請求するためには、どのような証拠が必要でしょうか。

A

中間指針において、本件事故との相当因果関係のある損害として立証責任の転換がなされているのは、2011年5月末までのキャンセルによる減収分のみです（中間指針第7・3項Ⅱ）。

したがって、2011年6月以降のキャンセルや予約減少による損害について賠償を請求するためには、相当因果関係の存在につき請求者側に立証責任があります。この点、総括基準5においては、相当因果関係が認められるのは、「本件事故による放射性物質による汚染の危険性を懸念し、敬遠したくなる心理が、平均的・一般的な外国人を基準として合理性を有していると認

められる場合」とされています。

　相当因果関係を立証するための証拠としては、たとえば、当該外国による日本への渡航制限の解除時期、外務省の統計資料、本件事故前後における当該外国から日本への観光者数の推移、外国人旅行者に対するアンケートやキャンセル理由のヒアリングなどが考えられます。

　なお観光業の性質上、本件震災による影響の蓋然性も存在するうえ、季節変動といった自然要因や流行等の人為的な影響も大きいと考えられることから、相当因果関係の立証にあたってはこれらの影響を評価し区別する必要があります。

　紛争解決センターの和解事例においては、特に外国人向けではありませんが、千葉県松戸市で宿泊業を営む会社が本件事故に伴う風評被害による営業損害を請求した事案につき、本件事故による寄与度を2011年9月から2012年2月までは6割、同年3月から2013年2月までについては4割とした事例があります（和解事例1008、和解案提示理由書33）。また、外国人観光客を相手とする通訳案内士の営業損害について、2011年5月末までのキャンセルについては全額、同年6月以降のキャンセルについては寄与度を8割とする賠償が認められた例もあります。

## 4　輸出に係る風評被害

> Q 79　私は日本で製造したA国向けの自動車の部品（以下「商品」といいます）をA国へ輸出する事業を行っています。本件事故後、商品をA国へ輸出したところ、原発事故を理由にA国から輸入を拒否されました。これにより、私の会社の売上は、本件事故前に比べて減少しました。このような売上減少による損害についても賠償請求できますか。

### A

　輸出にかかる被害も、風評被害が平均的・一般的な人を基準に判断の合理性を問題とする以上、日本人の消費者または取引先を想定した場合と同じ範

囲（Q76）で「風評被害」を認めることを基本として考えることが適当であるとされていますが、一般に、海外に在住する外国人と日本人との間に情報格差があること、外国政府の輸入規制など国内取引とは異なる事情があること等から、輸出にかかる被害については、一定の損害項目や時期に限定して、国内取引よりは広く賠償の対象と認めることが適当であるとされています（中間指針第 7・5 項　備考 2））。

　国内取引よりは広く賠償の対象と認めることが適当とされている一定の損害項目や時期について、中間指針では、以下の類型が挙げられています。

① 　わが国の輸出品ならびにその輸送に用いられる船舶およびコンテナ等本件事故以降に輸出先国の要求（同国政府の輸入規制および同国の取引先からの要求を含む）によって現実に生じた必要かつ合理的な範囲の検査費用（検査に生じた除染、廃棄等の付随費用、各種証明書発行費用等）であって、当面の間のもの

② 　本件事故以降に輸出先国の輸入拒否がなされた時点ですでに当該輸出先国向けに輸出され、または生産・製造されたわが国の輸出品（生産・製造途中のものを含む）

　　当該輸入拒否により現実に廃棄、転売又は生産・製造の断念を余儀なくされたため生じた減収分および必要かつ合理的な範囲の追加的費用

　なお、当該輸出先国向けに生産・製造されたものとは、当該輸出品の種類、品質、規格、包装、生産・製造方法等を特に当該輸出国向けとしていることから、当該国以外への転売が困難であるか、または転売すれば減収や追加的費用が生じるものを意味するものとされています。

　上記②の輸入拒否について中間指針は、情報の格差等があるからといって、広くわが国からの輸出品全般について輸入を拒否する心理についてまで、一般的に合理性を認めることは困難であり、また、輸入拒否を受けた事業者においても、一般的には、別の国または国内において販売するなど被害を回避又は減少させる措置を執ることを期待できることを理由に、基本的には、日本人の消費者または取引先を想定した場合と同じ範囲でのみ原則として相当因果関係が認められます。しかし、輸入拒否がなされた時点ですでに当該輸出先国向けに輸出され、または生産・製造されたわが国の輸出品については、

当該輸入拒否による損害を回避することは困難であることから、この場合に限って原則として相当因果関係を認めることが適当であるとしています（中間指針第7・5項　備考4））。

　設問では、輸入拒否時点で既にA国向けに輸出され、または生産・製造された商品（生産・製造途中のものを含む）について、上記②の減収分等の賠償を受けることは可能ですが、その後の減収分等については、基本的には、日本人の消費者または取引先を想定した場合と同じ範囲でのみ原則として賠償を受けることとなります。それ以上の減収分等であっても、相当因果関係が認められる損害については、賠償を受けることはできますが、損害回避措置を執ることが困難であること等を具体的に主張立証することが重要となってきます。

　紛争解決センターにおける和解事例としては、茨城県で魚を原料とする食品添加物を製造し、外国に輸出していた会社について、当該外国政府による水産物の輸入禁止措置の影響で輸出先の当該外国の企業から取引を停止されたことによって生じた営業損害、および交渉のための出張費が賠償された事例（和解事例966、和解提示理由書番号29）、福島県の県北地域で下請として電子部品の組立加工を営む会社について、原発事故後、海外輸出用の電子部品の依頼がなくなったことで売上減少が認められるとして、風評被害に伴う営業損害（逸失利益）が賠償された事例（和解事例677）、関西地方で家庭用品の輸出業等を営んでいる会社について、原発事故の風評被害により中止となった外国法人との間の輸出取引に関する契約交渉につき、交渉の進捗状況等からすでに契約成立と同視しうる状況に至っていたとして、逸失利益及び追加的費用（商品の保管費用及び廃棄処理費用）が賠償された事例（和解事例950）などがあります。

## 5 間接被害

> Q80 帰還困難区域にあった取引先の製造工場が閉鎖されてしまったため、その取引先に納入していた特殊な部品が売れなくなり、わが社の売上も激減しました。他の取引先を探していますが、汎用部品ではないためなかなか販路を開拓できません。わが社の部品工場は関西にあるのですが、損害を賠償してもらえますか。

**A**

　相談者の場合、製造している部品が特殊であり、汎用部品ではないため、直接の被害者である取引先との取引に代替性がないと認められれば、売上減少による損害も間接被害として賠償される可能性があります。間接被害の場合には、放射性物質による汚染の危険性によるものではないため、関西の工場で部品を製造していることは特に問題になりません。

　「間接被害」とは、本件事故により直接被害を受けた者（第一次被害者）と一定の経済的関係にあった第三者に生じた被害（間接被害者）をいい、間接被害者の事業等の性格上、第一次被害者との取引に代替性がない場合には、本件事故と相当因果関係のある損害として賠償の対象となります（中間指針第8）。第一次被害者との取引に代替性がない場合とは、原材料やサービスの性質上、調達先である第一次被害者の避難、事業休止等に伴って必然的に生じた場合（同種の原材料を他の事業者から調達することが不可能または著しく困難な場合など）をいい、損害項目としては、①営業損害（減収分および必要かつ合理的な範囲の追加的費用）、②就労不能等に伴う損害（間接被害者により雇用されていた勤労者の給与等の減収分および必要かつ合理的な範囲の追加的費用）が挙げられています。

　もっとも、一定時間の経過により、材料・サービスを変更するなどして被害の回復を図ることが可能であるため、賠償対象期間には限度があるとされています。

　なお、必ずしも間接被害には当たらないものの、第三者が本来は第一次被

Ⅱ　風評被害・間接被害

害者または加害者が負担すべき費用を代わって負担した場合には、賠償の対象とされています。

　紛争解決センターにおける和解事例としては、宮城県で食品の運送業を営んでいた会社が、警戒区域内にある取引先の工場が本件事故で休止したため、その生産品の運送がなくなったことによる営業損害（間接損害）の賠償が認められた例（和解事例368）、茨城県の運送業者について、同県産の農作物が風評被害により販売不振となったため、取扱輸送量が減少したことにより被った間接損害が賠償された例（和解事例314）等があり、紛争解決センターでは非代替性が比較的緩やかに認められているようです。

# 第5章

# 避難関連死

第5章 避難関連死

# I 災害弔慰金

> Q81 父は、入院中に、避難指示を受け、避難しましたが、2011年3月下旬、避難先で死亡しました。自治体からお葬式代のようなものは出ないのでしょうか。

A

　まず、一般的な制度として、死亡された方が国民健康保険に加入している場合には故人の住所地の市町村役場の国民健康保険課で葬祭費が支給されます。また、健康保険に加入している場合には、埋葬料または家族埋葬料が支給される可能性があります。

　また、災害と死亡との間に関連性が認められれば、災害弔慰金の支給等に関する法律を根拠として、災害弔慰金を受け取ることが可能です。死亡者が死亡当時においてその死亡に関し災害弔慰金を受けることができることとなる者の生計を主として維持していた場合にあっては500万円とし、その他の場合にあっては250万円を受け取ることができるとされています。

　災害弔慰金における「災害」とは、暴風、豪雨、豪雪、洪水、高潮、地震、津波、その他の異常な自然現象により被害が生ずることをいう（災害弔慰金の支給等に関する法律2条）と定義づけされていますが、厚生労働省によって原発事故の避難によって亡くなった方も災害関連死対象になり災害弔慰金が支給され得ることは発表されており、支給決定されている事例も存在します。

## Ⅱ 災害弔慰金の不支給

> *Q 82* 災害弔慰金を申請しましたが、却下となってしまいました。何か争う手段はないのでしょうか。

**A**

　災害弔慰金の不支給決定は、不利益処分に該当します。

　まず、不利益処分を争う方法として、市に対して、行政不服審査法に基づき不支給決定に対する異議申立てをすることが可能です。その際、決定があったことを知った日の翌日から起算して60日以内に異議申立をしなければいけない旨規定され、期間制限が設けられています（行政不服審査法45条）。

　また、裁判所に対し、市を被告として、不支給決定に対して行政処分の取消訴訟が認められます。もっとも、処分または裁決があったことを知った日から6か月を経過したときは、正当な理由がない限り、提起することができない旨規定されています（行政手続法14条1項）。

第5章　避難関連死

## Ⅲ　慰謝料請求

> Q 83　避難関連死として東京電力に対して慰謝料の請求はできないのでしょうか。慰謝料以外に、どんな請求ができるのでしょうか。

A

### 1　避難関連死とは

避難関連死とは、津波や地震による直接的な死亡とは別に、避難生活による体調悪化や過労、自殺といった間接的な原因で死亡することをいうとされています。東日本大震災においては、福島県で、避難関連死が東日本大震災による直接的な死亡者を超えたと報道されています（日本経済新聞2014年2月20日）。

避難関連死があった場合、相続人から紛争解決センターに申し立てることによって、慰謝料、逸失利益、治療費、葬儀代などを請求できる場合がありますが、紛争解決センターでこれらの賠償が認められる死亡時期としては、原発事故から1年程度が一つの目安ではないかと考えられます。

もっとも、原発被災者弁護団が扱った事案では、2013年に入ってから死亡した事例であっても、寄与度（Q84）は抑えられているものの、賠償が認められた事例もあります。

### 2　請求項目

(1) 死亡慰謝料

紛争解決センターでの標準額というものはありませんが、原発被災者弁護団で受任した事件、紛争解決センターが公表している和解事例の賠償額など

から想定すると、1400〜2000万円くらいが基準ではないかと考えられます。高いものとしては、交通事故の赤本基準で、2400万円を基準としているものもあります。

### (2) 遺族の固有の慰謝料

民法711条所定の者とそれに準ずる者の範囲で認められます。もっとも、紛争解決センターにおいては、別枠で認められず、被相続人の死亡慰謝料に含まれることが多いです。

### (3) 逸失利益

逸失利益の計算においては、交通事故の損害賠償例を参考にするとよいです。年金も逸失利益として請求することができます。逸失利益の計算においては生活費控除率が問題となりますが、これについては、死亡された方が一家の支柱であるか、性別などをよく検討して主張します。

### (4) 日常生活阻害慰謝料の増額

避難関連死によって死亡された方は、もともと入院していた方などが多いことから、原発事故から死亡時までの日常生活阻害慰謝料の増額が認められる例が多いです。

### (5) その他の請求項目

葬儀費用、お墓代（永代供養料を含む）、治療費、交通費なども請求できることが多いので、依頼者からよく事情を聞き、因果関係が認められるものについては、請求すべきです。

## 3 申立人、証拠の収集

### (1) 申立人

避難関連死については、遺産分割の有無に注意する必要があります。紛争解決センターでは、遺産分割未了の場合には、特段の事情がない限りは、相

続人全員での申立てを求めてきます。

## (2) 証拠の収集・避難経路の確認

　避難時の状況の確認、死亡理由の確認、医師による因果関係の有無の確認、医療記録の確認などが最低限必要です。

　本件事故以前から持病があったとしても、避難に伴い死期が早まったという状況があれば請求は可能ですので、上記の状況について、依頼者によく確認すべきです。また、カルテなどの医療記録についても確認すべきです。警戒区域、帰還困難区域にあった病院であったとしても、医療記録などを持ち出している例も多く、問い合わせをすると医療記録などを確認できる可能生があります。

## Ⅳ　寄与度

> Q 84　紛争解決センターでは、原発事故の寄与度が問題となると聞いたのですが、寄与度とはなんでしょうか。また、紛争解決センターでは、原発事故の寄与度は原則として50％であると聞いたのですが、そのように取り扱われているのでしょうか。

A

### 1　寄与度

　東京地判昭和45・6・29判時615号38頁は、交通事故の事案につき、相当因果関係の存在を70％としたその理由を「損害賠償請求の特殊性に鑑み、この場合第三の方途として再発以後の損害額に70％を乗じて事故と相当因果関係ある損害の認容額とすることも許されるものと考える。けだし、不可分の一個請求権を訴訟物とする場合と異なり、可分的な損害賠償請求を訴訟物とする本件のような事案においては、必ずしも100％の肯定か全部の否定かいずれかでなければ結論が許されないものではない。否、証拠上認容しうる範囲が70％である場合、これを100％と擬制することが不当に被害者を有利にする反面、全部棄却することも不当に加害者を利得せしめるものであり、むしろ、この場合、損害額の70％を認容することこそ証拠上肯定しうる相当因果関係の判断に即応し不法行為損害賠償の理念である損害の公平な分担の精神に協い、事宜に適し、結論的に正義を実現しうる所以であると考える。」として、裁判例においても、事実上寄与度という概念を用いています。

第5章　避難関連死

### 2　50％ルール

元紛争解決センター室長野山宏氏が、寄与度を50％とするルールの存在を認めています（毎日新聞2014年7月9日）。紛争解決センターで公表されている事例のうち、寄与度がわかるものについては、11件中10件が50％とされており、おおむね50％となっています。

一方、原発被災者弁護団で受任していた事件においては、寄与度10％、25％という事件も多々もあり、一律に50％となっているわけではありません。

他方、寄与度が50％を超えている事件は1件しかないようです（90％）。

### 3　和解事例

紛争解決センターでの和解事例として公表されているものとしては、次のものがあります。

- 旧警戒区域（双葉町）から避難した申立人らについて、事故時80歳代半ばで、脳梗塞の既往症があり、寝たきり（要介護4）の父が避難中の2011年3月末に死亡したことに伴う死亡慰謝料等につき、死亡の結果と原発事故との因果関係を認め、事故の寄与度を5割と認定したうえで賠償が認められた事例（和解事例570）。
- 旧計画的避難区域に居住し、脳梗塞の既往症のある90歳近い高齢者が、2011年5月の避難開始直後より体調が悪化し、同年7月に死亡した事案について、死亡の結果と原発事故による避難との間に因果関係を認め、事故の寄与度を5割としたうえで、相続人である申立人らに死亡慰謝料800万円が賠償された事例（和解事例589）。
- 旧警戒区域の介護施設に入所していた90歳近い高齢者が、原発事故直後の避難移動中に急性心筋梗塞により死亡した事案について、死亡に対する原発事故の寄与度を9割としたうえで、相続人である申立人に1620万円の死亡慰謝料が賠償された事例（和解事例606）。
- 原発事故当時、南相馬市の病院に誤嚥性肺炎で入院していた高齢者が、原発事故により病院で不衛生な状況に置かれ、さらに転院のために長距

離移動を余儀なくされたことから、肺炎が悪化して 2011 年 5 月に死亡した事案について、死亡に対する原発事故の寄与度を 5 割としたうえで、相続人である申立人に死亡慰謝料 800 万円が賠償された事例（和解事例 670）。

・旧警戒区域に居住し、高血圧、不眠症等の既往症のある 80 歳代半ばの高齢者が、原発事故直後に公民館や体育館への避難を強いられ、避難開始から約 1 週間後に急性心不全により死亡した事案について、死亡に対する原発事故の寄与度を 5 割としたうえで、相続人である申立人らに死亡慰謝料 850 万円が賠償された事例（和解事例 696）。

・旧緊急時避難準備区域に居住し、糖尿病の既往症があった 70 歳代後半の高齢者が、避難開始後に過酷な避難所生活のために食欲不振等になり、帰宅をしたが症状は改善せず、十分な医療も受けられず、原発事故の数か月後に全身衰弱により死亡した事案について、死亡に対する原発事故の寄与度を 5 割としたうえで、相続人である申立人らに死亡慰謝料 800 万円が賠償された事例（和解事例 712）。

・旧警戒区域に居住し、既往症があった 80 歳代半ばの高齢者が、避難開始から約 2 週間後に多臓器不全により死亡した事案について、死亡に対する原発事故の寄与度を 5 割としたうえで、相続人である申立人らに死亡慰謝料 900 万円が賠償された事例（和解事例 730）。

・旧警戒区域に居住し、既往症があった 80 歳代半ばの高齢者が、体育館等への避難から間もなく誤嚥性肺炎により入院し、2011 年 5 月に死亡した事案について、死亡に対する原発事故の寄与度を 5 割としたうえで、相続人である申立人らに死亡慰謝料 900 万円が賠償された事例（和解事例 731）。

# 第6章

# その他（弁護士費用、仮払金の控除、先行和解等）

第6章　その他（弁護士費用、仮払金の控除、先行和解等）

# Ⅰ　弁護士費用

> **Q 85**　紛争解決センターでは、弁護士費用はどの程度認められていますか。

**A**

　総括基準（基準6）に基づき、弁護士費用は和解によって支払いを受ける額の3％を目安とし、和解金が1億円以上の高額な場合は、和解によって支払いを受ける額の3％未満で仲介委員が適切に定める金額とされています。そのうえで、複雑困難な事案や弁護士の手間と比べ和解金が著しく少額である場合には、弁護士費用相当額の損害を増額できるとしています。

　実際の和解でも、3％の弁護士費用が認められています（和解案提示理由書2第7の2項）。また、和解金が1億円を超える場合は、1億円以下の部分につき3％、1億円を超える部分につき1.5％の弁護士費用が認められた事例もあります（原発被災者弁護団・和解事例集Ⅲ（1））。

## Ⅱ 仮払金の控除

> Q 86 東京電力からもらった仮払金は、紛争解決センターの和解において控除されていますか。

### A

　事案により、控除しないもの、一部を控除したもの等、さまざまです。和解後もなお損害の発生が明らかな事例においては、和解時点では控除をしない扱いまたは控除額が低くなる傾向があるようです（和解案提示理由書2の和解案提示理由補充書では、「全体の損害額が未だ定まらない状況にあっては、一律に仮払いの額を控除するのは相当ではなく、当事者の年齢や家族の置かれた状況、被った損害とこれに対する填補の状況等を勘案した上で、被害者自身の意向も汲みつつ、控除の有無及び範囲を考えるべき」との理由が提示され、仮払金は控除されませんでした）。

　しかし、控除しないまま和解を成立させた場合でも、次回以降の和解において控除の対象とするとされた事例もあります（和解事例1の5項　清算条項(3))。

## Ⅲ　仮払和解、先行和解

> *Q 87*　紛争解決センターを利用した場合には、終了するまでは支払いを受けることができないのでしょうか。直接請求を行ってはいけないのでしょうか。

**A**

　総括基準（基準14）において、東京電力から答弁書が提出された段階で、各損害項目につき、当事者間に争いがないと認められる金額については、速やかに、一部和解案の提示を行うものとされています。そこで、賠償金受取を急ぐ場合には、争いがない部分についてのみ先行して一部和解を行ってもらうよう、紛争解決センターに上申することができます。一部和解後は引き続き残部について審理が行われます。

　東京電力が比較的柔軟に対応している部分についてのみ直接請求して賠償金を受け取る方法も考えられますが、就労不能等に基づく損害賠償請求のようにある程度高額な請求でない場合には、すでに受け取った仮払金の清算によりゼロ回答となる可能性があります。また、合意書の記載内容によっては再度請求ができない可能性も存在します（慰謝料の増額請求等）ので注意が必要です。

　なお、紛争解決センター発足後、しばらくの間は、本件事故による避難者の生活立て直しが急務であったため、生活困窮を条件とする将来の精算を予定した仮払和解が多く行われていましたが、現在はほとんどみられません。

# Ⅳ 和解後の残部請求

> *Q 88* 紛争解決センターに、精神的損害の賠償を申し立てたところ、家族の別離による増額は認められましたが、持病による増額については認められませんでした。持病による増額分を請求するには、もう一度紛争解決センターに申立てをしなければなりませんか。

A

　和解成立によって事件は終了するため、残りの損害や追加の損害の請求にあたっては、再度紛争解決センターに申立てをする必要がありますが、以前の事件番号を申立書に関連事件として記載すると、同じパネルが担当する扱いになっているようです。

　ただし、和解条項に清算条項が挿入されている場合には、紛争解決センターに再度申立てを行っても、残りの損害を請求できない可能性があります。和解契約書を作成する際には、和解の対象とする損害項目を明記したうえで和解の金額を超える部分に効力が及ばない旨を記載する等、精算条項の内容に注意が必要です。

第6章　その他（弁護士費用、仮払金の控除、先行和解等）

## V　請求期間の拡張

> Q 89　紛争解決センターに申し立てた損害の請求期間を拡張する申立てをすることができますか。

A

　請求の対象とする損害期間については、原則として和解時点まで期間を拡張することができます。
　ただし、損害項目の追加については、審理状況等によっては否定される場合もあるようです。

# Ⅵ 加害者による審理の不当遅延と遅延損害金の取扱い

> *Q 90* 紛争解決センターに申立てを行っても、東京電力が迅速に対応せずに、引き延ばしばかり行われ、紛争が解決しないのではないかと不安です。東京電力が引き延ばしを行わないように、紛争解決センターでは何らかの対応策をとっているのでしょうか。

## A

　総括基準（基準9）によると、東京電力が審理を「不当に遅延させる態度」をとった場合には、2011年9月30日の経過により遅滞に陥ったものとして扱い、和解案に年5％の利率で遅延損害金を付することができるとされています。

　東京電力が審理を「不当に遅延させる態度」をとった場合として、上記基準には次のような場合が例として挙げられています。

- 仲介委員・調査官からの求釈明に応じない、または回答期限を守らない行為
- 和解の提案に対して回答期限を守らない行為
- 賠償請求権の存否を本格的に検討すべき事案について中間指針に具体的記載がないなどの取るに足らない理由を掲げて争うなど主張内容が法律や指針の趣旨からみて明らかに不当である場合
- 確立した和解先例を無視した主張をする場合

　ただし、「不当に遅延させる態度」とまで評価される場合は少なく、遅延損害金の支払いは容易には認められない傾向にあります。紛争解決センターが和解案を提示し何度も東京電力に受諾を求めていたにもかかわらず東京電力が拒否し続けていた事案において、年5％の利率での遅延損害金を加算する和解案があらためて提示されましたが、東京電力は「不当に遅延させる態

第 6 章　その他（弁護士費用、仮払金の控除、先行和解等）

度」に該当しないとして拒否しました（原発被災者弁護団ウェブサイト、2015年 12 月 1 日および同月 28 日ニュース）。

　なお、東京電力の対応に問題がある事例については、紛争解決センターウェブサイトでも公表されています。

# Ⅶ 紛争解決センターにおける直接請求による回答の取扱い

> Q 91　直接請求を行い、東京電力から回答がありました。しかし、その内容に納得がいかず、紛争解決センターに申立てを行おうか検討中ですが、紛争解決センターの和解案が東京電力から回答があった金額を下回ることはないでしょうか。

A

　総括基準（基準10）によると、直接請求に対して東京電力の回答があった損害項目に関しては、「東京電力の回答金額の範囲内の損害主張は格別の審理を実施せずに回答金額と同額の和解提案を行い、東京電力の回答金額を上回る部分の損害主張のみを実質的な審理判断の対象とする」とされているため、紛争解決センターの和解案が東京電力から回答があった金額を下回ることはないと考えられます。

第 6 章　その他（弁護士費用、仮払金の控除、先行和解等）

# Ⅷ　原子力損害賠償債権の消滅時効

> *Q 92*　本件事故によって生じた損害賠償請求に関して、消滅時効にかかる期間はどのくらいでしょうか。

### A

　現行民法では、不法行為に基づく損害賠償請求権についての消滅時効は、被害者が「損害及び加害者を知った時から 3 年間行使しないときは」時効により消滅すると規定されています（民法 724 条）。

　原子力損害による賠償請求の根拠とされる原賠法には、消滅時効に関する規定がないことから、一般法である上記民法の規定が適用されると解され、本件事故から 3 年間の経過による時効消滅が懸念されていました。

　2013 年 5 月に、紛争解決センターへの和解仲介申立てにより時効進行を一時停止し、その後の訴訟提起による時効中断効を申立時に遡らせる効果を付与する特例法が成立しましたが、救済方法として甚だ不十分との批判がなされていました。

　かかる批判を受け、同年 12 月、「東日本大震災における原子力発電所の事故により生じた原子力損害に係る早期かつ確実な賠償を実現するための措置及び当該原子力損害に係る賠償請求権の消滅時効等の特例に関する法律」（2013 年 12 月 11 日公布・施行）が成立しました。この法律は、原子力損害にかかる賠償請求権に関する民法 724 条の適用については、前段の「3 年間」の時効期間を「10 年間」とし、後段の「不法行為の時から 20 年」とされている除斥期間を「損害が生じた時から 20 年」とするものです。

　なお、本特例法は、原子力事業者（東京電力）が賠償の責めを負う特別原子力損害に適用され、国の責任を追及する国家賠償請求には直接適用されないと解されていることに留意する必要があります。

# Ⅸ　賠償金にかかる税金

> *Q 93*　東京電力から賠償金を受領したのですが、これについて税金を支払わなければならないのでしょうか。

## A

　所得税法上、賠償金の内容となる損害項目によって、非課税のものと課税対象のものがありますので、確定申告には、注意が必要です。
　①　心身の損害または資産の損害に対する賠償金として非課税となるもの
　　　避難生活等による精神的損害、生命・身体的損害、避難・帰宅費用、一時立入費用、財物価値の喪失または減少等（事業用の棚卸資産や業務用資産を除く）、住居確保にかかる費用、検査費用（人）、検査費用（物）のうち家事用資産に係るもの、放射線被ばくによる損害
　②　事業所得等の収入金額として課税されるもの
　　　営業損害（事業の減収分）、就労不能損害（給与の減収分）、財物価値の喪失または減少のうち棚卸資産に対するもの等
　なお、心身の損害に基因する営業損害および就労不能損害は、①に含まれます。
　詳細は、国税庁ウェブサイト「東京電力㈱から支払を受ける賠償金の所得税法上の取扱い等について」〈http://www.nta.go.jp/sonota/sonota/osirase/data/h23/jishin/shotoku/〉を確認してください。

# 資料編

【資料1】

東京電力株式会社福島第一、第二原子力発電所事故による原子力損害の範囲の判定等に関する中間指針

平成 23 年 8 月 5 日
原子力損害賠償紛争審査会

## はじめに

　平成 23 年 3 月 11 日に発生した東京電力株式会社福島第一原子力発電所及び福島第二原子力発電所における事故（以下「本件事故」という。）は、広範囲にわたる放射性物質の放出をもたらした上、更に深刻な事態を惹起しかねない危険を生じさせた。このため、政府による避難、屋内退避の指示などにより、指示等の対象となった住民だけでも十数万人規模にも上り、あるいは、多くの事業者が、生産及び営業を含めた事業活動の断念を余儀なくされるなど、福島県のみならず周辺の各県も含めた広範囲に影響を及ぼす事態に至った。これら周辺の住民及び事業者らの被害は、その規模、範囲等において未曾有のものである。加えて、本件事故発生から 5 ヶ月近くを経過した現在においても、本件事故の収束に向けた放射性物質の放出を抑制・管理するための作業は続いている。本件事故直後に出された避難等の指示は、一部解除されたものの、同年 4 月 22 日には新たな地域に計画的避難の指示が出され、さらに、同年 6 月 30 日には、局所的に高い放射線量が観測されている地点として特定避難勧奨地点が設定されている。また、同年 7 月 8 日以降、複数の道県において牛肉や稲わらから新たに放射性セシウムが検出されるなど、本件事故により放出された放射性物質による被害も未だ収束するに至っていない。

　このような状況の中、政府や地方公共団体による各種の支援措置は講じられているものの、避難を余儀なくされた住民や事業者、出荷制限等により事業に支障が生じた生産者などの被害者らの生活状況は切迫しており、このような被害者を迅速、公平かつ適正に救済する必要がある。

　このため、原子力損害賠償紛争審査会（以下「本審査会」という。）は、原子力損害による賠償を定めた原子力損害の賠償に関する法律（以下「原賠法」という。）に基づき、「原子力損害の範囲の判定の指針その他の当該紛争の当事者による自主的な解決に資する一般的な指針」（同法 18 条 2 項 2 号）を早急に策定することとした。策定に当たっては、上記の事情にかんがみ、原子力損害に該当する蓋然性の高いものから、順次指針として提示することとし、可能な限り早期の被害者救済を図ることとした。

　この度の指針（以下「中間指針」という。）は、本件事故による原子力損害の当面の全体像を示すものである。この中間指針で示した損害の範囲に関する考え方が、今後、被害者と東京電力株式会社との間における円滑な話し合いと合意形成に寄与することが望まれるとともに、中間指針に明記されない個別の損害が賠償されないということのないよう留意されることが必要である。東京電力株式会社に対しては、中間指針で明記された損害についてはもちろん、明記されなかった原子力損害も含め、多数の被害者への賠償が可能となるような体制を早急に整えた上で、迅速、公平かつ適正な賠償を行うことを期待する。

## 第 1　中間指針の位置づけ

1　本審査会は、①平成 23 年 4 月 28 日に「東京電力株式会社福島第一、第二原子力発電所事故による原子力損害の範囲の判定等に関する第一次指針」（以下「第一次指針」という。）、②同年 5 月 31 日に「東京電力株式会社福島第一、第二原子力発電所事故による原子力損害の範囲の判定等に関する第二次指針」（以下「第二次指針」という。）、③同年 6 月 20 日に「東京電力株式会社福島第一、第二原子力発電所事故による原子力損害の範囲の判定等に関する第二次指針追補」（以下「追補」という。）を決定・公表したが、これらの対象とされなかった損害項目やその範囲

【資料1】

等については、今後検討することとされていた。
2　そこで、中間指針により、第一次指針及び第二次指針（追補を含む。以下同じ。）で既に決定・公表した内容にその後の検討事項を加え、賠償すべき損害と認められる一定の範囲の損害類型を示す。
　　具体的には、①「政府による避難等の指示等に係る損害」、②「政府による航行危険区域等及び飛行禁止区域の設定に係る損害」、③「政府等による農林水産物等の出荷制限指示等に係る損害」、④「その他の政府指示等に係る損害」、⑤「いわゆる風評被害」、⑥「いわゆる間接被害」、⑦「放射線被曝による損害」を対象とし、さらに、⑧「被害者への各種給付金等と損害賠償金との調整」や、⑨「地方公共団体等の財産的損害等」についても可能な限り示すこととした。
3　既に決定・公表済みの第一次指針及び第二次指針で賠償の対象と認めた損害項目及びその範囲等については、必要な範囲でこの中間指針で取り込んでいることから、今後の損害の範囲等については、本中間指針をもってこれに代えることとする。
4　なお、この中間指針は、本件事故が収束せず被害の拡大が見られる状況下、賠償すべき損害として一定の類型化が可能な損害項目やその範囲等を示したものであるから、中間指針で対象とされなかったものが直ちに賠償の対象とならないというものではなく、個別具体的な事情に応じて相当因果関係のある損害と認められることがあり得る。また、今後、本件事故の収束、避難区域等の見直し等の状況の変化に伴い、必要に応じて改めて指針で示すべき事項について検討する。

## 第2　各損害項目に共通する考え方

1　原賠法により原子力事業者が負うべき責任の範囲は、原子炉の運転等により及ぼした「原子力損害」であるが（同法3条）、その損害の範囲につき、一般の不法行為に基づく損害賠償請求権における損害の範囲と特別に異なって解する理由はない。したがって、指針策定に当たっても、本件事故と相当因果関係のある損害、すなわち社会通念上当該事故から当該損害が生じるのが合理的かつ相当であると判断される範囲のものであれば、原子力損害に含まれると考える。
　　具体的には、本件事故に起因して実際に生じた被害の全てが、原子力損害として賠償の対象となるものではないが、本件事故から国民の生命や健康を保護するために合理的理由に基づいて出された政府の指示等に伴う損害、市場の合理的な回避行動が介在することで生じた損害、さらにこれらの損害が生じたことで第三者に必然的に生じた間接的な被害についても、一定の範囲で賠償の対象となる。
　　また、原賠法における原子力損害賠償制度は、一般の不法行為の場合と同様、本件事故によって生じた損害を塡補することで、被害者を救済することを目的とするものであるが、被害者の側においても、本件事故による損害を可能な限り回避し又は減少させる措置を執ることが期待されている。したがって、これが可能であったにもかかわらず、合理的な理由なく当該措置を怠った場合には、損害賠償が制限される場合があり得る点にも留意する必要がある。
2　また、損害項目のうち、「避難費用」、「営業損害」、「就労不能等に伴う損害」など、継続的に発生し得る損害については、その終期をどう判断するかという困難な問題があるが、この点については、現時点で考え方を示すことが可能なものは示すこととし、そうでないものは今後事態の進捗を踏まえつつ必要に応じて検討する。
3　中間指針策定に当たっては、平成11年9月30日に発生した株式会社ジェー・シー・オー東海事業所における臨界事故に関して原子力損害調査研究会が作成した同年12月15日付け中間的な確認事項（営業損害に対する考え方）及び平成12年3月29日付け最終報告書を参考とした。
　　但し、本件事故は、その事故の内容、深刻さ、周辺に及ぼした被害の規模、範囲、期間等において上記臨界事故を遙かに上回るものであり、その被害者及び損害の類型も多岐にわたるものであることから、本件事故に特有の事情を十分考慮して策定することとした。
4　本件事故は、東北地方太平洋沖地震及びこれに伴う津波による一連の災害（以下「東日本大震災」という。）を契機として発生したものであるが、前記1のとおり、原賠法により原子力事業

【資料1】

者が負うべき責任の範囲は、あくまで原子炉の運転等により与えた「原子力損害」であるから（同法3条）、地震・津波による損害については賠償の対象とはならない。
　但し、中間指針で対象とされている損害によっては、例えば風評被害など、本件事故による損害か地震・津波による損害かの区別が判然としない場合もある。この場合に、厳密な区別の証明を被害者に強いるのは酷であることから、例えば、同じく東日本大震災の被害を受けながら、本件事故による影響が比較的少ない地域における損害の状況等と比較するなどして、合理的な範囲で、特定の損害が「原子力損害」に該当するか否か及びその損害額を推認することが考えられるとともに、東京電力株式会社には合理的かつ柔軟な対応が求められる。
5　加えて、損害の算定に当たっては、個別に損害の有無及び損害額の証明をもとに相当な範囲で実費賠償をすることが原則であるが、本件事故による被害者が避難等の指示等の対象となった住民だけでも十数万人規模にも上り、その迅速な救済が求められる現状にかんがみれば、損害項目によっては、合理的に算定した一定額の賠償を認めるなどの方法も考えられる。但し、そのような手法を採用した場合には、上記一定額を超える現実の損害額が証明された場合には、必要かつ合理的な範囲で増額されることがあり得る。
　また、避難により証拠の収集が困難である場合など必要かつ合理的な範囲で証明の程度を緩和して賠償することや、大量の請求を迅速に処理するため、客観的な統計データ等による合理的な算定方法を用いることが考えられる。
6　さらに、賠償金の支払方法についても、迅速な救済が必要な被害者の現状にかんがみれば、例えば、ある損害につき賠償額の全額が最終的に確定する前であっても、継続して発生する損害について一定期間毎に賠償額を特定して支払いをしたり、請求金額の一部の支払いをしたりするなど、東京電力株式会社には合理的かつ柔軟な対応が求められる。

## 第3　政府による避難等の指示等に係る損害について

[対象区域]
　政府による避難等（後記の［避難等対象者］（備考）の1参照。）の指示等（後記の［避難等対象者］（備考）の2参照。）があった対象区域（下記(5)の対象「地点」も含む。以下同じ。）は、以下のとおりである。

(1) 避難区域
　　政府が原子力災害対策特別措置法（以下「原災法」という。）に基づいて各地方公共団体の長に対して住民の避難を指示した区域
　① 東京電力株式会社福島第一原子力発電所から半径20km圏内（平成23年4月22日には、原則立入り禁止となる警戒区域に設定。）
　② 東京電力株式会社福島第二原子力発電所から半径10km圏内（同年4月21日には、半径8km圏内に縮小。）
(2) 屋内退避区域
　　政府が原災法に基づいて各地方公共団体の長に対して住民の屋内退避を指示した区域
　③ 東京電力株式会社福島第一原子力発電所から半径20km以上30km圏内
　（注）この屋内退避区域について、平成23年3月25日、官房長官より、社会生活の維持継続の困難さを理由とする自主避難の促進等が発表された。但し、屋内退避区域は、同年4月22日、下記の(3)計画的避難区域及び(4)緊急時避難準備区域の指定に伴い、その区域指定が解除された。
(3) 計画的避難区域
　　政府が原災法に基づいて各地方公共団体の長に対して計画的な避難を指示した区域
　④ 東京電力株式会社福島第一原子力発電所から半径20km以遠の周辺地域のうち、本件事故発生から1年の期間内に積算線量が20ミリシーベルトに達するおそれのある区域であり、概ね

【資料１】

　　　　１か月程度の間に、同区域外に計画的に避難することが求められる区域
　（４）緊急時避難準備区域
　　　　政府が原災法に基づいて各地方公共団体の長に対して緊急時の避難又は屋内退避が可能な準備を指示した区域
　　　⑤　東京電力株式会社福島第一原子力発電所から半径20km以上30km圏内の区域から「計画的避難区域」を除いた区域のうち、常に緊急時に避難のための立退き又は屋内への退避が可能な準備をすることが求められ、引き続き自主避難をすること及び特に子供、妊婦、要介護者、入院患者等は立ち入らないこと等が求められる区域
　　　（注）上記の避難区域（警戒区域）、屋内退避区域、計画的避難区域及び緊急時避難準備区域については、その外縁は、必ずしも東京電力株式会社福島第一原子力発電所又は第二原子力発電所からの一定の半径距離で設定されているわけではなく、行政区や字単位による特定など、個々の地方公共団体の事情を踏まえつつ、設定されている。
　（５）特定避難勧奨地点
　　　　政府が、住居単位で設定し、その住民に対して注意喚起、自主避難の支援・促進を行う地点
　　　⑥　計画的避難区域及び警戒区域以外の場所であって、地域的な広がりが見られない本件事故発生から１年間の積算線量が20ミリシーベルトを超えると推定される空間線量率が続いている地点であり、政府が住居単位で設定した上、そこに居住する住民に対する注意喚起、自主避難の支援・促進を行うことを表明した地点
　（６）地方公共団体が住民に一時避難を要請した区域
　　　　南相馬市が、独自の判断に基づき、住民に対して一時避難を要請した区域（(1) ～ (4) の区域を除く。）
　　　⑦　南相馬市は同市内に居住する住民に対して一時避難を要請したが、このうち同市全域から上記 (1) ～ (4) の区域を除いた区域
　　　（注）南相馬市は、平成23年３月16日、市民に対し、その生活の安全確保等を理由として一時避難を要請するとともに、その一時避難を支援した。同市は、屋内退避区域の指定が解除された同年４月22日、上記（６）の区域から避難していた住民に対して、自宅での生活が可能な者の帰宅を許容する旨の見解を示した。

［避難等対象者］

　避難等対象者の範囲は、避難指示等により避難等を余儀なくされた者として、以下のとおりとする。

１　本件事故が発生した後に対象区域内から同区域外へ避難のための立退き（以下「避難」という。）及びこれに引き続く同区域外滞在（以下「対象区域外滞在」という。）を余儀なくされた者（但し、平成23年６月20日以降に緊急時避難準備区域（特定避難勧奨地点を除く。）から同区域外に避難を開始した者のうち、子供、妊婦、要介護者、入院患者等以外の者を除く。）
２　本件事故発生時に対象区域外に居り、同区域内に生活の本拠としての住居（以下「住居」という。）があるものの引き続き対象区域外滞在を余儀なくされた者
３　屋内退避区域内で屋内への退避（以下「屋内退避」という。）を余儀なくされた者

（備考）
　１）　以上の「避難」、「対象区域外滞在」及び「屋内退避」を併せて、「避難等」という。
　　　　また、避難等対象者には、一旦避難した後に住居に戻って屋内退避をした者なども含まれる（但し、損害額の算定に当たっては、これらの差異が考慮されることはあり得る。）。
　２）　「避難指示等」とは、［対象区域］における政府又は本件事故発生直後における合理的な判断に基づく地方公共団体による避難等の指示、要請又は支援・促進をいう。対象区域内の住民に対しては、上記のとおり、区域に応じて、避難指示等が出されているが、政府による避

【資料１】

難等の指示の対象となった区域内の住民のみならず、政府による自主避難の促進等の対象となった区域内の住民（平成 23 年 6 月 20 日以降に緊急時避難準備区域（特定避難勧奨地点を除く。）から同区域外に避難を開始した者のうち、子供、妊婦、要介護者、入院患者等以外の者を除く。）についても、対象区域外に避難する行動に出ることや、同区域外に居た者が同区域内の住居に戻ることを差し控える行動に出ることは、合理的な行動であり、避難指示等により避難や対象区域外滞在を「余儀なくされた」場合に該当する。また、地方公共団体独自の判断による一時避難の要請についても、それが本件事故発生直後であり、順次、同地方公共団体の大半の区域が避難区域や屋内退避区域に指定がなされていた状況下における一時避難の要請であったという当時の具体的な状況に照らせば、その判断は不合理ではないと認められることから、その要請に基づく一時避難についても同様とする。さらに、避難指示等の前に避難等した者についても、避難指示等に照らし、その行為は客観的・事後的にみて合理的であったと認められ、避難指示等により避難等を「余儀なくされた者」の範疇に含めて考えるべきである。
3) 以下の［損害項目］においては、基本的に避難等対象者の損害の範囲等を示すが、損害項目（検査費用、営業損害、就労不能等に伴う損害等）によっては、本件事故の発生以降、対象区域内に住居がある者のうち、避難しなかった者（以下「対象区域内滞在者」という。）の損害も含まれる。

［損害項目］
## 1 検査費用（人）

（指針）
　本件事故の発生以降、避難等対象者のうち避難若しくは屋内退避をした者、又は対象区域内滞在者が、放射線への曝露の有無又はそれが健康に及ぼす影響を確認する目的で必要かつ合理的な範囲で検査を受けた場合には、これらの者が負担した検査費用（検査のための交通費等の付随費用を含む。以下（備考）の3）において同じ。）は、賠償すべき損害と認められる。

（備考）
1) 放射線は、その量によっては人体に多大な負の影響を及ぼす危険性がある上、人の五感の作用では知覚できないという性質を有している。それゆえ、本件事故の発生により、少なくとも避難等対象者のうち、対象区域内から対象区域外に避難し、若しくは同区域内で屋内退避をした者又は対象区域内滞在者が、自らの身体が放射線に曝露したのではないかとの不安感を抱き、この不安感を払拭するために検査を受けることは通常は合理的な行動といえる。
2) 無料の検査を受けた場合の検査費用については、その避難若しくは屋内退避をした者又は対象区域内滞在者に実損が生じておらず、賠償すべき損害とは認められない。
3) なお、政府による避難指示等の前に本件事故により生じた検査費用があれば、本件事故の発生により合理的な判断に基づいて実施されたものと推認でき、これを賠償対象から除外すべき合理的な理由がない限り、必要かつ合理的な範囲でその検査費用が賠償すべき損害と認められる。

## 2 避難費用

（指針）
Ｉ) 避難等対象者が必要かつ合理的な範囲で負担した以下の費用が、賠償すべき損害と認められる。
① 対象区域から避難するために負担した交通費、家財道具の移動費用

## 【資料1】

　　② 対象区域外に滞在することを余儀なくされたことにより負担した宿泊費及びこの宿泊に付随して負担した費用（以下「宿泊費等」という。）
　　③ 避難等対象者が、避難等によって生活費が増加した部分があれば、その増加費用
Ⅱ） 避難費用の損害額算定方法は、以下のとおりとする。
　　① 避難費用のうち交通費、家財道具の移動費用、宿泊費等については、避難等対象者が現実に負担した費用が賠償の対象となり、その実費を損害額とするのが合理的な算定方法と認められる。
　　　但し、領収証等による損害額の立証が困難な場合には、平均的な費用を推計することにより損害額を立証することも認められるべきである。
　　② 他方、避難費用のうち生活費の増加費用については、原則として、後記6の「精神的損害」の（指針）Ⅰ①又は②の額に加算し、その加算後の一定額をもって両者の損害額とするのが公平かつ合理的な算定方法と認められる。
　　　その具体的な方法については、後記6のとおりである。
Ⅲ） 避難指示等の解除等（指示、要請の解除のみならず帰宅許容の見解表明等を含む。以下同じ。）から相当期間経過後に生じた避難費用は、特段の事情がある場合を除き、賠償の対象とはならない。

（備考）
1） Ⅰ）については、①及び②に該当する費用、すなわち避難等対象者が負担した避難費用（交通費、家財道具の移動費用、宿泊費等）について、必要かつ合理的な範囲で賠償すべき損害の対象とするのが妥当である。
　また、③に該当する費用、すなわち生活費の増加費用についても、例えば、屋内退避をした者が食品購入のため遠方までの移動が必要となったり、避難等対象者が自家用農作物の利用が不能又は著しく困難（以下「不能等」という。）となったため食費が増加したりしたような場合には、その増加分は賠償すべき損害の対象となり得る。

2） Ⅱ）の①については、避難等対象者の避難状況及び支出状況等を一定程度調査したところによれば、一回的な支出である交通費に関しては、これらを実費負担していない者も少なくなく、また、最終避難先が全国に及び、その交通手段が多様化していることから、自己負担している者の間でもその金額には相当の差異があると推定された。また、宿泊費等についても、地方公共団体等が負担している場合が多く、継続して自己負担している者は比較的少数にとどまると認められる上、自己負担した金額も宿泊場所に応じて相当の差異があると推定された。家財道具の移動費用についても、自己負担している金額に相当の差異があると推定された。したがって、これらの損害項目については、一定額を「平均的損害額」などとして避難等対象者全員に賠償するという方法は、必ずしも実態に即しておらず、また、公平でもないと考えられる。
　また、原則どおり実費賠償とした場合、費用の立証が問題になるが、仮に領収証等でその金額を立証することができない場合には、客観的な統計データ等により損害額を推計する方法、例えば自己所有車両で避難した場合の交通費であれば、避難先までの移動距離からそれに要したガソリン代等を算出し、また、宿泊費等であれば、当該宿泊場所周辺における平均的な宿泊費等を算出してこれを損害額と推計するなどの方法で立証することも認められるべきである。こうした対応により、これらの費用につき、原則どおり実費賠償としたとしても、被害者に特段の不利益を生じさせるとまでは認め難い。
　以上のことから、避難費用のうち交通費、家財道具の移動費及び宿泊費等については、原則どおり、上記各損害項目を実費負担した者が、必要かつ合理的な範囲において、その実費の賠償を受けるのが公平かつ合理的である。

3） Ⅱ）の②については、避難等により生ずる生活費の増加費用は、避難等対象者の大多数に

【資料1】

　発生すると思われる上、通常はさほど高額となるものではなく、個人差による差異も少ない反面、その実費を厳密に算定することは実際上困難であり、その立証を強いることは避難等対象者に酷である。
　　また、この生活費の増加費用は、避難等における生活状況等と密接に結びつくものであることから、後記6の「精神的損害」の（指針）Ⅰ①又は②に加算して、両者を一括して一定額を算定することが、公平かつ合理的であると判断した。
　　但し、上記のように後記6の「精神的損害」の（指針）Ⅰ①又は②の加算要素として一括して算定する生活費の増加費用は、あくまで通常の範囲の費用を想定したものであるから、避難等対象者の中で、特に高額の生活費の増加費用の負担をした者がいた場合には、そのような高額な費用を負担せざるを得なかった特段の事情があるときは、別途、必要かつ合理的な範囲において、その実費が賠償すべき損害と認められる。
4）　Ⅲ）について、平成23年4月22日に屋内退避区域の指定が解除され避難指示等の対象外となった区域及び上記［対象区域］(6)の区域（上記［対象区域］(6)の区域については、同日、同区域内の住居への帰宅が許容されたものとみなすことができる。）については、同日から相当期間経過後は、賠償の対象とならない。この相当期間は、これらの区域における公共施設の復旧状況等を踏まえ、解除等期日から住居に戻るまでに通常必要となると思われる準備期間を考慮し、平成23年7月末までを目安とする。但し、これらの区域に所在する学校等に通っていた児童・生徒等が避難を余儀なくされている場合は、平成23年8月末までを目安とする。
5）　Ⅲ）について、特段の事情がある場合とは、避難中に健康を害し自宅以外の避難先等での療養の継続が必要なため帰宅できない場合などをいう。

## 3　一時立入費用

> （指針）
> 　避難等対象者のうち、警戒区域内に住居を有する者が、市町村が政府及び県の支援を得て実施する「一時立入り」に参加するために負担した交通費、家財道具の移動費用、除染費用等（前泊や後泊が不可欠な場合の宿泊費等も含む。以下同じ。）は、必要かつ合理的な範囲で賠償すべき損害と認められる。

（備考）
1）　避難等対象者のうち、原則として立入りが禁止されている警戒区域内に住居を有している者（東京電力株式会社福島第一原子力発電所から半径3km圏内に住居を有している者などを除く。）は、平成23年5月10日以降、当面の生活に必要な物品の持ち出し等を行うことを目的として市町村が政府及び県の支援を得て実施する「一時立入り」に参加して一時的に住居に戻ることが可能となった。
　　その「一時立入り」の方法は、参加者が「一時立入り」の出発点となる集合場所（中継基地）に集合し、地区ごとに専用バスで住居地区まで移動することとなっている。
2）　しかしながら、対象区域外滞在をしている場所から上記集合場所までの移動に際して、参加者がその往復の交通費等を負担する場合や、上記集合場所から住居地区までの交通費、人及び物に対する除染費用、家財道具（自動車等を含む。）の移動費用等について、負担する場合も否定できない。
　　このような「一時立入り」への参加に要する費用については、本件事故により住民の安全確保の観点から住居を含む警戒区域内への立入りが原則として禁止されたことに伴い、「一時立入り」を行う者（以下「一時立入者」という。）が住居から当面の生活に必要な物品の持ち出し等を行うために必要な費用であるから、本件事故と相当因果関係のある損害と認め

241

【資料１】

ることができる。
　　　したがって、上記のように一時立入者が負担した交通費、家財道具の移動費用、除染費用等については、必要かつ合理的な範囲で賠償すべき損害の対象と認められる。
　３）　なお、その際の交通費等の算定方法については、前記２の（備考）の２）に同じである。

## 4　帰宅費用

（指針）
　避難等対象者が、対象区域の避難指示等の解除等に伴い、対象区域内の住居に最終的に戻るために負担した交通費、家財道具の移動費用等（前泊や後泊が不可欠な場合の宿泊費等も含む。以下同じ。）は、必要かつ合理的な範囲で賠償すべき損害と認められる。

（備考）
　１）　避難指示等の解除等がされた場合には、必要な準備期間である「相当期間」を経過した後は対象区域内の住居に戻ることが可能な状態となる。
　　　そして、このように住居に最終的に帰宅するために負担した交通費や家財道具の移動費用等については、前記２で述べた避難費用と同様、必要かつ合理的な範囲で賠償すべき損害と認められる。
　２）　なお、その際の交通費等の算定方法については、前記２の（備考）の２）に同じである。

## 5　生命・身体的損害

（指針）
　避難等対象者が被った以下のものが、賠償すべき損害と認められる。
　Ⅰ）　本件事故により避難等を余儀なくされたため、傷害を負い、治療を要する程度に健康状態が悪化（精神的障害を含む。以下同じ。）し、疾病にかかり、あるいは死亡したことにより生じた逸失利益、治療費、薬代、精神的損害等
　Ⅱ）　本件事故により避難等を余儀なくされ、これによる治療を要する程度の健康状態の悪化等を防止するため、負担が増加した診断費、治療費、薬代等

（備考）
　１）　避難等対象者が、本件事故により避難等を余儀なくされたため、「生命・身体的損害」を被った場合には、それによって失われた逸失利益のほか、被った治療費や薬代相当額の出費、精神的損害等が賠償すべき損害と認められる。なお、この「生命・身体的損害を伴う精神的損害」の額は、後記６の場合とは異なり、生命・身体の損害の程度等に従って個別に算定されるべきである。
　２）　また、避難等により実際に健康状態が悪化したわけではなくとも、高齢者や持病を抱えている者らが、避難等による健康悪化防止のために必要な限りにおいて、従来より費用の増加する治療を受けることも合理的な行動であるから、これによって増加した費用も賠償すべき損害と認められる。

## 6　精神的損害

（指針）
　Ⅰ）　本件事故において、避難等対象者が受けた精神的苦痛（「生命・身体的損害」を伴わな

【資料1】

いものに限る。以下この項において同じ。）のうち、少なくとも以下の精神的苦痛は、賠償すべき損害と認められる。
① 対象区域から実際に避難した上引き続き同区域外滞在を長期間余儀なくされた者（又は余儀なくされている者）及び本件事故発生時には対象区域外に居り、同区域内に住居があるものの引き続き対象区域外滞在を長期間余儀なくされた者（又は余儀なくされている者）が、自宅以外での生活を長期間余儀なくされ、正常な日常生活の維持・継続が長期間にわたり著しく阻害されたために生じた精神的苦痛
② 屋内退避区域の指定が解除されるまでの間、同区域における屋内退避を長期間余儀なくされた者が、行動の自由の制限等を余儀なくされ、正常な日常生活の維持・継続が長期間にわたり著しく阻害されたために生じた精神的苦痛

Ⅱ）Ⅰ）の①及び②に係る「精神的損害」の損害額については、前記2の「避難費用」のうち生活費の増加費用と合算した一定の金額をもって両者の損害額と算定するのが合理的な算定方法と認められる。
そして、Ⅰ）の①又は②に該当する者であれば、その年齢や世帯の人数等にかかわらず、避難等対象者個々人が賠償の対象となる。

Ⅲ）Ⅰ）の①の具体的な損害額の算定に当たっては、差し当たって、その算定期間を以下の3段階に分け、それぞれの期間について、以下のとおりとする。
① 本件事故発生から6ヶ月間（第1期）
第1期については、一人月額10万円を目安とする。
但し、この間、避難所・体育館・公民館等（以下「避難所等」という。）における避難生活等を余儀なくされた者については、避難所等において避難生活をした期間は、一人月額12万円を目安とする。
② 第1期終了から6ヶ月間（第2期）
但し、警戒区域等が見直される等の場合には、必要に応じて見直す。
第2期については、一人月額5万円を目安とする。
③ 第2期終了から終期までの期間（第3期）
第3期については、今後の本件事故の収束状況等諸般の事情を踏まえ、改めて損害額の算定方法を検討するのが妥当であると考えられる。

Ⅳ）Ⅰ）の①の損害発生の始期及び終期については、以下のとおりとする。
① 始期については、原則として、個々の避難等対象者が避難等をした日にかかわらず、本件事故発生日である平成23年3月11日とする。但し、緊急時避難準備区域内に住居がある子供、妊婦、要介護者、入院患者等であって、同年6月20日以降に避難した者及び特定避難勧奨地点から避難した者については、当該者が実際に避難した日を始期とする。
② 終期については、避難指示等の解除等から相当期間経過後に生じた精神的損害は、特段の事情がある場合を除き、賠償の対象とはならない。

Ⅴ）Ⅰ）の②の損害額については、屋内退避区域の指定が解除されるまでの間、同区域において屋内退避をしていた者（緊急時避難準備区域から平成23年6月19日までに避難を開始した者及び計画的避難区域から避難した者を除く。）につき、一人10万円を目安とする。

（備考）
1）Ⅰ）については、前述したように、本件事故と相当因果関係のある損害であれば「原子力損害」に該当するから、「生命・身体的損害」を伴わない精神的損害（慰謝料）についても、相当因果関係等が認められる限り、賠償すべき損害といえる。
但し、生命・身体的損害を伴わない精神的苦痛の有無、態様及び程度等は、当該被害者の年齢、性別、職業、性格、生活環境及び家族構成等の種々の要素によって著しい差異を示す

【資料1】

ものである点からも、損害の有無及びその範囲を客観化することには自ずと限度がある。
　しかしながら、本件事故においては、実際に周辺に広範囲にわたり放射性物質が放出され、これに対応した避難指示等があったのであるから、対象区域内の住民が、住居から避難し、あるいは、屋内退避をすることを余儀なくされるなど、日常の平穏な生活が現実に妨害されたことは明らかであり、また、その避難等の期間も総じて長く、また、その生活も過酷な状況にある者が多数であると認められる。
　このように、本件事故においては、少なくとも避難等対象者の相当数は、その状況に応じて、①避難及びこれに引き続く対象区域外滞在を長期間余儀なくされ、あるいは②本件事故発生時には対象区域外に居り、同区域内に住居があるものの引き続き対象区域外滞在を長期間余儀なくされたことに伴い、自宅以外での生活を長期間余儀なくされ、あるいは、③屋内退避を余儀なくされたことに伴い、行動の自由の制限等を長期間余儀なくされるなど、避難等による長期間の精神的苦痛を被っており、少なくともこれについては賠償すべき損害と観念することが可能である。
　したがって、この精神的損害については、合理的な範囲において、賠償すべき損害と認められる。

2)　Ⅱ）については、Ⅰ）の①及び②の損害額算定に当たっては、前記2のⅡ）の②で述べたとおり、原則として、避難費用のうち「生活費の増加費用」を加算して、両者を一括して一定額を算定することが、公平かつ合理的であると判断した。
　また、損害賠償請求権は個々人につき発生するものであるから、損害の賠償についても、世帯単位ではなく、個々人に対してなされるべきである。そして、年齢や世帯の人数あるいはその他の事情により、各避難等対象者が現実に被った精神的苦痛の程度には個人差があることは否定できないものの、中間指針においては、全員に共通する精神的苦痛につき賠償対象とされるのが妥当と解されること、生活費の増加費用についても個人ごとの差異は少ないと考えられることから、年齢等により金額に差は設けないこととした。

3)　長期間の避難等を余儀なくされた者は、正常な日常生活の維持・継続を長期間にわたり著しく阻害されているという点では全員共通した苦痛を被っていること、また、仮設住宅等に宿泊する場合と旅館・ホテル等に宿泊する場合とで、個別の生活条件を考えれば一概には生活条件に明らかな差があるとはいえないとも考えられることから、主として宿泊場所等によって分類するのではなく、一律の算定を行い、相対的に過酷な避難生活が認められる避難所等についてのみ、本件事故後一定期間は滞在期間に応じて一定金額を加算することとし、むしろ、主として避難等の時期によって合理的な差を設けることが適当である。

4)　Ⅲ）の①については、本件事故後、避難等対象者の大半が仮設住宅等への入居が可能となるなど、長期間の避難生活のための基盤が形成されるまでの6ヶ月間（第1期）は、地域コミュニティ等が広範囲にわたって突然喪失し、これまでの平穏な日常生活とその基盤を奪われ、自宅から離れ不便な避難生活を余儀なくされた上、帰宅の見通しもつかない不安を感じるなど、最も精神的苦痛の大きい期間といえる。
　したがって、本期間の損害額の算定に当たっては、本件は負傷を伴う精神的損害ではないことを勘案しつつ、自動車損害賠償責任保険における慰謝料（日額4,200円。月額換算12万6,000円）を参考にした上、上記のように大きな精神的苦痛を被ったことや生活費の増加分も考慮し、一人当たり月額10万円を目安とするのが合理的であると判断した。
　但し、特に避難当初の避難所等における長期間にわたる避難生活は、他の宿泊場所よりも生活環境・利便性・プライバシー確保の点からみて相対的に過酷な生活状況であったことは否定し難いため、この点を損害額の加算要素として考慮し、避難所等において避難生活をしていた期間についてのみ、一人月額12万円を目安とすることが考えられる。

5)　Ⅲ）の②については、第1期終了後6ヶ月間（第2期）は、引き続き自宅以外での不便な生活を余儀なくされている上、いつ自宅に戻れるか分からないという不安な状態が続くことによる精神的苦痛がある。その一方で、突然の日常生活とその基盤の喪失による混乱等とい

【資料１】

う要素は基本的にこの段階では存せず、この時期には、大半の者が仮設住宅等への入居が可能となるなど、長期間の避難生活の基盤が整備され、避難先での新しい環境にも徐々に適応し、避難生活の不便さなどの要素も第１期に比して縮減すると考えられる。但し、その期間は必要に応じて見直すこととする。

　本期間の損害額の算定に当たっては、上記のような事情にかんがみ、希望すれば大半の者が仮設住宅等への入居が可能となるなど長期間の避難生活のための基盤が形成され、避難生活等の過酷さも第１期に比して緩和されると考えられることを考慮し、民事交通事故訴訟損害賠償額算定基準（財団法人日弁連交通事故相談センター東京支部）による期間経過に伴う慰謝料の変動状況も参考とし、一人月額５万円を目安とすることが考えられる。

6) Ⅲ)の③については、第２期終了後、実際に帰宅が可能となるなどの終期までの間（第３期）は、いずれかの時点で避難生活等の収束の見通しがつき、帰宅準備や生活基盤の整備など、前向きな対応も可能となると考えられるが、現時点ではそれがどの時点かを具体的に示すことが困難であることから、今後の本件事故の収束状況等諸般の事情を踏まえ、改めて第３期における損害額の算定を検討することが妥当であると考えられる。但し、既に終期が到来している区域については、この限りではない。

7) Ⅳ)の①について、Ⅰ)の①の損害発生の始期につき、個々の対象者が実際に避難等をした日とすることも考えられる。

　しかしながら、上記対象者が実際に避難をした日はそれぞれの事情によって異なっているものの、避難等をする前の生活においても、本件事故発生日以降しばらくの間は、避難後の精神的苦痛に準ずる程度に、正常な日常生活の維持・継続を著しく阻害されることによる精神的苦痛を受けていたと考えられることから、損害発生の始期は平成23年３月11日の本件事故発生日とするのが合理的であると判断した。

　但し、緊急時避難準備区域内に住居がある子供、妊婦、要介護者、入院患者等であって平成23年６月20日以降に避難した者及び特定避難勧奨地点から避難した者については、当該者が実際に避難した日を始期とする。

8) Ⅳ)の②については、前記２の（備考）の４)及び５)に同じである。

9) Ⅴ)については、Ⅰ)の②に該当する者、すなわち屋内退避区域の指定が解除されるまでの間、同区域において屋内退避をしていた者は、自宅で生活しているという点ではⅠ)の①に該当する者、すなわち避難及び対象区域外滞在をした者のような精神的苦痛は観念できないが、他方で、外出等行動の自由を制限されていたことなどを考慮し、Ⅰ)の①の損害額を超えない範囲で損害額を算定することとし、その損害額は一人10万円を目安とするのが妥当である。

10) 損害額の算定は月単位で行うのが合理的と認められるが、Ⅲ)の①及び②並びにⅤ)の金額はあくまでも目安であるから、具体的な賠償に当たって柔軟な対応を妨げるものではない。

11) その他の本件事故による精神的苦痛についても、個別の事情によっては賠償の対象と認められ得る。

## 7　営業損害

（指針）
Ⅰ)　従来、対象区域内で事業の全部又は一部を営んでいた者又は現に営んでいる者において、避難指示等に伴い、営業が不能になる又は取引が減少する等、その事業に支障が生じたため、現実に減収があった場合には、その減収分が賠償すべき損害と認められる。

　上記減収分は、原則として、本件事故がなければ得られたであろう収益と実際に得られた収益との差額から、本件事故がなければ負担していたであろう費用と実際に負担した費用との差額（本件事故により負担を免れた費用）を控除した額（以下「逸失利益」という。）とする。

【資料１】

> Ⅱ） また、Ⅰ）の事業者において、上記のように事業に支障が生じたために負担した追加的費用（従業員に係る追加的な経費、商品や営業資産の廃棄費用、除染費用等）や、事業への支障を避けるため又は事業を変更したために生じた追加的費用（事業拠点の移転費用、営業資産の移動・保管費用等）も、必要かつ合理的な範囲で賠償すべき損害と認められる。
> Ⅲ） さらに、同指示等の解除後も、Ⅰ）の事業者において、当該指示等に伴い事業に支障が生じたため減収があった場合には、その減収分も合理的な範囲で賠償すべき損害と認められる。また、同指示等の解除後に、事業の全部又は一部の再開のために生じた追加的費用（機械等設備の復旧費用、除染費用等）も、必要かつ合理的な範囲で賠償すべき損害と認められる。

（備考）
1) 避難指示等があったことにより、自己又は従業員等が対象区域からの避難等を余儀なくされ、又は、車両や商品等の同区域内への出入りに支障を来したことなどにより、同区域内で事業の全部又は一部を営んでいた者が、その事業に支障が生じた場合には、当該事業に係る営業損害は賠償すべき損害と認められる。

    対象となる事業は、農林水産業、製造業、建設業、販売業、サービス業、運送業、医療業、学校教育その他の事業一般であり、営利目的の事業に限られず、また、その事業の一部を対象区域内で営んでいれば対象となり得る。

    また、上記事業の支障により生じた商品や営業資産の廃棄、返品費用、商品調達等費用の増加、従業員に係る追加的な経費など、あるいは、このような事態を避けるために、当該事業者が対象区域内から同区域外に事業拠点を移転させた費用や、事業に必要な営業資産等（家畜等を含む。）を搬出した費用などの追加的費用についても、必要かつ合理的な範囲で賠償すべき損害と認められる。
2) Ⅰ）の「収益」には、売上高のほか、事業の実施に伴って得られたであろう交付金等（例えば、農業における戸別所得補償交付金、医療事業における診療報酬等、私立学校における私学助成）がある場合は、これらの交付金等相当分も含まれる。
3) また、例えば、事業者が本件事故により負担を免れた賃料や従業員の給料等を逸失利益から控除しなかった場合には、事業者は実際に負担しなかった販売費及び一般管理費分についても賠償を受けることになってしまい妥当ではないと考えられることから、Ⅰ）の「費用」には、売上原価のほか販売費及び一般管理費も含まれる。
4) 将来の売上のための費用を既に負担し、又は継続的に負担せざるを得ないような場合には、当該費用は本件事故によっても負担を免れなかったとしてこれを控除せずに減収分（損害額）を算定するのが相当である。
5) Ⅰ）の「減収分」の記述は、第一次指針第３の５Ⅰ）の「減収分」の記述と異なるが、これは意味を明確化するために修正を加えたものであり、実質的な内容は異ならない。
6) なお、避難指示等の前に本件事故により生じた営業損害があれば、これを賠償対象から除外すべき合理的な理由はないから、本件事故日以降の営業損害が賠償すべき損害と認められる。
7) 営業損害の終期は、基本的には対象者が従来と同じ又は同等の営業活動を営むことが可能となった日とすることが合理的であるが、本件事故により生じた減収分がある期間を含め、どの時期までを賠償の対象とするかについては、現時点で全てを示すことは困難であるため、改めて検討することとする。但し、その検討に当たっては、一般的には事業拠点の移転や転業等の可能性があることから、賠償対象となるべき期間には一定の限度があることや、早期に転業する等特別の努力を行った者が存在することに、留意する必要がある。
8) 倒産・廃業した場合は、営業資産の価値が喪失又は減少した部分（減価分）、一定期間の逸失利益及び倒産・廃業に伴う追加的費用等を賠償すべき損害とすることが考えられる。

【資料1】

9） 既に対象区域内の拠点を閉鎖し、事業拠点を移転又は転業した場合（一時的な移転又は転業を含む。）は、営業資産の減価分、事業拠点の移転又は転業に至るまでの期間における逸失利益、事業拠点の移転又は転業後の一定期間における従来収益との差額分及びⅡ）に掲げる移転に伴う追加的費用等を賠償すべき損害とすることが考えられる。

10） 8）の「倒産・廃業した場合」及び9）の「移転又は転業した場合」に逸失利益等が賠償されるべき「一定期間」の検討に当たっては、高齢者、農林漁業者等の転職が特に困難な場合や特別な努力を講じた場合等には、特別の考慮をすることとする。

## 8　就労不能等に伴う損害

（指針）
　対象区域内に住居又は勤務先がある勤労者が避難指示等により、あるいは、前記7の営業損害を被った事業者に雇用されていた勤労者が当該事業者の営業損害により、その就労が不能等となった場合には、かかる勤労者について、給与等の減収分及び必要かつ合理的な範囲の追加的費用が賠償すべき損害と認められる。

（備考）
1） 避難等を余儀なくされた勤労者が、例えば、対象区域内にあった勤務先が本件事故により廃業を余儀なくされ、又は、避難先が勤務先から遠方となったために就労が不能等となった場合には、その給与等の減収分及び必要かつ合理的な範囲の追加的費用は賠償すべき損害と認められる。
　なお、就労の不能等には、本件事故と相当因果関係のある解雇その他の離職も含まれる。

2） 但し、自営業者や家庭内農業従事者等の逸失利益分については、別途営業損害の対象となり得るから、ここでいう就労不能等に伴う損害の対象とはならない。

3） また、就労が不能等となった期間のうち、雇用者が勤労者に給与等を支払った場合には、当該雇用者の出捐額が損害となり、これは当該雇用者の営業損害で考慮されるべきものである。
　他方、既に就労したものの未払いである賃金については、当該賃金は本来雇用者が支払うべきものであるが、本件事故により当該賃金の支払が不能等となったと認められる場合には、当該賃金部分も勤労者の損害に該当し得る（後記第10の1も参照。但し、その場合に勤労者が実際に賠償を受けたときは、その限度で勤労者の賃金債権が代位取得されることとなる点に留意すべきである。）。

4） また、避難指示等の前に本件事故により生じた就労不能等に伴う損害があれば、これを賠償対象から除外すべき合理的な理由はないから、本件事故発生日以降のものが賠償すべき損害と認められる。

5） なお、未就労者のうち就労が予定されていた者については、その就労の確実性によっては、就労不能等に伴う損害を被ったとして賠償すべき損害の対象となり得る。

6） 給与等の減収分は、原則として、就労不能等となる以前の給与等から就労不能等となった後の給与等を控除した額であり、当該「給与等」には各種手当、賞与等も含まれる。

7） 当該追加的費用には、対象区域内にあった勤務先が本件事故により移転、休業等を余儀なくされたために勤労者が配置転換、転職等を余儀なくされた場合に負担した転居費用、通勤費の増加分等及び対象区域内に係る避難等を余儀なくされた勤労者が負担した通勤費の増加分等も必要かつ合理的な範囲で含まれる。

8） 就労不能等に伴う損害の終期は、基本的には対象者が従来と同じ又は同等の就労活動を営むことが可能となった日とすることが合理的であるが、本件事故により生じた減収分がある期間を含め、どの時期までを賠償の対象とするかについて、その具体的な時期等を現時点で

【資料1】

見通すことは困難であるため、改めて検討することとする。但し、その検討に当たっては、一般的には、就労不能等に対しては転職等により対応する可能性があると考えられることから、賠償対象となるべき期間には一定の限度があることや、早期の転職や臨時の就労等特別の努力を行った者が存在することに留意する必要がある。

9 検査費用（物）

（指針）
　対象区域内にあった商品を含む財物につき、当該財物の性質等から、検査を実施して安全を確認することが必要かつ合理的であると認められた場合には、所有者等の負担した検査費用（検査のための運送費等の付随費用を含む。以下同じ。）は必要かつ合理的な範囲で賠償すべき損害と認められる。

（備考）
1）　本件事故による被害の全貌はいまだ判明しておらず、個々の財物がその価値を喪失又は減少させる程度の量の放射性物質に曝露しているか否かは不明である。
　　しかしながら、財物の価値ないし価格は、当該財物の取引等を行う人の印象・意識・認識等の心理的・主観的な要素によって大きな影響を受ける。しかも、財物に対して実施する検査は、取引の相手方による取引拒絶、キャンセル要求又は減額要求等を未然に防止し、営業損害の拡大を最小限に止めるためにも必要とされる場合が多い。
　　したがって、平均的・一般的な人の認識を基準として当該財物の種類及び性質等から、その所有者等が当該財物の安全性に対して危惧感を抱き、この危惧感を払拭するために検査を実施することが必要かつ合理的であると認められる場合には、その負担した検査費用を損害と認めるのが相当である。
2）　また、避難指示等の前に本件事故により生じた検査費用があれば、本件事故の発生により合理的な判断に基づいて実施されたものと推認でき、これを賠償対象から除外すべき合理的な理由がない限り、その検査費用も必要かつ合理的な範囲で賠償すべき損害と認められる。

10 財物価値の喪失又は減少等

（指針）
　財物につき、現実に発生した以下のものについては、賠償すべき損害と認められる。なお、ここで言う財物は動産のみならず不動産をも含む。
Ⅰ）　避難指示等による避難等を余儀なくされたことに伴い、対象区域内の財物の管理が不能等となったため、当該財物の価値の全部又は一部が失われたと認められる場合には、現実に価値を喪失し又は減少した部分及びこれに伴う必要かつ合理的な範囲の追加的費用（当該財物の廃棄費用、修理費用等）は、賠償すべき損害と認められる。
Ⅱ）　Ⅰ）のほか、当該財物が対象区域内にあり、
　①　財物の価値を喪失又は減少させる程度の量の放射性物質に曝露した場合
　又は、
　②　①には該当しないものの、財物の種類、性質及び取引態様等から、平均的・一般的な人の認識を基準として、本件事故により当該財物の価値の全部又は一部が失われたと認められる場合
　には、現実に価値を喪失し又は減少した部分及び除染等の必要かつ合理的な範囲の追加的費用が賠償すべき損害と認められる。
Ⅲ）　対象区域内の財物の管理が不能等となり、又は放射性物質に曝露することにより、その

【資料1】

> 価値が喪失又は減少することを予防するため、所有者等が支出した費用は、必要かつ合理的な範囲において賠償すべき損害と認められる。

(備考)
1) Ⅰ)については、避難等に伴い、財物の管理が不能等になったため、当該財物の価値の全部又は一部が失われたと認められる場合には、その現実に価値を喪失し又は減少した部分及びこれに伴う必要かつ合理的な範囲の追加的費用（当該財物の廃棄費用、修理費用等）については、賠償すべき損害と認められる。

 但し、当該財物が商品である場合には、これを財物価値（客観的価値）の喪失又は減少等と評価するか、あるいは、営業損害としてその減収分（逸失利益）と評価するかは、個別の事情に応じて判断されるべきである。

 なお、立ち入りができないため、価値の喪失又は減少について現実に確認できないものは、蓋然性の高い状況を想定して喪失又は減少した価値を算定することが考えられる。

2) Ⅱ)の①について、本件事故により放出された放射性物質が当該財物に付着したことにより、当該財物の価値が喪失又は減少した場合には、その価値喪失分又は減少分及びこれに伴う必要かつ合理的な範囲の追加的費用（当該財物の除染費用、廃棄費用等）は賠償の対象となる。

3) Ⅱ)の②について、Ⅱ)の①のように放射性物質の付着により財物の価値が喪失又は減少したとまでは認められなくとも、財物の価値ないし価格が、当該財物の取引等を行う人の印象・意識・認識等の心理的・主観的な要素によって大きな影響を受けることにかんがみ、その種類、性質及び取引態様等から、平均的・一般的な人の認識を基準として、財物の価値が喪失又は減少したと認められてもやむを得ない場合には、その価値喪失分又は減少分及び必要かつ合理的な範囲の追加費用が賠償すべき損害となる。

4) Ⅰ)及びⅡ)について、合理的な修理、除染等の費用は、原則として当該財物の客観的価値の範囲内のものとするが、文化財、農地等代替性がない財物については、例外的に、合理的な範囲で当該財物の客観的価値を超える金額の賠償も認められ得る。

5) 損害の基準となる財物の価値は、原則として、本件事故発生時点における財物の時価に相当する額とすべきであるが、時価の算出が困難である場合には、一般に公正妥当と認められる企業会計の慣行に従った帳簿価額を基準として算出することも考えられる。

6) 不動産売買契約及び不動産賃貸借契約（以下「不動産関連契約」という。）の契約価格の下落に係る損害については、本件事故がなければ当初予定していた価格で契約が成立していたとの確実性が認められる場合は、合理的な範囲で現実の契約価格との差額につき賠償すべき損害と認められる。

 併せて、不動産関連契約の締結拒絶又は途中破棄等に係る損害については、本件事故がなければ当該契約が成立又は継続していたとの確実性が認められる場合は、合理的な範囲で賠償すべき損害と認められる。

 また、不動産を担保とする融資の拒絶による損害や不動産賃貸借における賃料の減額を行ったことによる損害等については、本件事故がなければ当該融資の拒絶や賃料の減額等が行われなかったとの確実性が認められる場合には、合理的な範囲で賠償すべき損害と認められる。

## 第4 政府による航行危険区域等及び飛行禁止区域の設定に係る損害について

[対象区域]
(1) 政府により、平成23年3月15日に航行危険区域に設定された、東京電力株式会社福島第一原子力発電所を中心とする半径30kmの円内海域（同海域のうち半径20kmの円内海域は同年4月

【資料１】

22 日に「警戒区域」にも設定され、その後の同月 25 日には、同海域全体につき航行危険区域が解除されるとともに、「警戒区域」以外の半径 20km から 30km の円内海域は「緊急時避難準備区域」に設定された。以下、これら設定の変更前後における各円内海域を併せて「航行危険区域等」という。）

(2) 政府により、平成 23 年 3 月 15 日に飛行禁止区域に設定された、東京電力株式会社福島第一原子力発電所を中心とする半径 30km の円内空域（同年 5 月 31 日には、半径 20km の円内空域に縮小。）

[損害項目]
**1　営業損害**

> （指針）
> Ⅰ）　航行危険区域等の設定に伴い、①漁業者が、対象区域内での操業又は航行を断念せざるを得なくなったため、又は、②内航海運業若しくは旅客船事業を営んでいる者等が同区域を迂回して航行せざるを得なくなったため、現実に減収があった場合又は迂回のため費用が増加した場合は、その減収分及び必要かつ合理的な範囲の追加的費用が賠償すべき損害と認められる。
> Ⅱ）　飛行禁止区域の設定に伴い、航空運送事業を営んでいる者が、同区域を迂回して飛行せざるを得なくなったため費用が増加した場合には、当該追加的費用が必要かつ合理的な範囲で賠償すべき損害と認められる。

（備考）
1）　減収分の算定方法等は、前記第 3 の 7 に同じ（但し、避難等に特有の部分は除く。）である。
2）　なお、政府による航行危険区域等又は飛行禁止区域設定の前に自主的に制限を行っていたものについては、本件事故の発生により合理的な判断に基づいて実施されたものと推認でき、これを賠償対象から除外すべき合理的な理由がない限り、当該制限に伴う減収分等も賠償すべき損害と認められる。

**2　就労不能等に伴う損害**

> （指針）
> 　航行危険区域等又は飛行禁止区域の設定により、同区域での操業、航行又は飛行が不能等となった漁業者、内航海運業者、旅客船事業者、航空運送事業者等の経営状態が悪化したため、そこで勤務していた勤労者が就労不能等を余儀なくされた場合には、かかる勤労者について、給与等の減分及び必要かつ合理的な範囲の追加的費用が賠償すべき損害と認められる。

（備考）
　減収分の算定方法等は、前記第 3 の 8 に同じ（但し、避難等に特有の部分は除く。）である。

## 第 5　政府等による農林水産物等の出荷制限指示等に係る損害について

[対象]
　農林水産物（加工品を含む。以下第 5 において同じ。）及び食品の出荷、作付けその他の生産・製造及び流通に関する制限又は農林水産物及び食品に関する検査について、政府が本件事故に関し

【資料1】

行う指示等（地方公共団体が本件事故に関し合理的理由に基づき行うもの及び生産者団体が政府又は地方公共団体の関与の下で本件事故に関し合理的理由に基づき行うものを含む。）に伴う損害を対象とする。

（備考）
1) 「政府が本件事故に関し行う指示等」には、政府が原災法に基づいて各地方公共団体の長に対して行う出荷制限指示、摂取制限指示及び作付制限指示、放牧及び牧草等の給与制限指導、食品衛生法の規定に基づく販売禁止、食品の放射性物質検査の指示等が含まれる。
2) 「地方公共団体が本件事故に関し合理的理由に基づき行うもの」には、例えば、特定の品目について暫定規制値を超える放射性物質の検出があったことを理由として、県が当該品目の生産者に対して出荷又は操業に係る自粛を要請する場合等が含まれる。
3) 「生産者団体が政府又は地方公共団体の関与の下で本件事故に関し合理的理由に基づき行うもの」には、例えば、本件事故発生県沖における航行危険区域等の設定、汚染水の排出等の事情を踏まえ、同県の漁業者団体が同県との協議に基づき操業の自粛を決定した場合等が含まれる。

[損害項目]
1 営業損害

（指針）
Ⅰ) 農林漁業者その他の同指示等の対象事業者において、同指示等に伴い、当該指示等に係る行為の断念を余儀なくされる等、その事業に支障が生じたため、現実に減収があった場合には、その減収分が賠償すべき損害と認められる。
Ⅱ) また、農林漁業者その他の同指示等の対象事業者において、上記のように事業に支障が生じたために負担した追加的費用（商品の回収費用、廃棄費用等）や、事業への支障を避けるため又は事業を変更したために生じた追加的費用（代替飼料の購入費用、汚染された生産資材の更新費用等）も、必要かつ合理的な範囲で賠償すべき損害と認められる。
Ⅲ) 同指示等の対象品目を既に仕入れ又は加工した加工・流通業者において、当該指示等に伴い、当該品目又はその加工品の販売の断念を余儀なくされる等、その事業に支障が生じたために現実に生じた減収分及び必要かつ合理的な範囲の追加的費用も賠償すべき損害と認められる。
Ⅳ) さらに、同指示等の解除後も、同指示等の対象事業者又はⅢ)の加工・流通業者において、当該指示等に伴い事業に支障が生じたため減収があった場合には、その減収分も合理的な範囲で賠償すべき損害と認められる。また、同指示等の解除後に、事業の全部又は一部の再開のために生じた追加的費用（農地や機械の再整備費、除染費用等）も、必要かつ合理的な範囲で賠償すべき損害と認められる。

（備考）
1) Ⅰ)について、例えば、農林産物の出荷制限指示は、その作付け自体を制限するものではないが、作付けから出荷までに要する期間、作付けの時点で制限解除の見通しが立たない状況等にかんがみ、その作付けの全部又は一部を断念することもやむを得ないと考えられる場合には、作付けを断念することによって生じた減収分等も、当該指示に伴う損害として賠償すべき損害と認められる。
2) 同指示等がなされる前に自主的に当該制限を行っていたものについては、本件事故の発生により合理的な判断に基づいて実施されたものと推認でき、これを賠償対象から除外すべき合理的な理由がない限り、当該制限に伴う減収分等が賠償すべき損害と認められる。

【資料１】

3) 減収分の算定方法等は、前記第3の7に同じ（但し、避難等に特有の部分は除く。）である。

## 2　就労不能等に伴う損害

（指針）
　同指示等に伴い、同指示等の対象事業者又は１Ⅲ）の加工・流通業者の経営状態が悪化したため、そこで勤務していた勤労者が就労不能等を余儀なくされた場合には、かかる勤労者について、給与等の減収分及び必要かつ合理的な範囲の追加的費用が賠償すべき損害と認められる。

（備考）
　減収分の算定方法等は、前記第3の8に同じ（但し、避難等に特有の部分は除く。）である。

## 3　検査費用（物）

（指針）
　同指示等に基づき行われた検査に関し、農林漁業者その他の事業者が負担を余儀なくされた検査費用は、賠償すべき損害と認められる。

（備考）
　取引先の要求等により検査の実施を余儀なくされた場合は、後記第7（いわゆる風評被害について）の損害となり得る。

## 第6　その他の政府指示等に係る損害について

［対象］
　前記第3ないし第5に掲げられた政府指示等のほか、事業活動に関する制限又は検査について、政府が本件事故に関し行う指示等に伴う損害を対象とする。

（備考）
　同指示等は、水に係る摂取制限指導、水に係る放射性物質検査の指導、放射性物質が検出された上下水処理等副次産物の取扱いに関する指導及び学校等の校舎・校庭等の利用判断に関する指導等をいう。

［損害項目］
### 1　営業損害

（指針）
Ⅰ）　同指示等の対象事業者において、同指示等に伴い、当該指示等に係る行為の制限を余儀なくされる等、その事業に支障が生じたため、現実に減収が生じた場合には、その減収分が賠償すべき損害と認められる。
Ⅱ）　また、同指示等の対象事業者において、上記のように事業に支障が生じたために負担した追加的費用（商品の回収費用、保管費用、廃棄費用等）や、事業への支障を避けるため又は事業を変更したために生じた追加的費用（水道事業者による代替水の提供費用、除染費用、校庭・園庭における放射線量の低減費用等）も、必要かつ合理的な範囲で賠償すべ

【資料1】

き損害と認められる。
Ⅲ） さらに、同指示等の解除後も、同指示等の対象事業者において、当該指示等に伴い事業に支障が生じたために減収があった場合には、その減収分も合理的な範囲で賠償すべき損害と認められる。また、同指示等の解除後に、事業の全部又は一部の再開のために生じた追加的費用も、必要かつ合理的な範囲で賠償すべき損害と認められる。

（備考）
1） 同指示等がなされる前に自主的に当該制限を行っていたものについては、本件事故の発生により合理的な判断に基づいて実施されたものと推認でき、これを賠償対象から除外すべき合理的な理由がない限り、当該制限に伴う減収分等が賠償すべき損害と認められる。
2） 減収分の算定方法等は、前記第3の7に同じ（但し、避難等に特有の部分は除く。）である。
3） 校庭・園庭における土壌に関して児童生徒等の受ける放射線量を低減するための措置について、少なくとも、それが政府又は地方公共団体による調査結果に基づくものであり、かつ、政府が放射線量を低減するための措置費用の一部を支援する場合には、学校等の設置者が負担した当該措置に係る追加的費用は、必要かつ合理的な範囲で賠償すべき損害と認められる。

## 2　就労不能等に伴う損害

（指針）
　同指示等に伴い、同指示等の対象事業者の経営状態が悪化したため、そこで勤務していた勤労者が就労不能等を余儀なくされた場合には、かかる勤労者について、給与等の減収分及び必要かつ合理的な範囲の追加的費用が賠償すべき損害と認められる。

（備考）
　減収分の算定方法等は、前記第3の8に同じ（但し、避難等に特有の部分は除く。）である。

## 3　検査費用（物）

（指針）
　同指示等に基づき行われた検査に関し、同指示等の対象事業者が負担を余儀なくされた検査費用は、賠償すべき損害と認められる。

（備考）
1） 同指示等がなされる前に自主的に検査を行っていたものについては、本件事故の発生により合理的な判断に基づいて実施されたものと推認でき、これを賠償対象から除外すべき合理的な理由がない限り、賠償すべき損害と認められる。
2） また、同指示等に基づくものではなく、取引先の要求等により検査の実施を余儀なくされた場合は、後記第7（いわゆる風評被害について）の損害となり得る。

【資料1】

## 第7　いわゆる風評被害について

### 1　一般的基準

(指針)
Ⅰ)　いわゆる風評被害については確立した定義はないものの、この中間指針で「風評被害」とは、報道等により広く知らされた事実によって、商品又はサービスに関する放射性物質による汚染の危険性を懸念した消費者又は取引先により当該商品又はサービスの買い控え、取引停止等をされたために生じた被害を意味するものとする。
Ⅱ)　「風評被害」についても、本件事故と相当因果関係のあるものであれば賠償の対象とする。その一般的な基準としては、消費者又は取引先が、商品又はサービスについて、本件事故による放射性物質による汚染の危険性を懸念し、敬遠したくなる心理が、平均的・一般的な人を基準として合理性を有していると認められる場合とする。
Ⅲ)　具体的にどのような「風評被害」が本件事故と相当因果関係のある損害と認められるかは、業種毎の特徴等を踏まえ、営業や品目の内容、地域、損害項目等により類型化した上で、次のように考えるものとする。
　① 　各業種毎に示す一定の範囲の類型については、本件事故以降に現実に生じた買い控え等による被害（Ⅳ）に相当する被害をいう。以下同じ。）は、原則として本件事故と相当因果関係のある損害として賠償の対象と認められるものとする。
　② 　①以外の類型については、本件事故以降に現実に生じた買い控え等による被害を個別に検証し、Ⅱ)の一般的な基準に照らして、本件事故との相当因果関係を判断するものとする。
Ⅳ)　損害項目としては、消費者又は取引先により商品又はサービスの買い控え、取引停止等をされたために生じた次のものとする。
　① 　営業損害
　　 　取引数量の減少又は取引価格の低下による減収分及び必要かつ合理的な範囲の追加的費用（商品の返品費用、廃棄費用、除染費用等）
　② 　就労不能等に伴う損害
　　 　①の営業損害により、事業者の経営状態が悪化したため、そこで勤務していた勤労者が就労不能等を余儀なくされた場合の給与等の減収分及び必要かつ合理的な範囲の追加的費用
　③ 　検査費用（物）
　　 　取引先の要求等により実施を余儀なくされた検査に関する検査費用

(備考)
1)　いわゆる風評被害という表現は、人によって様々な意味に解釈されており、放射性物質等による危険が全くないのに消費者や取引先が危険性を心配して商品やサービスの購入・取引を回避する不安心理に起因する損害という意味で使われることもある。しかしながら、少なくとも本件事故のような原子力事故に関していえば、むしろ必ずしも科学的に明確でない放射性物質による汚染の危険を回避するための市場の拒絶反応によるものと考えるべきであり、したがって、このような回避行動が合理的といえる場合には、賠償の対象となる。
　　このような理解をするならば、そもそも風評被害という表現自体を避けることが本来望ましいが、現時点でこれに代わる適切な表現は、裁判実務上もいまだ示されていない。また、この種の被害は、避難等に伴い営業を断念した場合の営業損害とは異なり、報道機関や消費者・取引先等の第三者の意思・判断・行動等が介在するという点に特徴があり、一定の特殊

な類型の被害であることは否定できない。
　したがって、上記のような誤解を招きかねない点に注意しつつ、Ⅰ）で定義した「風評被害」という表現を用いることとする。
2）　「風評被害」には、農林水産物や食品に限らず、動産・不動産といった商品一般、あるいは、商品以外の無形のサービス（例えば観光業において提供される各種サービス等）に係るものも含まれる。
3）　「風評被害」の外延は必ずしも明確ではなく、本件事故との相当因果関係は最終的には個々の事案毎に判断すべきものであるが、この中間指針では、このような被害についても、本件事故に係る紛争解決に資するため、相当因果関係が認められる蓋然性が特に高い類型や、相当因果関係を判断するに当たって考慮すべき事項を示すこととする。
　Ⅲ）①の類型に該当する損害については、それが本件事故後に生じた買い控え等による被害である場合には、それだけで本件事故と相当因果関係のある損害と推認され、原則として賠償すべき損害と認められる。
　但し、当然のことながら、賠償の対象となる「風評被害」はこれらに限定されるものではなく、Ⅲ）①の類型に該当しなかった「風評被害」（Ⅲ）②の風評被害）についても、別途、本件事故と相当因果関係があることが立証された場合には、賠償の対象となる。その場合には、例えば、客観的な統計データ等による合理的な立証方法を用いたり、Ⅲ）①の類型に該当する損害との比較を行うことが考えられる。
4）　本件事故と他原因（例えば、東日本大震災自体による消費マインドの落ち込み等）との双方の影響が認められる場合には、本件事故と相当因果関係のある範囲で賠償すべき損害と認められる。
5）　なお、「風評被害」は、上記のように当該商品等に対する危険性を懸念し敬遠するという消費者・取引先等の心理的状態に基づくものである以上、風評被害が賠償対象となるべき期間には一定の限度がある。
　一般的に言えば、「平均的・一般的な人を基準として合理性が認められる買い控え、取引停止等が収束した時点」が終期であるが、いまだ本件事故が収束していないこと等から、少なくとも現時点において一律に示すことは困難であり、当面は、客観的な統計データ等を参照しつつ、取引数量・価格の状況、具体的な買い控え等の発生状況、当該商品又はサービスの特性等を勘案し、個々の事情に応じて合理的に判定することが適当である。
6）　営業損害又は就労不能等に伴う損害における減収分の算定方法等は、前記第3の7又は第3の8に同じ（但し、避難等に特有の部分は除く。）である。

## 2　農林漁業・食品産業の風評被害

（指針）
Ⅰ）　以下に掲げる損害については、1Ⅲ）①の類型として、原則として賠償すべき損害と認められる。
　①　農林漁業において、本件事故以降に現実に生じた買い控え等による被害のうち、次に掲げる産品に係るもの。
　　ⅰ）農林産物（茶及び畜産物を除き、食用に限る。）については、福島、茨城、栃木、群馬、千葉及び埼玉の各県において産出されたもの。
　　ⅱ）茶については、ⅰ）の各県並びに神奈川及び静岡の各県において産出されたもの。
　　ⅲ）畜産物（食用に限る。）については、福島、茨城及び栃木の各県において産出されたもの。
　　ⅳ）水産物（食用及び餌料用に限る。）については、福島、茨城、栃木、群馬及び千葉の各県において産出されたもの。
　　ⅴ）花きについては、福島、茨城及び栃木の各県において産出されたもの。

【資料1】

　　　　vi) その他の農林水産物については、福島県において産出されたもの。
　　　　vii) ⅰ) ないしⅵ) の農林水産物を主な原材料とする加工品。
　　② 農業において、平成23年7月8日以降に現実に生じた買い控え等による被害のうち、少なくとも、北海道、青森、岩手、宮城、秋田、山形、福島、茨城、栃木、群馬、埼玉、千葉、新潟、岐阜、静岡、三重、島根の各道県において産出された牛肉、牛肉を主な原材料とする加工品及び食用に供される牛に係るもの。
　　③ 農林水産物の加工業及び食品製造業において、本件事故以降に現実に生じた買い控え等による被害のうち、次に掲げる産品及び食品（以下「産品等」という。）に係るもの。
　　　ⅰ) 加工又は製造した事業者の主たる事務所又は工場が福島県に所在するもの。
　　　ⅱ) 主たる原材料が①のⅰ) ないしⅵ) の農林水産物又は②の牛肉であるもの。
　　　ⅲ) 摂取制限措置（乳幼児向けを含む。）が現に講じられている水を原料として使用する食品。
　　④ 農林水産物・食品の流通業（農林水産物の加工品の流通業を含む。以下同じ。）において、本件事故以降に現実に生じた買い控え等による被害のうち、①ないし③に掲げる産品等を継続的に取り扱っていた事業者が仕入れた当該産品等に係るもの。
Ⅱ) 農林漁業、農林水産物の加工業及び食品製造業並びに農林水産物・食品の流通業において、Ⅰ) に掲げる買い控え等による被害を懸念し、事前に自ら出荷、操業、作付け、加工等の全部又は一部を断念したことによって生じた被害も、かかる判断がやむを得ないものと認められる場合には、原則として賠償すべき損害と認められる。
Ⅲ) 農林漁業、農林水産物の加工業及び食品製造業、農林水産物・食品の流通業並びにその他の食品産業において、本件事故以降に取引先の要求等によって実施を余儀なくされた農林水産物（加工品を含む。）又は食品（加工又は製造の過程で使用する水を含む。）の検査に関する検査費用のうち、政府が本件事故に関し検査の指示等を行った都道府県において当該指示等の対象となった産品等と同種のものに係るものは、原則として賠償すべき損害と認められる。
Ⅳ) Ⅰ) ないしⅢ) に掲げる損害のほか、農林漁業、農林水産物の加工業及び食品製造業、農林水産物・食品の流通業並びにその他の食品産業において、本件事故以降に現実に生じた買い控え等による被害は、個々の事例又は類型毎に、取引価格及び取引数量の動向、具体的な買い控え等の発生状況等を検証し、当該産品等の特徴（生産・流通の実態を含む。）、その産地等の特徴（例えばその所在地及び本件事故発生地からの距離）、放射性物質の検査計画及び検査結果、政府等による出荷制限指示（県による出荷自粛要請を含む。以下同じ。）の内容、当該産品等の生産・製造に用いられる資材の汚染状況等を考慮して、消費者又は取引先が、当該産品等について、本件事故による放射性物質による汚染の危険性を懸念し、敬遠したくなる心理が、平均的・一般的な人を基準として合理性を有していると認められる場合には、本件事故との相当因果関係が認められ、賠償の対象となる。

(備考)
1) 農林水産物及び食品については、
　① 農林水産物は、農地、漁場等で生育する動植物であり、放射性物質による土地や水域の汚染の危険性への懸念が、これらへの懸念に直結する傾向があること
　② 特に食品は、消費者が摂取により体内に取り入れるものであることから、放射性物質による内部被曝を恐れ、特に敏感に敬遠する傾向があること
　③ また、食品は、日常生活に不可欠なものであり、かつ、通常はさほど高価なものではないから、東日本大震災自体による消費マインドの落ち込みという原因で買い控え等に至ることは通常は考えにくいこと
　④ 花き等は、収穫後洗浄されない状態で流通し、消費者が身近で使用すること等から、接

【資料1】

触を懸念する傾向があること
　　⑤　一般に農林水産物も食品も、代替品として他の生産地の物を比較的容易に入手できるので、それに対応して、買い控え等も比較的容易に起こりやすいこと
等の特徴があることから、一定の範囲において、消費者や取引先が放射性物質による汚染の危険性を懸念し買い控え等を行うことも、平均的・一般的な人を基準として合理性があると考えられる。
2）　農林漁業及び食品産業においては、本件事故以降これまでの取引価格及び取引数量の動向、具体的な買い控えの事例等に関する調査の結果、多くの品目及び地域において買い控え等による被害が生じていることが確認された。このうち、一部の対象品目につき暫定基準値を超える放射性物質が検出されたため政府等による出荷制限指示があった区域については、その対象品目に限らず同区域内で生育した同一の類型（農林産物、畜産物、水産物等）の農林水産物につき、同指示等の解除後一定期間を含め、消費者や取引先が放射性物質の付着及びこれによる内部被曝等を懸念し、取引等を敬遠するという心情に至ったとしても、平均的・一般的な人を基準として合理性があると認められる。同指示等があった区域以外でも、一定の地域については、その地理的特徴（特に本件事故発生地との距離、同指示等があった区域との地理的関係）、その産品の流通実態（特に産地表示）等から、同様の心情に至ったとしてもやむを得ない場合があると認められる。
3）　また、平成23年7月8日以降、牛肉やその生産に用いられた稲わらから暫定規制値等を超える放射性物質が検出され、これを契機に牛肉について多くの地域において買い控え等による被害が生じていることが確認された。この場合、放射性物質により汚染された稲わら等（具体的には、暫定許容値を超える放射性物質が検出されたもの）が牛の飼養に用いられた等の事情がある都道府県で産出された牛肉については、消費者や取引先がその汚染の危険性を懸念し買い控え等を行うことも、平均的・一般的な人を基準として合理性があると考えられる。なお、Ⅰ）②では、このような都道府県として17の道県を挙げているが、これは、平成23年7月29日までに報告された当該稲わら等の流通・使用状況、当該道県産の牛肉の取引価格の動向等によるものであり、これ以外の都道府県について、Ⅰ）②に挙げられた道県と同様の状況であることが確認された場合は、これらの道県と同様に扱われるべきである。
4）　農林水産物の加工業及び食品製造業では、消費者や取引先が懸念する農林水産物を主な原材料とする食品等の加工品（当該農林水産物の原材料に占める重量の割合が概ね50％以上であることを目安とする。）について、消費者や取引先が同様の懸念を有するとしても、合理性があると認められる。この他、その主たる事務所や工場の所在地、原料として使用する水を原因として、消費者や取引先が取引等を敬遠する心情に至ったとしても合理性がある場合が認められる。
5）　農林水産物・食品の流通業では、風評被害に係る産品等を継続的に取り扱っていた事業者に生じた既に仕入れた当該産品等に係る被害については、買い控え等による被害を回避することが困難である点で、農林漁業者や加工業者・食品製造業者に生じた風評被害と同様と認められる。
6）　なお、風評被害に係る産品等の仕入れができなかったことにより加工・流通業者に生じた損害については、後記第8のいわゆる間接被害として賠償の対象となるかどうかが判断される。
7）　Ⅱ）の趣旨は、出荷、操業、作付け、加工等には費用がかかることから、買い控え等による被害を回避又は軽減するため、事前に自らこれらの全部又は一部を断念することが合理的と考えられる場合に、賠償の対象と認めるものである。
8）　Ⅲ）によって賠償の対象となる検査費用には、例えば、政府の指導によって水道水の放射性物質の検査を行っている都県において、食品の製造の過程で使用する水について、取引先からの要求等によって検査を行った場合の費用が含まれる。
9）　Ⅳ）は、Ⅰ）からⅢ）までに該当しない被害について、1Ⅲ）②の類型として個別に検証

【資料1】

する場合、相当因果関係を判断するに当たって考慮すべき事項を示すものである。

### 3　観光業の風評被害

(指針)
Ⅰ)　観光業については、本件事故以降、全国的に減収傾向が見られるところ、本件事故以降、現実に生じた被害のうち、少なくとも本件事故発生県である福島県のほか、茨城県、栃木県及び群馬県に営業の拠点がある観光業については、消費者等が本件事故及びその後の放射性物質の放出を理由に解約・予約控え等をする心理が、平均的・一般的な人を基準として合理性を有していると認められる蓋然性が高いことから、本件事故後に観光業に関する解約・予約控え等による減収等が生じていた事実が認められれば、1Ⅲ)①の類型として、原則として本件事故と相当因果関係のある損害と認められる。

Ⅱ)　Ⅰ)に加えて、外国人観光客に関しては、我が国に営業の拠点がある観光業について、本件事故の前に予約が既に入っていた場合であって、少なくとも平成23年5月末までに通常の解約率を上回る解約が行われたことにより発生した減収等については、1Ⅲ)①の類型として、原則として本件事故と相当因果関係のある損害として認められる。

Ⅲ)　但し、観光業における減収等については、東日本大震災による影響の蓋然性も相当程度認められるから、損害の有無の認定及び損害額の算定に当たってはその点についての検討も必要である。この検討に当たっては、例えば、本件事故による影響が比較的少ない地域における観光業の解約・予約控え等の状況と比較するなどして、合理的な範囲で損害の有無及び損害額につき推認をすることが考えられる。

(備考)
1)　いわゆる「観光業」については、
①　ホテル、旅館、旅行業等の宿泊関連産業から、レジャー施設、旅客船等の観光産業やバス、タクシー等の交通産業、文化・社会教育施設、観光地での飲食業や小売業等までも含み得るが、これらの業種に関して観光客が売上に寄与している程度は様々である
②　風評被害は、旅行の態様や地域によって程度の差があり、売上に影響している程度は様々である
ことを風評被害の検討に当たり考慮する必要があるが、本件事故以降これまでの旅行者数の動向、宿泊のキャンセル事例等に関する調査の結果、福島県を含む一定の地域を中心に解約・予約控え等による被害が生じていることが確認された。

　観光業の特性として、観光客が地域に足を運ぶことを前提とすることから、上記調査や旅行意識に係る調査等を踏まえると、本件事故発生県である福島県のほか、茨城県、栃木県及び群馬県において、放射性物質による被曝を懸念し、観光を敬遠するという心情に至ったとしても、原則として平均的・一般的な人を基準として合理性があると認められる。また、ひとたび風評被害が生じると当該地域の観光業全体に影響を与える傾向が認められるため、観光客が来ないことによる影響は当該地域の観光業全体に対し、様々な影響を与え得ると認められる。

2)　さらに、これまでの調査の結果、本件事故以降外国人観光客の訪日キャンセルによる被害が生じていることが確認された。外国人観光客については、本件事故発生直後から、国際機関等において、本邦が渡航先として安全であるとの情報が提供されてきた一方で、一般に海外に在住する外国人には日本人との間に情報の格差があること、渡航自粛勧告等の措置を講じた国もあることから、少なくとも本件事故当時に既に予約が成立しており、しかも本件事故発生からまだ間がない一定の期間内においてキャンセルがされたものについては、外国人観光客が訪日を控えるという心情に至ることには平均的・一般的な人を基準として合理性が

あると認められる。その一定の期間については、各国の渡航自粛勧告等がある程度緩和されたと認められる平成23年5月末までとすることが合理的と考えられる。なお、観光業におけるキャンセルは通常の場合でも一定程度生ずることは不可避と思われることから、通常の解約率を上回る解約が行われた部分についてのみ、原則として本件事故との相当因果関係が認められる。

3) 観光業における風評被害については、1) ①及び②のとおり様々な事情が影響していることから、損害の判断に当たっては、個別具体的に判断せざるを得ない。特に、観光業は、特定の地域等において営まれている形態であり、地域ごとの事情も様々である。それゆえ、観光業における風評被害については、上記のとおり、1Ⅲ）①に該当する類型を定めることとするが、これらの類型に属さないものであっても、観光業者における個別具体的な事情にかんがみ、現実に生じた解約・予約控え等による被害について、地域等を問わず個別に、本件事故により放射性物質による汚染の危険性を懸念し、敬遠したくなる心理が、平均的・一般的な人を基準として合理性を有していると認められる場合には、本件事故との相当因果関係が認められる。例えば、I) の地域以外に営業の拠点がある観光業であっても、福島県との地理的近接性や当該観光業の活用する観光資源の特徴等の個別具体的な事情によっては、本件事故を理由とする解約・予約控え等による減収等が生じていた事実が認められれば、本件事故と相当因果関係のある損害として認められ得る。

## 4 製造業、サービス業等の風評被害

(指針)
Ⅰ) 前記2及び3に掲げるもののほか、製造業、サービス業等において、本件事故以降に現実に生じた買い控え、取引停止等による被害のうち、以下に掲げる損害については、1Ⅲ）①の類型として、原則として本件事故との相当因果関係が認められる。
① 本件事故発生県である福島県に所在する拠点で製造、販売を行う物品又は提供するサービス等に関し、当該拠点において発生したもの
② サービス等を提供する事業者が来訪を拒否することによって発生した、本件事故発生県である福島県に所在する拠点における当該サービス等に係るもの
③ 放射性物質が検出された上下水処理等副次産物の取扱いに関する政府による指導等につき、
　ⅰ) 指導等を受けた対象事業者が、当該副次産物の引き取りを忌避されたこと等によって発生したもの
　ⅱ) 当該副次産物を原材料として製品を製造していた事業者の当該製品に係るもの
④ 水の放射性物質検査の指導を行っている都県において、事業者が本件事故以降に取引先の要求等によって実施を余儀なくされた検査に係るもの（但し、水を製造の過程で使用するもののうち、食品添加物、医薬品、医療機器等、人の体内に取り入れられるなどすることから、消費者及び取引先が特に敏感に敬遠する傾向がある製品に関する検査費用に限る。）
Ⅱ) なお、海外に在住する外国人が来訪して提供する又は提供を受けるサービス等に関しては、我が国に存在する拠点において発生した被害（外国船舶が我が国の港湾への寄港又は福島県沖の航行を拒否したことによって、我が国の事業者に生じたものを含む。）のうち、本件事故の前に既に契約がなされた場合であって、少なくとも平成23年5月末までに解約が行われたこと（寄港又は航行が拒否されたことを含む。）により発生した減収分及び追加的費用については、1Ⅲ）①の類型として、原則として本件事故と相当因果関係のある損害として認められる。
Ⅲ) 但し、Ⅰ) 及びⅡ) の検討に当たっては、例えば、サービス等を提供する事業者が福島県への来訪を拒否することによって発生する損害については、東日本大震災による影響の

【資料1】

> 蓋然性も相当程度認められるから、損害の有無の認定及び損害額の算定に当たってはその点についての検討も必要である。

（備考）
1) 製造業、サービス業等においては、これまでの具体的な買い控えの事例等に関する調査の結果、福島県で製造されたり提供されたりする物品やサービス等に関する被害や、サービス等を提供する事業者が福島県への来訪を拒否することによる被害が確認された。本件事故の状況にかんがみれば、消費者や取引先が放射性物質による汚染の危険性を懸念し、これら福島県で製造されたり提供されたりする物品やサービス等につき、買い控え等を行うことや、福島県への来訪を拒否することも、平均的・一般的な人を基準として合理性があると考えられる。また、外国人の来訪については、前記3の（備考）の2）に同じである。
2) 一方で、製造業、サービス業等においてはいわゆる下請取引が見られるが、福島県に下請事業者が所在することを専らの理由として、親事業者が下請事業者の納入した商品の受領を拒むこと又は一旦商品を受領した後にその商品を引き取らせることは、下請代金支払遅延等防止法に違反するおそれがあることや、平成23年4月22日の経済産業大臣による下請中小企業との取引に関する配慮の要請等が出されていることに留意する必要がある。
3) Ⅱ)の「外国船舶が我が国の港湾への寄港を拒否したこと」には、外国船舶が我が国のある港湾への寄港を拒否して我が国の別の港湾に寄港したことが含まれる。

5 輸出に係る風評被害

（指針）
Ⅰ) 我が国の輸出品並びにその輸送に用いられる船舶及びコンテナ等について、本件事故以降に輸出先国の要求（同国政府の輸入規制及び同国の取引先からの要求を含む。）によって現実に生じた必要かつ合理的な範囲の検査費用（検査に伴い生じた除染、廃棄等の付随費用を含む。以下（備考）の3において同じ。）や各種証明書発行費用等は、当面の間、1Ⅲ)①の類型として、原則として本件事故との相当因果関係が認められる。
Ⅱ) 我が国の輸出品について、本件事故以降に輸出先国の輸入拒否（同国政府の輸入規制及び同国の取引先の輸入拒否を含む。）がされた時点において、既に当該輸出先国向けに輸出され又は生産・製造されたもの（生産・製造途中のものを含む。）に限り、当該輸入拒否によって現実に廃棄、転売又は生産・製造の断念を余儀なくされたため生じた減収分及び必要かつ合理的な範囲の追加的費用は、1Ⅲ)①の類型として、原則として本件事故との相当因果関係が認められる。

（備考）
1) 本件事故以降、我が国の輸出に関し生じている被害は、外国政府の輸入規制が介在する場合を含めて一般的には、外国人が我が国の輸出品について放射性物質による汚染を懸念し、これを敬遠することによって生じているものと言え、いわゆる風評被害の一類型と考えることができる。
2) 輸出に係る被害についても、風評被害が平均的・一般的な人を基準に判断の合理性を問題にする以上、日本人の消費者又は取引先を想定した場合と同じ範囲で「風評被害」を認めることを基本として考えることが適当である。しかしながら、一般に海外に在住する外国人には日本人との間に情報の格差があること、外国政府の輸入規制など国内取引とは異なる事情があること等から、輸出に係る被害については、一定の損害項目や時期に限定して、国内取引よりは広く賠償の対象と認めることが適当である。

3) 海外に在住する外国人と日本人との間の情報の格差や、輸入拒否による損害の発生を回避する必要性等にかんがみれば、我が国からの輸出品等について、検査や産地証明書等の各種証明書を求める心理は一般的には合理性を有していると認められる。したがって、本件事故が収束していない現状においては、当面の間、我が国からの輸出品全般についてそのような検査費用や各種証明書発行費用等は、原則として賠償すべき損害と認められる。
4) 一方、情報の格差等があるからといって、検査や各種証明書の発行等を要求するにとどまらず、広く我が国からの輸出品全般について輸入を拒否する心理についてまで、一般的に合理性を認めることは困難である。また、輸入拒否を受けた我が国の事業者においても、一般的には、別の国又は国内において販売するなど被害を回避又は減少させる措置を執ることを期待し得る。したがって、輸入拒否については、基本的に、日本人の消費者又は取引先を想定した場合と同じ範囲でのみ原則として本件事故と相当因果関係のある「風評被害」と認められる。但し、被害を受けた我が国の事業者において、当該輸入先国による輸入拒否がされる以前に既に輸出し、又は当該国に対する輸出用に既に生産・製造をし、若しくは生産・製造を開始していた輸出品については、当該輸入拒否による損害を回避することは困難であることから、この場合の損害に限って原則として相当因果関係のある「風評被害」と認めることが適当である。また、その場合であっても、上述のとおり、我が国の事業者においても損害回避措置が期待されるところから、例えば輸入拒否を知り得て輸出した場合に生じた被害は損害として認められない。
5) Ⅱ)の「当該輸出先国向けに生産・製造されたもの(生産・製造途中のものを含む。)」とは、当該輸出品の種類、品質、規格、包装、生産・製造方法等を特に当該輸出先国向けとしていることから、当該国以外への転売が困難であるか又は転売すれば減収や追加的費用が生じるものを意味するものとする。

## 第8 いわゆる間接被害について

(指針)
Ⅰ) この中間指針で「間接被害」とは、本件事故により前記第3ないし第7で賠償の対象と認められる損害(以下「第一次被害」という。)が生じたことにより、第一次被害を受けた者(以下「第一次被害者」という。)と一定の経済的関係にあった第三者に生じた被害を意味するものとする。
Ⅱ) 「間接被害」については、間接被害を受けた者(以下「間接被害者」という。)の事業等の性格上、第一次被害者との取引に代替性がない場合には、本件事故と相当因果関係のある損害と認められる。その具体的な類型としては、例えば次のようなものが挙げられる。
  ① 事業の性質上、販売先が地域的に限られている事業者の被害であって、販売先である第一次被害者の避難、事業休止等に伴って必然的に生じたもの。
  ② 事業の性質上、調達先が地域的に限られている事業者の被害であって、調達先である第一次被害者の避難、事業休止等に伴って必然的に生じたもの。
  ③ 原材料やサービスの性質上、その調達先が限られている事業者の被害であって、調達先である第一次被害者の避難、事業休止等に伴って必然的に生じたもの。
Ⅲ) 損害項目としては、次のものとする。
  ① 営業損害
    第一次被害が生じたために間接被害者において生じた減収分及び必要かつ合理的な範囲の追加的費用
  ② 就労不能等に伴う損害
    ①の営業損害により、事業者である間接被害者の経営が悪化したため、そこで勤務していた勤労者が就労不能等を余儀なくされた場合の給与等の減収分及び必要かつ合理的

【資料１】

> な範囲の追加的費用

(備考)
1) Ⅱ)に例として挙げた類型以外にも、本件事故によって生じた被害を個別に検証し、間接被害者の事業等の性格上、第一次被害者との取引に代替性がない場合には、本件事故との相当因果関係が認められる。例えば、第一次被害者との取引が法令により義務付けられている間接被害者において、一次被害者との取引に伴って必然的に生じた被害についても、相当因果関係が認められる。
2) Ⅱ)の③については、事業者には、一般に、取引におけるリスクを分散する取組みをあらかじめ講じておくことが期待されるため、「原材料やサービスの性質上、その調達先が限られている」場合とは、そのような事前のリスク分散が不可能又は著しく困難な場合、例えば、ある製品に不可欠な原材料が特殊な製法等を用いて第一次被害者で生産されているため、同種の原材料を他の事業者から調達することが不可能又は著しく困難な場合などが考えられる。この場合でも、一定の時間が経過すれば、材料・サービスの変更をするなどして、被害の回復を図ることが可能であると考えられるため、賠償対象となるべき期間には限度があると考えられる。
3) なお、必ずしもⅠ)で定義する間接被害には当たらないが、第三者が、本来は第一次被害者又は加害者が負担すべき費用を代わって負担した場合は、賠償の対象となる。

## 第９　放射線被曝による損害について

> (指針)
> 本件事故の復旧作業等に従事した原子力発電所作業員、自衛官、消防隊員、警察官又は住民その他の者が、本件事故に係る放射線被曝による急性又は晩発性の放射線障害により、傷害を負い、治療を要する程度に健康状態が悪化し、疾病にかかり、あるいは死亡したことにより生じた逸失利益、治療費、薬代、精神的損害等は賠償すべき損害と認められる。

(備考)
1) ここで示した「生命・身体的損害を伴う精神的損害」の額は、前記第３の６の場合とは異なり、生命・身体の損害の程度等に従って個別に算定されるべきである。
2) 放射線被曝による生命・身体的損害については、晩発性の放射線障害も考えられるが、本件事故に係る放射線に曝露したことが原因であれば、これも賠償すべき損害と認められる。

## 第10　その他

### １　被害者への各種給付金等と損害賠償金との調整について

> (指針)
> 本件事故により原子力損害を被った者が、同時に本件事故に起因して損害と同質性がある利益を受けたと認められる場合には、その利益の額を損害額から控除すべきである。

(備考)
1) 一般の不法行為法上、被害者が不法行為によって損害を被ると同時に、同一の原因によっ

【資料1】

て利益を受けた場合には、損害と利益との間に同質性がある限り、その利益の額を加害者が賠償すべき損害額から控除すること（損益相殺の法理）が認められている。
2） 具体的にどのような利益が損害額から控除されるべきかについては、個々の利益毎に損害との同質性の有無を判断していくほかないが、少なくとも、以下のものについては、それぞれに掲げた損害額から控除されるべきであると考えられる。なお、この際、同質性のある利益を損害賠償金から控除することができるのは、既に被害者に支払われた、あるいはそれと同視し得る程度に支払われることが確実である利益に限られ、将来受けるであろう利益の額まで控除することはできない。
① 労働者災害補償保険法及び厚生年金保険法に基づく各種保険給付（前者については、附帯事業として支給される特別支給金を除く。）並びに国民年金法に基づく各種給付（死亡一時金を除く。）
同質性の認められる損害に限り、各種逸失利益の金額から控除する。
② 国家公務員災害補償法及び地方公務員災害補償法に基づく各種補償金並びに国家公務員共済組合法及び地方公務員等共済組合法に基づく各種長期給付
同質性の認められる損害に限り、各種逸失利益の金額から控除する。
3） また、以下のものについては、損益相殺の対象となるものではないが、それぞれに掲げた損害額から控除されるべきであると考えられる。
③ 地方公共団体から被害者に支払われた宿泊費又は賃貸住宅の家賃に関する補助
避難費用の金額から控除する。
④ 賃金の支払の確保等に関する法律に基づき立替払がなされた未払賃金
就労不能等に伴う損害の金額から控除する。
⑤ 損害保険金
財物価値の喪失又は減少等の金額から控除する。
4） 他方、少なくとも、以下のものについては、損害額から控除されるべきではないと考えられる。
⑥ 生命保険金
⑦ 労働者災害補償保険法に基づく附帯事業として支給される特別支給金
⑧ 国民年金法に基づく死亡一時金
⑨ 雇用保険法に基づく失業等給付
⑩ 災害弔慰金の支給等に関する法律に基づく災害弔慰金及び災害障害見舞金（損害を塡補する目的である部分を除く。）
⑪ 各種義援金
5） なお、被害者が、東京電力株式会社に対する損害賠償請求と各種給付金等の請求のいずれをも行うことができる場合には、当該被害者はいずれの請求を先に行うことも可能である。

## 2 地方公共団体等の財産的損害等

(指針)
　地方公共団体又は国（以下「地方公共団体等」という。）が所有する財物及び地方公共団体等が民間事業者と同様の立場で行う事業に関する損害については、この中間指針で示された事業者等に関する基準に照らし、本件事故と相当因果関係が認められる限り、賠償の対象となるとともに、地方公共団体等が被害者支援等のために、加害者が負担すべき費用を代わって負担した場合も、賠償の対象となる。

(備考)
1） 地方公共団体等が被った損害のうち、地方公共団体等が所有する財物の価値の喪失又は減

【資料１】

　　　少等に関する損害及び地方公共団体等が民間事業者と同様の立場で行う事業（水道事業、下水道事業、病院事業等の地方公共団体等の経営する企業及び収益事業等）に関する損害については、個人又は私企業が被った損害と別異に解する理由が認められないことから、この中間指針で示された事業者等に関する基準に照らして、賠償すべき損害の範囲が判断されることとなる。加えて、地方公共団体等が被害者支援等のために、加害者が負担すべき費用を代わって負担した場合も、前記第８の（備考）３）で述べたことと同様に、賠償の対象となる。なお、地方公共団体等が被ったそれ以外の損害についても、個別具体的な事情に応じて賠償すべき損害と認められることがあり得る。

２）　他方、本件事故に起因する地方公共団体等の税収の減少については、法律・条例に基づいて権力的に賦課、徴収されるという公法的な特殊性がある上、いわば税収に関する期待権が損なわれたにとどまることから、地方公共団体等が所有する財物及び地方公共団体等が民間事業者と同様の立場で行う事業に関する損害等と同視することはできない。これに加え、地方公共団体等が現に有する租税債権は本件事故により直接消滅することはなく、租税債務者である住民や事業者等が本件事故による損害賠償金を受け取れば原則としてそこに担税力が発生すること等にもかんがみれば、特段の事情がある場合を除き、賠償すべき損害とは認められない。

(以上)

【資料2】

東京電力株式会社福島第一、第二原子力発電所事故による原子力損害の範囲の判定等に関する中間指針追補（自主的避難等に係る損害について）

平成23年12月6日
原子力損害賠償紛争審査会

## 第1　はじめに

### 1　自主的避難等の現状等

　原子力損害賠償紛争審査会（以下「本審査会」という。）は、平成23年8月5日に決定・公表した「東京電力株式会社福島第一、第二原子力発電所事故による原子力損害の範囲の判定等に関する中間指針」（以下「中間指針」という。）において、政府による避難等の指示等（以下「避難指示等」という。）に係る損害の範囲に関する考え方を示したが、その際、避難指示等に基づかずに行った避難（以下「自主的避難」という。）に係る損害については、引き続き検討することとした。
　本審査会において、関係者へのヒアリングを含めて調査・検討を行った結果、中間指針第3の避難指示等の対象区域（以下「避難指示等対象区域」という。）の周辺地域では自主的避難をした者が相当数存在していることが確認された。
　自主的避難に至った主な類型としては、①東京電力株式会社福島第一原子力発電所及び福島第二原子力発電所における事故（以下「本件事故」という。）発生当初の時期に、自らの置かれている状況について十分な情報がない中で、東京電力株式会社福島第一原子力発電所の原子炉建屋において水素爆発が発生したことなどから、大量の放射性物質の放出による放射線被曝への恐怖や不安を抱き、その危険を回避しようと考えて避難を選択した場合、及び②本件事故発生からしばらく経過した後、生活圏内の空間放射線量や放射線被曝による影響等に関する情報がある程度入手できるようになった状況下で、放射線被曝への恐怖や不安を抱き、その危険を回避しようと考えて避難を選択した場合が考えられる。
　同時に、当該地域の住民は、そのほとんどが自主的避難をせずにそれまでの住居に滞在し続けており、これら避難をしなかった者が抱き続けたであろう上記の恐怖や不安も無視することはできないと考えられる（以下、当該地域の住民による自主的避難と滞在を併せて「自主的避難等」という。）。

### 2　基本的考え方

　上記の自主的避難等の現状を踏まえて、この度の中間指針の追補（以下「中間指針追補」という。）においては、中間指針の対象となった避難指示等に係る損害以外の損害として、自主的避難等に係る損害について示すこととする。
　本件事故と自主的避難等に係る損害との相当因果関係の有無は、最終的には個々の事案毎に判断すべきものであるが、中間指針追補では、本件事故に係る損害賠償の紛争解決を促すため、賠償が認められるべき一定の範囲を示すこととする。
　なお、中間指針追補で対象とされなかったものが直ちに賠償の対象とならないというものではなく、個別具体的な事情に応じて相当因果関係のある損害と認められることがあり得る。

## 第2　自主的避難等に係る損害について

［自主的避難等対象区域］
　下記の福島県内の市町村のうち避難指示等対象区域を除く区域（以下「自主的避難等対象区域」という。）とする。

265

【資料2】

(県北地域)
　福島市、二本松市、伊達市、本宮市、桑折町、国見町、川俣町、大玉村

(県中地域)
　郡山市、須賀川市、田村市、鏡石町、天栄村、石川町、玉川村、平田村、浅川町、古殿町、三春町、小野町

(相双地域)
　相馬市、新地町

(いわき地域)
　いわき市

(備考)
1) 前記第1(はじめに)の1で示したように、本件事故を受けて自主的避難に至った主な類型は2種類考えられるが、いずれの場合もこのような恐怖や不安は、東京電力株式会社福島第一原子力発電所の状況が安定していない等の状況下で、同発電所からの距離、避難指示等対象区域との近接性、政府や地方公共団体から公表された放射線量に関する情報、自己の居住する市町村の自主的避難の状況(自主的避難者の多寡など)等の要素が複合的に関連して生じたと考えられる。以上の要素を総合的に勘案すると、少なくとも中間指針追補の対象となる自主的避難等対象区域においては、住民が放射線被曝への相当程度の恐怖や不安を抱いたことには相当の理由があり、また、その危険を回避するために自主的避難を行ったことについてもやむを得ない面がある。
2) 自主的避難等の事情は個別に異なり、損害の内容も多様であると考えられるが、中間指針追補では、下記の[対象者]に対し公平に賠償すること、及び可能な限り広くかつ早期に救済するとの観点から、一定の自主的避難等対象区域を設定した上で、同対象区域に居住していた者に少なくとも共通に生じた損害を示すこととする。
3) 上記自主的避難等対象区域以外の地域についても、下記の[対象者]に掲げる場合には賠償の対象と認められ、さらに、それ以外の場合においても個別具体的な事情に応じて賠償の対象と認められ得る。

[対象者]
　本件事故発生時に自主的避難等対象区域内に生活の本拠としての住居(以下「住居」という。)があった者(本件事故発生後に当該住居から自主的避難を行った場合、本件事故発生時に自主的避難等対象区域外に居り引き続き同区域外に滞在した場合、当該住居に滞在を続けた場合等を問わない。以下「自主的避難等対象者」という。)とする。
　また、本件事故発生時に避難指示等対象区域内に住居があった者についても、中間指針第3の[損害項目]の6の精神的損害の賠償対象とされていない期間並びに子供及び妊婦が自主的避難等対象区域内に避難して滞在した期間(本件事故発生当初の時期を除く。)は、自主的避難等対象者の場合に準じて賠償の対象とする。

(備考)
1) 損害賠償請求権は個々人につき発生するものであるから、損害の賠償についても、個々人に対してなされるべきである。
2) 本件事故発生時に避難指示等対象区域内に住居があった者についても、自主的避難等対象者と同様の損害を被っていると認められる場合には、同様に賠償の対象とすべきと考えられる。この場合、中間指針による賠償と重複しない限りにおいて中間指針追補による賠償の対象とすべきであるから、中間指針第3の[損害項目]の6の精神的損害の賠償対象とされていない期間(例えば、平成23年4月22日の緊急時避難準備区域の指定以降、同区域から避

難せずに滞在した期間や、同区域の指定解除後に帰還した後の期間）が対象となる。一方、避難指示等対象区域内に居住していた者が、本件事故に起因して自主的避難等対象区域内に避難し、同区域内に引き続き長期間滞在した場合、当該避難期間については中間指針で精神的損害の賠償対象とされているが、これは避難生活等を長期間余儀なくされたことによる精神的損害であり、自主的避難等対象区域内の住居に滞在し続ける者（以下「滞在者」という。）としての精神的損害とは質的に異なる面があるから、中間指針追補の対象ともすべきである（具体的には、自主的避難等対象区域内に避難して滞在した子供及び妊婦が該当する。後記［損害項目］の（指針）Ⅲ）及び（備考）3）参照。）。

3） 上記の［対象者］以外の者についても、個別具体的な事情に応じて賠償の対象と認められ得る。

［損害項目］
（指針）
Ⅰ） 自主的避難等対象者が受けた損害のうち、以下のものが一定の範囲で賠償すべき損害と認められる。
　① 放射線被曝への恐怖や不安により自主的避難等対象区域内の住居から自主的避難を行った場合（本件事故発生時に自主的避難等対象区域外に居り引き続き同区域外に滞在した場合を含む。以下同じ。）における以下のもの。
　　ⅰ） 自主的避難によって生じた生活費の増加費用
　　ⅱ） 自主的避難により、正常な日常生活の維持・継続が相当程度阻害されたために生じた精神的苦痛
　　ⅲ） 避難及び帰宅に要した移動費用
　② 放射線被曝への恐怖や不安を抱きながら自主的避難等対象区域内に滞在を続けた場合における以下のもの。
　　ⅰ） 放射線被曝への恐怖や不安、これに伴う行動の自由の制限等により、正常な日常生活の維持・継続が相当程度阻害されたために生じた精神的苦痛
　　ⅱ） 放射線被曝への恐怖や不安、これに伴う行動の自由の制限等により生活費が増加した分があれば、その増加費用
Ⅱ） Ⅰ）の①のⅰ）ないしⅲ）に係る損害額並びに②のⅰ）及びⅱ）に係る損害額については、いずれもこれらを合算した額を同額として算定するのが、公平かつ合理的な算定方法と認められる。
Ⅲ） Ⅱ）の具体的な損害額の算定に当たっては、①自主的避難等対象者のうち子供及び妊婦については、本件事故発生から平成23年12月末までの損害として一人40万円を目安とし、②その他の自主的避難等対象者については、本件事故発生当初の時期の損害として一人8万円を目安とする。
Ⅳ） 本件事故発生時に避難指示等対象区域内に住居があった者については、賠償すべき損害は自主的避難等対象者の場合に準じるものとし、具体的な損害額の算定に当たっては以下のとおりとする。
　① 中間指針第3の［損害項目］の6の精神的損害の賠償対象とされていない期間については、Ⅲ）に定める金額がⅢ）の①及び②における対象期間に応じた目安であることを勘案した金額とする。
　② 子供及び妊婦が自主的避難等対象区域内に避難して滞在した期間については、本件事故発生から平成23年12月末までの損害として一人20万円を目安としつつ、これらの者が中間指針追補の対象となる期間に応じた金額とする。

（備考）
1） 本件事故に起因して自主的避難等対象区域内の住居から自主的避難を行った者は、主とし

【資料２】

て自宅以外での生活による生活費の増加費用並びに避難及び帰宅に要した移動費用が生じ、併せてこうした避難生活によって一定の精神的苦痛を被っていると考えられることから、少なくともこれらについては賠償すべき損害と観念することが可能である。また、滞在者は、主として放射線被曝への恐怖や不安やこれに伴う行動の自由の制限等を余儀なくされることによる精神的苦痛を被っており、併せてこうした不安等によって生活費の増加費用も生じている場合があると考えられることから、少なくともこれらについては賠償すべき損害と観念することが可能である。

2) 賠償すべき損害額については、自主的避難が、避難指示等により余儀なくされた避難とは異なることから、これに係る損害について避難指示等の場合と同じ扱いとすることは、必ずしも公平かつ合理的ではない。

一方、自主的避難者と滞在者とでは、現実に被った精神的苦痛の内容及び程度並びに現実に負担した費用の内容及び額に差があることは否定できないものの、いずれも自主的避難等対象区域内の住居に滞在することに伴う放射線被曝への恐怖や不安に起因して発生したものであること、当該滞在に伴う精神的苦痛等は自主的避難によって解消されるのに対し、新たに避難生活に伴う生活費増加等が生じるという相関関係があること、自主的避難等対象区域内の住民の中には諸般の事情により滞在を余儀なくされた者もいるであろうこと、広範囲に居住する多数の自主的避難等対象者につき、自主的避難者と滞在者を区別し、個別に自主的避難の有無及び期間等を認定することは実際上極めて困難であり、早期の救済が妨げられるおそれがあること等を考慮すれば、自主的避難者か滞在者かの違いにより金額に差を設けることは公平かつ合理的とは言い難い。

こうした事情を考慮して、精神的損害と生活費の増加費用等を一括して一定額を算定するとともに、自主的避難者と滞在者の損害額については同額とすることが妥当と判断した。

3) 自主的避難等対象者の属性との関係については、特に本件事故発生当初において、大量の放射性物質の放出による放射線被曝への恐怖や不安を抱くことは、年齢等を問わず一定の合理性を認めることができる。その後においても、少なくとも子供及び妊婦の場合は、放射線への感受性が高い可能性があることが一般に認識されていること等から、比較的低線量とはいえ通常時より相当程度高い放射線量による放射線被曝への恐怖や不安を抱くことについては、人口移動により推測される自主的避難の実態からも、一定の合理性を認めることができる。

このため、自主的避難等対象者のうち子供及び妊婦については、本件事故発生から平成23年12月末までを、また、その他の自主的避難等対象者については、本件事故発生当初の時期を、それぞれ賠償の対象期間として算定することが妥当と判断した。なお、平成24年1月以降に関しては、今後、必要に応じて賠償の範囲等について検討することとする。

4) 3)の期間の損害額の算定に当たっては、身体的損害を伴わない慰謝料に関する裁判例等を参考にした上で、精神的苦痛並びに子供及び妊婦の場合の同伴者や保護者分も含めた生活費の増加費用等について、一定程度勘案することとした。

5) 本件事故発生時に避難指示等対象区域内に住居があった者のうち、子供及び妊婦が自主的避難等対象区域内に避難して滞在した期間の損害額の算定に当たっては、これらの者は、避難している期間について既に中間指針第3の［損害項目］の6の精神的損害の賠償対象とされており、両者の損害の内容に一部重複すると考えられる部分があることを勘案することとした。

6) Ⅰ)ないしⅣ)については、個別具体的な事情に応じて、これら以外の損害項目が賠償の対象となる場合や異なる賠償額が算定される場合が認められ得る。

(以上)

【資料3】

東京電力株式会社福島第一、第二原子力発電所事故による原子力損害の範囲の判定等に関する中間指針第二次追補（政府による避難区域等の見直し等に係る損害について）

平成24年3月16日<br>
原子力損害賠償紛争審査会

## 第1　はじめに

### 1　避難区域等の見直し等の現状

　原子力損害賠償紛争審査会（以下「本審査会」という。）は、平成23年8月5日に決定・公表した「東京電力株式会社福島第一、第二原子力発電所事故による原子力損害の範囲の判定等に関する中間指針」（以下「中間指針」という。）において、政府による避難等の指示等に係る損害の範囲に関する考え方を示したが、その際、避難区域等の見直し等の状況の変化に伴い、必要に応じて改めて指針で示すべき事項について検討することとした。

　その後、政府（原子力災害対策本部）は、同年9月30日、緊急時避難準備区域を解除し、その指示及び公示を行った。また、政府（同本部）は、同年12月26日に策定した「ステップ2の完了を受けた警戒区域及び避難指示区域の見直しに関する基本的考え方及び今後の検討課題について」に基づき、現在設定されている避難指示区域を見直し、平成24年3月末を一つの目途に新たな避難指示区域を設定することを予定している。

　他方、いわゆる自主的避難等について、本審査会は、平成23年12月6日に決定・公表した「東京電力株式会社福島第一、第二原子力発電所事故による原子力損害の範囲の判定等に関する中間指針追補（自主的避難等に係る損害について）」（以下「第一次追補」という。）において、その損害の範囲に関する考え方を示した。

### 2　基本的考え方

　上記の避難区域等の見直し等を踏まえて、この度の中間指針の追補（以下「第二次追補」という。）においては、中間指針及び第一次追補の対象となった政府による避難等の指示等に係る損害、自主的避難等に係る損害等に関し今後の検討事項とされていたこと等について、現時点で可能な範囲で考え方を示すこととする。

　東京電力株式会社福島第一原子力発電所及び福島第二原子力発電所における事故（以下「本件事故」という。）とこれらの損害との相当因果関係の有無は、最終的には個々の事案毎に判断すべきものであるが、第二次追補では、本件事故に係る損害賠償の紛争解決を促すため、賠償が認められるべき一定の範囲を示すこととする。

　なお、中間指針、第一次追補及び第二次追補で対象とされなかったものが直ちに賠償の対象とならないというものではなく、個別具体的な事情に応じて相当因果関係のある損害と認められることがあり得る。その際、これらの指針に明記されていない損害についても、個別の事例又は類型毎に、これらの指針の趣旨を踏まえ、かつ、当該損害の内容に応じて、その全部又は一定の範囲を賠償の対象とする等、東京電力株式会社には合理的かつ柔軟な対応が求められる。

## 第2　政府による避難指示等に係る損害について

### 1　避難費用及び精神的損害

　中間指針第3の［損害項目］の2の避難費用及び6の精神的損害は、中間指針で示したもののほか、次のとおりとする。

【資料3】

(1) 避難指示区域

中間指針第3の［対象区域］のうち、「(1) 避難区域」の①東京電力株式会社福島第一原子力発電所から半径20km圏内（平成23年4月22日には、原則立入り禁止となる警戒区域に設定。）及び「(3) 計画的避難区域」については、平成24年3月末を一つの目途に、
① 避難指示解除準備区域（年間積算線量が20ミリシーベルト以下となることが確実であることが確認された地域）
② 居住制限区域（年間積算線量が20ミリシーベルトを超えるおそれがあり、住民の被曝線量を低減する観点から引き続き避難を継続することを求める地域）
③ 帰還困難区域（長期間、具体的には5年間を経過してもなお、年間積算線量が20ミリシーベルトを下回らないおそれのある、年間積算線量が50ミリシーベルト超の地域）
という新たな避難指示区域（上記①～③の括弧内は各区域の基本的考え方）が設定されること（以下「避難指示区域見直し」という。）等を踏まえ、これらの避難指示区域が設定された地域（以下単に「避難指示区域」という。）内に本件事故発生時における生活の本拠としての住居（以下「住居」という。）があった者の避難費用及び精神的損害は、次のとおりとする。

（指針）
Ⅰ) 避難指示区域内に住居があった者については、中間指針第3の［損害項目］の6の「第2期」を避難指示区域見直しの時点まで延長し、当該時点から終期までの期間を「第3期」とする。
Ⅱ) Ⅰ)の第3期において賠償すべき避難費用及び精神的損害並びにそれらの損害額の算定方法は、原則として、引き続き中間指針第3の［損害項目］の2及び6で示したとおりとする。但し、宿泊費等（中間指針第3の［損害項目］の2の（指針）Ⅰ)の②の「宿泊費等」をいう。以下同じ。）が賠償の対象となる額及び期間には限りがあることに留意する必要がある。
Ⅲ) Ⅰ)の第3期における精神的損害の具体的な損害額（避難費用のうち通常の範囲の生活費の増加費用を含む。）の算定に当たっては、避難者の住居があった地域に応じて、以下のとおりとする。
① 避難指示区域見直しに伴い避難指示解除準備区域に設定された地域については、一人月額10万円を目安とする。
② 避難指示区域見直しに伴い居住制限区域に設定された地域については、一人月額10万円を目安とした上、概ね2年分としてまとめて一人240万円の請求をすることができるものとする。但し、避難指示解除までの期間が長期化した場合は、賠償の対象となる期間に応じて追加する。
③ 避難指示区域見直しに伴い帰還困難区域に設定された地域については、一人600万円を目安とする。
Ⅳ) 中間指針において避難費用及び精神的損害が特段の事情がある場合を除き賠償の対象とはならないとしている「避難指示等の解除等から相当期間経過後」の「相当期間」は、避難指示区域については今後の状況を踏まえて判断されるべきものとする。

（備考）
1) Ⅰ)について、中間指針第3の［損害項目］の6において、精神的損害の具体的な損害額の算定期間の第2期は、「第1期（本件事故発生から6ヶ月間）終了から6ヶ月間」としつつ、「警戒区域等が見直される等の場合には、必要に応じて見直す。」としていたことから、避難指示区域については避難指示区域見直しに伴い、当該見直しの時点までを「第2期」とし、当該時点から終期までの期間を新たに「第3期」とすることとした。
2) Ⅱ)について、中間指針第3の［損害項目］の2では、「①対象区域から避難するために負担した交通費、家財道具の移動費用」、「②対象区域外に滞在することを余儀なくされたことにより負担した宿泊費及びこの宿泊に付随して負担した費用」及び「③避難等対象者が、

避難等によって生活費が増加した部分があれば、その増加費用」について、必要かつ合理的な範囲で賠償すべき避難費用と認めている。また、中間指針第3の［損害項目］の6では、避難等対象者が受けた精神的苦痛のうち、少なくとも「自宅以外での生活を長期間余儀なくされ、正常な日常生活の維持・継続が長期間にわたり著しく阻害されたために生じた精神的苦痛」及び「いつ自宅に戻れるか分からないという不安な状態が続くことによる精神的苦痛」は賠償すべき損害と認めている。この場合、上記①及び②は実費を損害額とし、上記③は原則として上記の精神的損害と合算した一定の金額をもって両者の損害額とすることが、それぞれ合理的な算定方法であるとされている。

3) Ⅱ）について、宿泊費等は必要かつ合理的な範囲で賠償されるものであり、その額は、例えば従前の住居が借家であった者については、当面は宿泊費等の全額とし、一定期間経過後は従前の家賃より増額の負担を余儀なくされた場合の当該増額部分とすることが考えられる。また、宿泊費等が賠償の対象となる期間は、避難指示の解除後相当期間経過までとするのが原則であるが、例えば従前の住居が持ち家であった者の居住していた不動産の価値が全損となった場合については、その全額賠償を受けることが可能となった時期までを目安とすることが考えられる。

4) Ⅱ）について、帰還困難区域等に住居があった者が当該住居への帰還を断念し移住しようとする場合には、これに伴う移動費用、生活費の増加費用等は、中間指針第3の［損害項目］の2及び4で示した避難費用及び帰宅費用に準じて賠償すべき損害と認められる。また、帰還困難区域にあっては、長年住み慣れた住居及び地域における生活の断念を余儀なくされたために生じた精神的苦痛が認められ、その他の避難指示区域にあっても、中間指針第3の［損害項目］の6で示された精神的苦痛に準じて精神的損害が認められる。なお、避難を継続する者と移住しようとする者との間で、損害額及び支払方法等に差を設けないことが適当である。

5) Ⅲ）について、具体的な損害額の算定に当たっては、避難の長期化に伴う「いつ自宅に戻れるか分からないという不安な状態が続くことによる精神的苦痛」の増大等を考慮した。この場合、避難指示解除準備区域は、比較的近い将来に避難指示の解除が見込まれることから、これまでと同様に月単位で算定することとした。一方、帰還困難区域は、今後5年以上帰還できない状態が続くと見込まれることから、こうした長期にわたって帰還できないことによる損害額を一括して、実際の避難指示解除までの期間を問わず一律に算定することとしたが、この額はあくまでも目安であり、帰還できない期間が長期化する等の個別具体的な事情によりこれを上回る額が認められ得る。また、居住制限区域は、現時点で解除までの具体的な期間が不明であるものの、ある程度長期化すると見込まれることを踏まえ、基本的には月単位で算定することとしつつ、被害者救済の観点から、当面の損害額として一定期間分を想定した一括の支払いを受けることができるものとすることが適当である。なお、同区域における損害額は、避難指示解除までの期間が長期化した場合には、賠償の対象となる期間に応じて増加するが、その場合、最大でも帰還困難区域における損害額までを概ねの目安とすることが考えられる。

6) Ⅳ）について、避難指示区域は、現時点で実際に解除された区域がないこと等から、少なくとも現時点で具体的な相当期間を示すことは困難と判断した。

7) Ⅳ）の相当期間経過後の「特段の事情がある場合」については、例えば一定の医療・介護等が必要な者に関しては解除後の地域の医療・福祉体制等を考慮し、子供に関しては通学先の学校の状況を考慮する等、個別具体的な事情に応じて柔軟に判断することが適当である。さらに、多数の避難者に対して速やかかつ公平に賠償するため、避難指示の解除後相当期間経過前に帰還した場合であっても、原則として、個々の避難者が実際にどの時点で帰還したかを問わず、当該期間経過の時点を一律の終期として損害額を算定することが合理的である。

(2) 旧緊急時避難準備区域

【資料３】

　中間指針第３の［対象区域］のうち、「(4) 緊急時避難準備区域」については、平成23年９月30日に解除されていること等を踏まえ、当該区域（以下「旧緊急時避難準備区域」という。）内に住居があった者の避難費用及び精神的損害は、次のとおりとする。

（指針）
　Ⅰ）　中間指針の第３期において賠償すべき避難費用及び精神的損害並びにそれらの損害額の算定方法は、引き続き中間指針第３の［損害項目］の２及び６で示したとおりとする。
　Ⅱ）　中間指針の第３期における精神的損害の具体的な損害額（避難費用のうち通常の範囲の生活費の増加費用を含む。）の算定に当たっては、一人月額10万円を目安とする。
　Ⅲ）　中間指針において避難費用及び精神的損害が特段の事情がある場合を除き賠償の対象とはならないとしている「避難指示等の解除等から相当期間経過後」の「相当期間」は、旧緊急時避難準備区域については平成24年８月末までを目安とする。但し、同区域のうち楢葉町の区域については、同町の避難指示区域について解除後「相当期間」（前記（1）の（指針）Ⅳ））が経過した時点までとする。

（備考）
　1）　Ⅰ）について、旧緊急時避難準備区域の第２期は、中間指針第３の［損害項目］の６で示したとおり、第１期（本件事故発生から６ヶ月間）終了から６ヶ月間とし、平成24年３月11日から終期までの期間を第３期とする。
　2）　Ⅱ）については、避難指示区域の場合に準じて算定した。
　3）　Ⅲ）については、①この区域におけるインフラ復旧は平成24年３月末までに概ね完了する見通しであること、②その後も生活環境の整備には一定の期間を要する見込みであるものの、平成24年度第２学期が始まる同年９月までには関係市町村において、当該市町村内の学校に通学できる環境が整う予定であること、③避難者が従前の住居に戻るための準備に一定の期間が必要であること等を考慮した。但し、現時点でこれらの事情を前提に目安として示すものであり、今後、当該事情に変更が生じた場合は、実際の状況を考慮して柔軟に判断することが適当である。また、当該期間経過後の「特段の事情がある場合」については、前記（1）の（備考）の7）に同じである。
　4）　楢葉町については、同町の区域のほとんどが避難指示区域である等の特別の事情があることを考慮した。
　5）　Ⅲ）について、避難指示区域と同様、中間指針の第３期においては、避難指示の解除後相当期間経過前に帰還した場合であっても、原則として、個々の避難者が実際にどの時点で帰還したかを問わず、当該期間経過の時点を一律の終期として損害額を算定することが合理的である。なお、第１期又は第２期において帰還した場合や本件事故発生当初から避難せずにこの区域に滞在し続けた場合は、個別具体的な事情に応じて賠償の対象となり得る。

(3) 特定避難勧奨地点
　中間指針第３の［対象区域］のうち、「(5) 特定避難勧奨地点」については、解除に向けた検討が開始されていること等を踏まえ、当該地点に住居があった者の避難費用及び精神的損害は、次のとおりとする。

（指針）
　Ⅰ）　中間指針の第３期において賠償すべき避難費用及び精神的損害並びにそれらの損害額の算定方法は、引き続き中間指針第３の［損害項目］の２及び６で示したとおりとする。
　Ⅱ）　中間指針の第３期における精神的損害の具体的な損害額（避難費用のうち通常の範囲の生活費の増加費用を含む。）の算定に当たっては、一人月額10万円を目安とする。
　Ⅲ）　中間指針において避難費用及び精神的損害が特段の事情がある場合を除き賠償の対象とは

ならないとしている「避難指示等の解除等から相当期間経過後」の「相当期間」は、特定避難勧奨地点については3ヶ月間を当面の目安とする。

(備考)
1) Ⅰ)について、特定避難勧奨地点の第2期は、中間指針第3の［損害項目］の6で示したとおり、第1期（本件事故発生から6ヶ月間）終了から6ヶ月間とし、平成24年3月11日から終期までの期間を第3期とする。
2) Ⅱ)については、避難指示区域の場合に準じて算定した。
3) Ⅲ)については、①特定避難勧奨地点の解除に当たっては地方公共団体と十分な協議が行われる予定であること、②当該地点が住居単位で設定され、比較的狭い地区が対象となるため、広範囲に公共施設等の支障が生じているわけではないこと、③避難者が従前の住居に戻るための準備に一定の期間が必要であること等を考慮した。但し、現時点で実際に解除された地点はないことから、当面の目安として示すものである。また、当該期間経過後の「特段の事情がある場合」については、前記（1）の（備考）の7）に同じである。
4) Ⅲ)について、中間指針の第3期において特定避難勧奨地点の解除後相当期間経過前に当該地点の住居に帰還した場合、第1期又は第2期において帰還した場合及び本件事故発生当初から避難せずに同地点に滞在し続けた場合は、前記（2）の（備考）の5）に同じである。

## 2 営業損害

中間指針第3の［損害項目］の7の営業損害は、中間指針で示したもののほか、次のとおりとする。

(指針)
Ⅰ) 中間指針第3の［損害項目］の7の営業損害の終期は、当面は示さず、個別具体的な事情に応じて合理的に判断するものとする。
Ⅱ) 営業損害を被った事業者による転業・転職や臨時の営業・就労等が特別の努力と認められる場合には、かかる努力により得た利益や給与等を損害額から控除しない等の合理的かつ柔軟な対応が必要である。

(備考)
1) Ⅰ)の営業損害の終期は、突然かつ広範囲に被害が生じたという本件事故の特殊性、営業損害を被った事業者の多様性等にかんがみれば、少なくとも現時点で具体的な目安を一律に示すことは困難であり、当面は示さず、個別具体的な事情に応じて合理的に判断することが適当である。なお、営業損害の終期は、専らⅠ）により判断されるものであって、これとは別に、避難指示等の解除、同解除後相当期間の経過、避難指示等の対象区域への帰還等によって到来するものではない。
2) 具体的な終期の判断に当たっては、①基本的には被害者が従来と同じ又は同等の営業活動を営むことが可能となった日を終期とすることが合理的であること、②一方、被害者の側においても、本件事故による損害を可能な限り回避し又は減少させる措置を執ることが期待されており、一般的には事業拠点の移転や転業等の可能性があると考えられること等を考慮するものとする。また、例えば公共用地の取得に伴う損失補償基準等を当該判断の参考にすることも考えられるが、その場合には、本件事故には、突然かつ広範囲に被害が生じた上、避難した者が避難指示解除後に帰還する場合があること等、土地収用等と異なる特殊性があることにも留意する必要がある。
3) Ⅱ)について、営業損害を被った事業者において、本件事故後の営業・就労（転業・転職や臨時の営業・就労を含む。）によって得られた利益や給与等があれば、これらの営業・就労が本件事故がなければ従前の事業活動に仕向けられていたものである限り、損害額から控

【資料３】

除するのが原則と考えられる。しかしながら、本件事故には突然かつ広範囲に多数の者の生活や事業等に被害が生じたという特殊性があり、被害者が営業・就労を行うことが通常より困難な場合があり得る。また、これらの営業・就労によって得られた利益や給与等を一律に全て控除すると、こうした営業・就労をあえて行わない者の損害額は減少しない一方、こうした営業・就労を行うほど賠償される損害額は減少することになる。このため、当該利益や給与等について、一定の期間又は一定の額の範囲を「特別の努力」によるものとして損害額から控除しない等の「合理的かつ柔軟な対応」が必要である。

## 3 就労不能等に伴う損害

中間指針第３の［損害項目］の８の就労不能等に伴う損害は、中間指針に示したもののほか、次のとおりとする。

（指針）
Ⅰ） 中間指針第３の［損害項目］の８の就労不能等に伴う損害の終期は、当面は示さず、個別具体的な事情に応じて合理的に判断するものとする。
Ⅱ） 就労不能等に伴う損害を被った勤労者による転職や臨時の就労等が特別の努力と認められる場合には、かかる努力により得た給与等を損害額から控除しない等の合理的かつ柔軟な対応が必要である。

（備考）
1） Ⅰ）の就労不能等に伴う損害の終期についての考え方は、基本的には前記２の（備考）の1）及び2）に同じである。但し、その終期は、一般的には営業損害の終期よりも早期に到来すると考えられることも考慮するものとする。
2） Ⅱ）について、「特別の努力」に係る「合理的かつ柔軟な対応」の考え方は、基本的には前記２の（備考）の3）に同じである。

## 4 財物価値の喪失又は減少等

中間指針第３の［損害項目］の10の財物価値の喪失又は減少等は、中間指針で示したもののほか、次のとおりとする。

（指針）
Ⅰ） 帰還困難区域内の不動産に係る財物価値については、本件事故発生直前の価値を基準として本件事故により100パーセント減少（全損）したものと推認することができるものとする。
Ⅱ） 居住制限区域内及び避難指示解除準備区域内の不動産に係る財物価値については、避難指示解除までの期間等を考慮して、本件事故発生直前の価値を基準として本件事故により一定程度減少したものと推認することができるものとする。

（備考）
1） Ⅰ）について、財物価値の喪失又は減少等については、中間指針第３の［損害項目］の10において「現実に価値を喪失し又は減少した部分」を賠償すべき損害と認めているが、特に帰還困難区域内の不動産については、５年以上の長期間にわたり立入りが制限され使用ができないこと等の特別の事情があり、当面は市場価値が失われたものと観念することができる。このため、迅速な被害者救済の観点から、当該不動産に係る財物価値が本件事故発生直前の価値を基準として100パーセント減少（全損）したものと推認することによって、本件事故直前の価値の全額を賠償対象とすることができるものとする。
2） Ⅱ）について、居住制限区域内及び避難指示解除準備区域内の不動産に係る財物価値についても、帰還困難区域内の不動産に準じ、一定期間使用ができないこと等を踏まえ、その価

【資料3】

値減少分を客観的に推認することによって、当該減少分を賠償対象とすることができるものとする。
3）「本件事故発生直前の価値」は、例えば居住用の建物にあっては同等の建物を取得できるような価格とすることに配慮する等、個別具体的な事情に応じて合理的に評価するものとする。
4）賠償後に東京電力株式会社の費用負担による除染、修理等によって価値が回復した場合には、当事者間の合意によりその価値回復分を清算することが考えられる。
5）中間指針第2の4で示したように、地震・津波による損害については賠償の対象とはならないが、本件事故による損害か地震・津波による損害かの区別が判然としない場合もあることから、合理的な範囲で、「原子力損害」に該当するか否か及びその損害額を推認することが考えられるとともに、東京電力株式会社には合理的かつ柔軟な対応が求められる。

## 第3 自主的避難等に係る損害について

第一次追補において示した自主的避難等に係る損害について、平成24年1月以降に関しては、次のとおりとする。

（指針）
Ⅰ) 少なくとも子供及び妊婦については、個別の事例又は類型毎に、放射線量に関する客観的情報、避難指示区域との近接性等を勘案して、放射線被曝への相当程度の恐怖や不安を抱き、また、その危険を回避するために自主的避難を行うような心理が、平均的・一般的な人を基準としつつ、合理性を有していると認められる場合には、賠償の対象となる。
Ⅱ) Ⅰ)によって賠償の対象となる場合において、賠償すべき損害及びその損害額の算定方法は、原則として第一次追補第2の［損害項目］で示したとおりとする。具体的な損害額については、同追補の趣旨を踏まえ、かつ、当該損害の内容に応じて、合理的に算定するものとする。

（備考）
1）第一次追補は、自主的避難等に係る損害について、一定の区域を設定した上で、同区域に居住していた者に少なくとも共通に認められる損害を示した。これは、東京電力株式会社社福島第一原子力発電所の状況が安定していない等の状況下で、本件事故発生時から平成23年12月末までを対象期間として算定したものである。その際、平成24年1月以降に関しては、今後、必要に応じて賠償の範囲等について検討することとした。
2）これを受けて第二次追補では、平成24年1月以降に関しては、①第一次追補とは、対象期間における状況が全般的に異なること、②他方、少なくとも子供及び妊婦の場合は、放射線への感受性が高い可能性があることが一般に認識されていると考えられること等から、第一次追補の内容はそのまま適用しないが、個別の事例又は類型によって、これらの者が放射線被曝への相当程度の恐怖や不安を抱き、また、その危険を回避するために自主的避難を行うような心理が、平均的・一般的な人を基準としつつ、合理性を有していると認められる場合には賠償の対象とすることとする。

## 第4 除染等に係る損害について

除染等に係る損害は、中間指針で示したもののほか、次のとおりとする。

（指針）
Ⅰ) 本件事故に由来する放射性物質に関し、必要かつ合理的な範囲の除染等（汚染された土壌

【資料３】

等の除去に加え、汚染の拡散の防止等の措置、除去土壌の収集、運搬、保管及び処分並びに汚染された廃棄物の処理を含む。）を行うことに伴って必然的に生じた追加的費用、減収分及び財物価値の喪失・減少分は、賠償すべき損害と認められる。
- Ⅱ）　住民の放射線被曝の不安や恐怖を緩和するために地方公共団体や教育機関が行う必要かつ合理的な検査等に係る費用は、賠償すべき損害と認められる。

（備考）
1) 　Ⅰ）について、平成二十三年三月十一日に発生した東北地方太平洋沖地震に伴う原子力発電所の事故により放出された放射性物質による環境の汚染への対処に関する特別措置法（以下「特別措置法」という。）第四十四条第一項においては、「事故由来放射性物質による環境の汚染に対処するためこの法律に基づき講ぜられる措置は、原子力損害の賠償に関する法律（昭和三十六年法律第百四十七号）第三条第一項の規定により関係原子力事業者が賠償する責めに任ずべき損害に係るものとして、当該関係原子力事業者の負担の下に実施されるものとする。」と規定されているが、特別措置法に基づく措置に直接要する経費のみならず当該措置に伴う財物損壊や営業損害等を含め、同法第四十四条第一項の対象となるか否かにかかわらず、Ⅰ）に該当するものは原子力損害として賠償の対象となる。
2) 　Ⅱ）については、現存被曝状況や避難状況にある住民の放射線被曝に対する不安や恐怖は深刻であり、これらの不安や恐怖を緩和するため、地方公共団体及び教育機関が、子供を対象とした外部被曝線量の測定、日常的に摂取する食品の放射能検査等の対策を余儀なくされていることを考慮した。

(以上)

【資料4】

東京電力株式会社福島第一、第二原子力発電所事故による原子力損害の範囲の判定等に関する中間指針第三次追補(農林漁業・食品産業の風評被害に係る損害について)

平成25年1月30日
原子力損害賠償紛争審査会

## 第1 はじめに

### 1 政府が本件事故に関し行う指示等の状況等

　原子力損害賠償紛争審査会(以下「本審査会」という。)は、平成23年8月5日に決定・公表した「東京電力株式会社福島第一、第二原子力発電所事故による原子力損害の範囲の判定等に関する中間指針」(以下「中間指針」という。)において、東京電力株式会社福島第一原子力発電所及び福島第二原子力発電所における事故(以下「本件事故」という。)に関する政府等による農林水産物等の出荷制限指示等に係る損害及びいわゆる風評被害についての損害の範囲に関する考え方を示した。

　平成23年8月以降、政府は、飼料(ただし、牛用粗飼料については、同年4月に設定済み。)、家畜の排せつ物を原料とする堆肥等の肥料、薪・木炭及びきのこ原木等の食品以外の農林水産物の暫定許容値等(以下「暫定許容値等」という。)を設定した。また、食品中の放射性物質に関する暫定規制値に代え、より一層、食の安全・安心を確保する観点から新たな基準値(以下「新基準値」という。)を設定し、同年12月22日に公表、平成24年4月1日から施行した。なお、食品の新基準値の設定に伴い、飼料及びきのこ原木等の暫定許容値も見直された。

　中間指針策定後もこれら農林水産物等に係る暫定規制値、新基準値及び暫定許容値等に基づく「政府が本件事故に関し行う指示等(地方公共団体が本件事故に関し合理的理由に基づき行うもの及び生産者団体が政府又は地方公共団体の関与の下で本件事故に関し合理的理由に基づき行うものを含む。以下同じ。)」が新たになされており、特に、暫定許容値等や新基準値(以下「新基準値等」という。)の設定以降は、多数の品目・区域で政府による指示等がなされている。

　一部の対象品目につき政府による指示等があった区域等においては、対象品目及び同一類型の農林水産物につき、消費者や取引先が放射性物質による汚染の危険性を懸念し、取引等を敬遠するという心情に至ったとしてもやむを得ない場合があると認められる。このため、農林漁業・食品産業において、政府による指示等に伴う損害のみならず、いわゆる風評被害が、中間指針策定時に比し広範に及んでいる。

### 2 基本的な考え方

　上記の政府が本件事故に関し行う指示等の状況等を踏まえ、この度の中間指針の追補(以下「第三次追補」という。)においては、農林漁業・食品産業の風評被害について、中間指針第7の2に加え、現時点で可能な範囲で、損害の範囲等を示すものとする。

　なお、政府が本件事故に関し行う指示等に係る損害については、中間指針第5においてその基本的な考え方が示されており、中間指針策定後においても、同様の考え方が妥当すると考えられる。また、中間指針策定後に政府が食品以外の農林水産物に設定した暫定許容値等に基づく措置についても、「政府が本件事故に関し行う指示等」に含まれると考えることが妥当である。

　風評被害については、中間指針第7の1において、一般的基準が示されており、第7の2において、農林漁業・食品産業の風評被害について、相当因果関係が認められる蓋然性が特に高い類型や、相当因果関係を判断するに当たって考慮すべき事項が示されている。

　他方、中間指針策定後の農林漁業・食品産業における取引価格及び取引数量の動向、具体的な買い控え、取引停止の事例等に関する調査を行った結果、中間指針策定時に比べ、広範な地域及び産

【資料4】

品について、買い控え等による被害が生じていることが確認された。
　このため、農林漁業・食品産業の風評被害について、中間指針策定後の状況を踏まえて、中間指針第7の1のⅢ）①の原則として賠償すべき損害の類型として、中間指針第7の2において示されている損害に一定の類型の損害を新たに追加することとした。
　なお、本件事故とこれらの損害との相当因果関係の有無は、最終的には個々の事案毎に判断すべきものであって、中間指針又は第三次追補において具体的な地域及び産品が明示されなかったものが、直ちに賠償の対象とならないというものではなく、個別具体的な事情に応じて相当因果関係のある損害と認められることがあり得る。
　したがって、中間指針第7の1のⅢ）①の類型に当てはまらない損害についても、個別の事例又は類型毎に、これらの指針等の趣旨を踏まえ、かつ、当該損害の内容に応じて、その全部又は一定の範囲を賠償の対象とする等、東京電力株式会社には合理的かつ柔軟な対応が求められる。

## 第2　農林漁業・食品産業の風評被害について

---

（指針）
Ⅰ）中間指針第7の2Ⅰ）に示されている損害に加え、以下に掲げる損害についても、中間指針第7の1Ⅲ）①の類型として、原則として賠償すべき損害と認められる。
　①　農林漁業において、中間指針策定以降に現実に生じた買い控え等による被害のうち、次に掲げる産品に係るもの。
　　ⅰ）農産物（茶及び畜産物を除き、食用に限る。）については、岩手、宮城の各県において産出されたもの。
　　ⅱ）茶については、宮城、東京の各都県において産出されたもの。
　　ⅲ）林産物（食用に限る。）については、青森、岩手、宮城、東京、神奈川、静岡及び広島（ただし、広島についてはしいたけに限る。）の各都県において産出されたもの。
　　ⅳ）牛乳・乳製品については、岩手、宮城及び群馬の各県において産出されたもの。
　　ⅴ）水産物（食用及び餌料用に限る。）については、北海道、青森、岩手及び宮城の各道県において産出されたもの。
　　ⅵ）家畜の飼料及び薪・木炭については、岩手、宮城及び栃木の各県において産出されたもの。
　　ⅶ）家畜排せつ物を原料とする堆肥については、岩手、宮城、茨城、栃木及び千葉の各県において産出されたもの。
　　ⅷ）ⅰ）ないしⅶ）の農林水産物を主な原材料とする加工品。
　②　農林水産物の加工業及び食品製造業において、中間指針策定以降に現実に生じた買い控え等による被害のうち、主たる原材料が①のⅰ）ないしⅶ）の農林水産物及び食品（以下「産品等」という。）に係るもの。
　③　農林水産物・食品の流通業（農林水産物の加工品の流通業を含む。以下同じ。）において、中間指針策定以降に現実に生じた買い控え等による被害のうち、①ないし②に掲げる産品等を継続的に取り扱っていた事業者が仕入れた当該産品等に係るもの。
Ⅱ）農林漁業、農林水産物の加工業及び食品製造業並びに農林水産物・食品の流通業において、Ⅰ）に掲げる買い控え等による被害を懸念し、事前に自ら出荷、操業、作付け、加工等の全部又は一部を断念したことによって生じた被害も、かかる判断がやむを得ないものと認められる場合には、原則として賠償すべき損害と認められる。

---

（備考）

【資料4】

1) 平成23年8月以降、飼料、家畜の排せつ物を原料とする堆肥等の肥料、薪・木炭及びきのこ原木等についての暫定許容値等並びに食品についての新基準値が設定されたことなどにより、中間指針に明記されていない地域及び産品において、政府が本件事故に関し行う指示等が出されたことを踏まえて調査を行った結果、Ⅰ）及びⅡ）の範囲において、消費者や取引先が放射性物質による汚染の危険性を懸念し買い控え等を行うことも、平均的・一般的な人を基準として合理性があると認められる。
2) また、中間指針第7の2（備考）2）に示されているとおり、一部の対象品目につき政府が本件事故に関し行う指示等があった区域については、その対象品目に限らず同区域内で生育した同一の類型の農林水産物につき、同指示等の解除後一定期間を含め、消費者や取引先が放射性物質の付着及びこれによる内部被曝等を懸念し、取引等を敬遠するという心情に至ったとしても、平均的・一般的な人を基準として合理性があると認められるほか、同指示等があった区域以外でも、一定の地域については、その地理的特徴、その産品の流通実態等から、同様の心情に至ったとしてもやむを得ない場合があると認められる。

　なお、少なくとも指示等の対象となった品目と同一の品目については、指示等の対象となった区域と近接している区域など一定の地理的範囲において買い控え等の被害が生じている場合には、賠償すべき損害が生じていると考えるべきである。
3) 牧草等から暫定許容値を超える放射性物質が検出され、これを契機に牛乳及び乳製品について買い控え等による被害が生じていることが確認された。この場合、放射性物質により汚染された牧草等（具体的には、暫定許容値を超える放射性物質が検出されたもの）が牛の飼養に用いられた等の事情がある都道府県で産出された牛乳・乳製品については、消費者や取引先がその汚染の危険性を懸念し買い控え等を行うことも、平均的・一般的な人を基準として合理性があると考えられる。
4) 中間指針第7の2（備考）4）ないし7）に示されている考え方は、Ⅰ）及びⅡ）についても妥当する。
5) 中間指針第7の2Ⅲ）の検査費用に係る指針中、「取引先の要求等によって実施を余儀なくされた」とは、必ずしも取引先から書面等により要求されたものに限らず、客観的に実施せざるを得ない状況であると合理的に判断できるものについても含まれる。
6) 風評被害に係る個別の判断にあたっては、当該産品等の特徴等を考慮した上で、本件事故との相当因果関係を判断すべきである。例えば、有機農産物等の特別な栽培方法等により生産された産品は、通常のものに比べて品質、安全等の価値を付して販売されているという特徴があることから、通常のものと比べて風評被害を受けやすく、通常のものよりも広範な地域において風評被害を受ける場合もあることなどに留意すべきである。

【資料5】

東京電力株式会社福島第一、第二原子力発電所事故による原子力損害の範囲の判定等に関する中間指針第四次追補（避難指示の長期化等に係る損害について）

平成25年12月26日
原子力損害賠償紛争審査会

## 第1　はじめに

### 1　現状

　原子力損害賠償紛争審査会（以下「本審査会」という。）は、平成23年8月5日に決定・公表した「東京電力株式会社福島第一、第二原子力発電所事故による原子力損害の範囲の判定等に関する中間指針」（以下「中間指針」という。）において、政府による避難等の指示等に係る損害の範囲に関する考え方を示した。また、政府（原子力災害対策本部）が、平成23年9月30日に緊急時避難準備区域を解除し、同年12月26日には「ステップ2の完了を受けた警戒区域及び避難指示区域の見直しに関する基本的考え方及び今後の検討課題について」を新たに決定し従来の避難指示区域を見直すとしたこと等を踏まえ、「東京電力株式会社福島第一、第二原子力発電所事故による原子力損害の範囲の判定等に関する中間指針第二次追補（政府による避難区域等の見直し等に係る損害について）」（以下「第二次追補」という。）を平成24年3月16日に決定・公表した。
　その後、平成25年8月には、すべての避難指示対象市町村において、避難指示区域の見直しが完了した。新たな3つの避難指示区域のうち、居住制限区域及び避難指示解除準備区域については、区域内への自由な立入りが可能となったほか、復旧・復興・帰還に向け、除染実施計画やインフラ復旧工程表に基づき除染やインフラ復旧等が進められるとともに、企業の営業活動も一部再開されている。また、除染やインフラ復旧等が進捗した一部の区域においては、住民の帰還に向けた準備のために特例宿泊も実施されており、避難指示の解除に向けた検討が始まっている。
　一方、帰還困難区域については、将来にわたって居住を制限することが原則とされており、区域内の立入りは制限され、本格的な除染やインフラ復旧等は実施されておらず、現段階では避難指示解除までの見通しすら立たない状況であり、避難指示が長期化することが想定される。このように長期間の避難を余儀なくされる住民に対しては、住居確保のための原発避難者向け災害公営住宅の整備や町外コミュニティの整備が進められている。また、帰還困難区域の住民へのアンケート調査によると、帰還までの間、区域外の持ち家で居住することを希望している住民も多い。
　以上のような状況の中、避難を余儀なくされている住民は、具体的な生活再建を図ろうとしているが、特に築年数の経過した住宅に居住していた住民においては、第二次追補で示した財物としての住宅の賠償金額が低額となり、帰還の際の修繕・建替えや長期間の避難等のための他所での住宅の取得ができないという問題が生じている。また、長期間の避難等のために他所へ移住する場合には、従前よりも相対的に地価単価の高い地域に移住せざるを得ない場合があることから、移住先の土地を取得できないという問題も生じている。
　さらに、本格的な除染やインフラ復旧等が行われず避難指示の解除の見通しが立たない状況で事故後6年後を大きく超える長期避難が見込まれる帰還困難区域等の住民からは、将来の生活に見通しをつけるため、避難指示解除の見通しがつかず避難が長期化する場合の精神的損害等に係る賠償の考え方を示すことが求められている。

### 2　基本的考え方

　上記で述べた避難指示区域の状況を踏まえ、この度の中間指針第四次追補（以下「本指針」という。）においては、避難指示区域において避難指示解除後に避難費用及び精神的損害が賠償の対象となる相当期間の具体的な期間、新たな住居の確保のために要する費用のうち賠償の対象となる範

【資料5】

囲及び避難指示が長期化した場合に賠償の対象となる範囲について、これまで示してきた指針に加え、現時点で可能な範囲で損害の範囲等を示すこととし、今後の迅速、公平かつ適正な賠償の実施による被害者救済に資するものとする。

なお、本審査会の指針において示されなかったものが直ちに賠償の対象とならないというものではなく、個別具体的な事情に応じて相当因果関係のある損害と認められるものは、指針で示されていないものも賠償の対象となる。また、本指針で示す損害額の算定方法が他の合理的な算定方法の採用を排除するものではない。東京電力株式会社には、被害者からの賠償請求を真摯に受け止め、本審査会の指針で賠償の対象と明記されていない損害についても個別の事例又は類型毎に、指針の趣旨を踏まえ、かつ、当該損害の内容に応じて、その全部又は一定の範囲を賠償の対象とする等、合理的かつ柔軟な対応と同時に被害者の心情にも配慮した誠実な対応が求められる。

さらに、東京電力株式会社福島第一原子力発電所及び福島第二原子力発電所における事故(以下「本件事故」という。)による被害は極めて広範かつ多様であり、被害者一人一人の損害が賠償されたとしても、被災地における生活環境、産業・雇用等の復旧・復興がなければ、被害者の生活再建を図ることは困難である。このため、本審査会としても、東京電力株式会社の誠実な対応による迅速、公平かつ適正な賠償の実施に加え、被害者が帰還した地域や移住先における生活や事業の再建に向け、就業機会の増加や就労支援、農林漁業を含む事業の再開や転業等のための支援、被災地における医療、福祉サービス等の充実など、政府等による復興施策等が着実に実施されることを求める。

## 第2　政府による避難指示等に係る損害について

### 1　避難費用及び精神的損害

中間指針第3の［損害項目］の2の避難費用及び6の精神的損害は、中間指針及び第二次追補で示したもののほか、次のとおりとする。

> (指針)
> Ⅰ) 避難指示区域の第3期において賠償すべき精神的損害の具体的な損害額については、避難者の住居があった地域に応じて、以下のとおりとする。
> 　① 帰還困難区域又は大熊町若しくは双葉町の居住制限区域若しくは避難指示解除準備区域については、第二次追補で帰還困難区域について示した一人600万円に一人1,000万円を加算し、右600万円を月額に換算した場合の将来分(平成26年3月以降)の合計額(ただし、通常の範囲の生活費の増加費用を除く。)を控除した金額を目安とする。具体的には、第3期の始期が平成24年6月の場合は、加算額から将来分を控除した後の額は700万円とする。
> 　② ①以外の地域については、引き続き一人月額10万円を目安とする。
> Ⅱ) 後記2のⅠ)及びⅡ)で示す住居確保に係る損害の賠償を受ける者の避難費用(生活費増加費用及び宿泊費等)が賠償の対象となる期間は、特段の事情がない限り、住居確保に係る損害の賠償を受けることが可能になった後、他所で住居を取得又は賃借し、転居する時期までとする。ただし、合理的な時期までに他所で住居を取得又は賃借し、転居しない者については、合理的な時期までとする。
> Ⅲ) 中間指針において避難費用及び精神的損害が特段の事情がある場合を除き賠償の対象とはならないとしている「避難指示等の解除等から相当期間経過後」の「相当期間」は、避難指示区域については、1年間を当面の目安とし、個別の事情も踏まえ柔軟に判断するものとする。

(備考)

【資料５】

1） Ⅰ）について、帰還困難区域は、避難区域見直し時、将来にわたって居住を制限することを原則とし、依然として住民等の立入りが制限されており、かつ、本格的な除染や住民帰還のためのインフラ復旧等を実施する計画すら策定されていない。このため、現在においても避難指示解除及び帰還の見通しすら立たず、避難指示が事故後６年後を大きく超えて長期化することが見込まれる。また、大熊町及び双葉町は、町の大半（人口の96％）が帰還困難区域であって、人口、主要インフラ及び生活関連サービスの拠点が帰還困難区域に集中しており、居住制限区域又は避難指示解除準備区域であっても、帰還困難区域の地域の避難指示が解除されない限り住民の帰還は困難であるため、帰還困難区域と同様に避難指示解除及び帰還の見通しすら立っていないと認められる。

　これらの地域に居住していた住民の精神的損害の内容は、理論的には最終的に帰還が可能となるか否かによって異なると考えられるが、①長期間の避難の後、最終的に帰還が可能か否か、また、帰還可能な場合でもいつその見通しが立つかを判断することが困難であること、②現在も自由に立入りができず、また、除染計画やインフラ復旧計画等がなく帰還の見通しが立たない状況においては、仮に長期間経過後に帰還が可能となったとしても、帰還が不能なために移住を余儀なくされたとして扱うことも合理的と考えられること、③これらの被害者が早期に生活再建を図るためには、見通しのつかない避難指示解除の時期に依存しない賠償が必要と考えられること等から、最終的に帰還するか否かを問わず、「長年住み慣れた住居及び地域が見通しのつかない長期間にわたって帰還不能となり、そこでの生活の断念を余儀なくされた精神的苦痛等」を一括して賠償することとした。

2） Ⅰ）①の対象地域については、本指針決定後、被害者の東京電力株式会社に対するⅠ）①に基づく損害賠償請求が可能になると見込まれる、平成26年３月時点における状況を踏まえて判断することとし、仮に、それまでの間に区域が見直されたり、帰還困難区域であっても除染計画やインフラ復旧計画等が整い帰還の見通しが明らかになったりするなど、上記1）で述べた状況に変更があった場合には、その変更された状況に応じて判断するものとする。なお、大熊町又は双葉町に隣接し、帰還困難区域の境界が人口密度の比較的高い町内の地域を横切っている富岡町及び浪江町においては、帰還困難区域に隣接する高線量地域（区域見直し時、年間積算線量が50ミリシーベルト超とされた地域）の取扱いについて、警戒区域解除後の区域見直しの経緯、除染等による線量低減の見通し等個別の事情を踏まえ、柔軟に判断することが考えられる。

3） Ⅰ）①の加算額の算定に当たっては、過去の裁判例及び死亡慰謝料の基準等も参考にした上で、避難指示が事故後10年を超えた場合の避難に伴う精神的損害額（生活費増加費用は含まない。）の合計額を十分に上回る金額とした。また、第二次追補において、長期にわたって帰還できないことによる損害額を５年分の避難に伴う慰謝料として一律に算定していることから、このうち、平成26年３月以降に相当する部分は、「長年住み慣れた住居及び地域が見通しのつかない長期間にわたって帰還不能となり、そこでの生活の断念を余儀なくされた精神的苦痛等」に包含されると考えられるため、その分を加算額から控除することとした。なお、本金額は、被害者の被災地での居住年数等を問わずⅠ）①の対象者全員に一律に支払う損害額を目安として示すものであり、個別具体的な事情によりこれを上回る金額が認められ得る。

4） Ⅰ）②の対象者について、精神的損害の具体的な損害額の合計額は、避難指示解除までの期間が長期化した場合には、賠償の対象となる期間に応じて増加するが、その場合、最大でもⅠ）①の対象者の損害額の合計額までを概ねの目安とし、仮に合計額が当該目安に達する蓋然性が高まった場合には、後記２のⅠ）で示す住居確保に係る損害の賠償を受けることが考えられる。

5） Ⅱ）について、「合理的な時期」とは、例えば、Ⅰ）①の対象者については、原発避難者向け災害公営住宅の整備が進捗し、希望者が当該住宅に転居することが可能になると想定される事故後６年後までを目安とすることが考えられる。

【資料5】

6) Ⅲ)について、既に除染やインフラ復旧等が進捗し、避難指示解除が検討されている区域の現状を踏まえ、①避難生活が長期にわたり、帰還するには相応の準備期間が必要であること、②例えば学校の新学期など生活の節目となる時期に帰還することが合理的であること、③避難指示の解除は、平成23年12月の原子力災害対策本部決定に基づき、日常生活に必須なインフラや生活関連サービスが概ね復旧した段階において、子供の生活環境を中心とする除染作業の十分な進捗を考慮して、県、市町村及び住民と十分な協議を行うこととなっていること、④こうした住民との協議により、住民としても解除時期を予想して避難指示解除前からある程度の帰還のための準備を行うことが可能であること等を考慮した上で、当面の目安を1年間とした。ただし、この「1年間」という期間は、避難指示解除が検討されている区域の現状を踏まえて当面の目安として示すものであり、今後、避難指示解除の状況が異なるなど、状況に変更が生じた場合は、実際の状況を勘案して柔軟に判断していくことが適当である。また、相当期間経過後の「特段の事情がある場合」については、第二次追補で示したもののほか、帰還に際して従前の住居の修繕等を要する者に関しては業者の選定や修繕等の工事に実際に要する期間、工事等のサービスの需給状況等を考慮する等、個別具体的な事情に応じて柔軟に判断することが適当である。その際、避難費用については、個別の事情に応じたより柔軟な対応を行うことが適当である。

7) Ⅲ)について、精神的損害については、第二次追補で示したとおり、多数の避難者に対して速やかつ公平に賠償するため、避難指示の解除後相当期間経過前に帰還した場合であっても、原則として、個々の避難者が実際にどの時点で帰還したかを問わず、当該相当期間経過の時点を一律の終期として損害額を算定することが合理的である。

8) Ⅲ)について、営業損害及び就労不能損害の終期は、中間指針及び第二次追補で示したとおり、避難指示の解除、同解除後相当期間の経過、避難指示の対象区域への帰還等によって到来するものではなく、その判断に当たっては、基本的には被害者が従来と同等の営業活動を営むことが可能となった日を終期とすることが合理的であり、避難指示解除後の帰還により損害が継続又は発生した場合には、それらの損害も賠償の対象となると考えられる。

2 住居確保に係る損害

(指針)
Ⅰ) 前記1のⅠ)①の賠償の対象者で従前の住居が持ち家であった者が、移住又は長期避難(以下「移住等」という。)のために負担した以下の費用は賠償すべき損害と認められる。
 ① 住宅(建物で居住部分に限る。)取得のために実際に発生した費用(ただし、③に掲げる費用を除く。以下同じ。)と本件事故時に所有し居住していた住宅の事故前価値(第二次追補第2の4の財物価値をいう。以下同じ。)との差額であって、事故前価値と当該住宅の新築時点相当の価値との差額の75%を超えない額
 ② 宅地(居住部分に限る。以下同じ。)取得のために実際に発生した費用(ただし、③に掲げる費用を除く。)と事故時に所有していた宅地の事故前価値(第二次追補第2の4の財物価値をいう。以下同じ。)との差額。ただし、所有していた宅地面積が400㎡以上の場合には当該宅地の400㎡相当分の価値を所有していた宅地の事故前価値とし、取得した宅地面積が福島県都市部の平均宅地面積以上である場合には福島県都市部の平均宅地面積(ただし、所有していた宅地面積がこれより小さい場合は所有していた宅地面積)を取得した宅地面積とし、取得した宅地価格が高額な場合には福島県都市部の平均宅地面積(ただし、所有していた宅地面積がこれより小さい場合は所有していた宅地面積)に福島県都市部の平均宅地単価を乗じた額を取得した宅地価格として算定する。
 ③ ①及び②に伴う登記費用、消費税等の諸費用
Ⅱ) 前記1のⅠ)①の賠償の対象者以外で避難指示区域内の従前の住居が持ち家であった者で、移住等をすることが合理的であると認められる者が、移住等のために負担したⅠ)①

【資料5】

及びⅠ）③の費用並びにⅠ）②の金額の75％に相当する費用は、賠償すべき損害と認められる。

Ⅲ）　Ⅰ）又はⅡ）以外で従前の住居が持ち家だった者が、避難指示が解除された後に帰還するために負担した以下の費用は賠償すべき損害と認められる。
① 事故前に居住していた住宅の必要かつ合理的な修繕又は建替え（以下「修繕等」という。）のために実際に発生した費用（ただし、③に掲げる費用を除く。）と当該住宅の事故前価値との差額であって、事故前価値と当該住宅の新築時点相当の価値との差額の75％を超えない額
② 必要かつ合理的な建替えのために要した当該住居の解体費用
③ ①及び②に伴う登記費用、消費税等の諸費用

Ⅳ）　従前の住居が避難指示区域内の借家であった者が、移住等又は帰還のために負担した以下の費用は賠償すべき損害と認められる。
① 新たに借家に入居するために負担した礼金等の一時金
② 新たな借家と従前の借家との家賃の差額の8年分

Ⅴ）　Ⅰ）ないしⅣ）の賠償の対象となる費用の発生の蓋然性が高いと客観的に認められる場合には、これらの費用を事前に概算で請求することができるものとする。

（備考）
1）　Ⅰ）について、前記1のⅠ）①の精神的損害が賠償の対象となる地域は、避難指示解除時期の見通しすら立たない状況であり、本件事故時に当該地域に居住していた避難者は、移住等を行うことが必要と認められる。
2）　Ⅱ）について、「移住等をすることが合理的と認められる場合」とは、例えば、帰還しても営業再開や就労の見通しが立たないため避難指示の解除前に新しい生活を始めることが合理的と認められる場合、現在受けている医療・介護が中断等されることにより帰還が本人や家族の医療・介護に悪影響を与える場合、避難先における生活環境を変化させることが子供の心身に悪影響を与える場合等が考えられる。
3）　Ⅰ）①、Ⅱ）及びⅢ）①について、特に築年数の経過した住宅の事故前価値が減価償却により低い評価とならざるを得ないことを考慮し、公共用地取得の際の補償額（築48年の木造建築物であっても新築時点相当の価値の5割程度を補償）を上回る水準で賠償されることが適当と考えられる。
4）　Ⅰ）②及びⅡ）について、避難者が実際に避難している地域や移住等を希望する地域が、従前の住居がある地域に比して地価単価の高い福島県都市部である場合が多いことから、移住等に当たって、移住等の先の宅地取得費用が所有していた宅地の事故前価値を超える場合が多く生じ得ることを考慮した。所有していた宅地面積の基準は、福島県の平均宅地面積を考慮し400㎡とした。また、「福島県都市部の平均宅地面積」及び「福島県都市部の平均宅地単価」は、福島市、会津若松市、郡山市、いわき市、二本松市及び南相馬市について、専門機関に委託して調査した結果、当面は250㎡及び38,000円/㎡を目安とすることが考えられる。
5）　Ⅱ）について、対象となる地域は居住制限区域及び避難指示解除準備区域であり、避難指示の解除等により土地の価値が回復し得ることを考慮した。
6）　Ⅲ）について、建替えの必要性を客観的に判断するに当たっては、管理不能に伴う雨漏り、動物の侵入、カビの増殖等の事態を受け、建替えを希望するという避難者の意向にも十分に配慮して柔軟に判断することが求められる。そのため、例えば、木造建築物にあっては、雨漏り、動物の侵入、カビの増殖等により、建物の床面積又は部屋数の過半が著しく汚損していると認められる場合は建替えを認める等の客観的な基準により判断することが妥当であると考えられる。

7) Ⅳ）について、避難者が実際に避難している地域や移住等を希望する地域が、従前の住居がある地域に比して地価単価の高い福島県都市部である場合が多いことから、移住等に当たって、移住等の先の借家の家賃等が事故前に賃借していた借家の家賃等を超える場合が多く生じ得ることを考慮し、公共用地取得の際の補償を上回る水準で賠償されることが適当と考えられる。差額が賠償の対象となる「新たな借家の家賃」とは、前記1のⅠ）①の賠償の対象者、及前記1のⅠ）②の賠償の対象者であって移住等をすることが合理的であると認められる者については、本件事故時に居住していた借家の面積等に応じた福島県都市部の平均的な家賃を上回る場合には当該平均的家賃とし、帰還の際に従前の借家への入居が不可能である者については、本件事故時に居住していた借家の面積等に応じた被災地周辺の平均的な家賃を上回る場合には当該平均的家賃とする。
8) Ⅴ）について、住居確保に係る損害は、原則として、現実に費用が発生しない限りは賠償の対象とはならないが、避難者の早期の生活再建を期するため、東京電力株式会社には、例えば、Ⅰ）又はⅡ）の対象となる者については、移住等の蓋然性が高いと客観的に認められる場合や住宅を取得せず借家に移住等をする場合、Ⅲ）の対象となる者については、従前の住居の修繕等の蓋然性が高いと客観的に認められる場合や帰還が遅れる場合には、移住等の先での住居の取得費用や修繕等の費用が実際に発生していなくても、移住等の先の平均的な土地価格や工事費の見積り額等を参考にして事前に概算で賠償し、事後に調整する等の柔軟かつ合理的な対応が求められる。
9) Ⅰ）及びⅡ）の賠償の対象者が、移住等の後に従前の居住場所に帰還する場合、帰還に必要な事故前に居住していた住宅の修繕、建替え費用等については、特段の事情のない限り、移住等の先の宅地及び住宅の価値等によって清算することが考えられる。
10)　被害者が移住等の先を決めるに当たっては、営業や就労に関する条件が大きな判断要素となると考えられ、移住等の場合、移住等の先において営業又は就労を行うことが期待されるほか、移住等を要しない場合であっても、避難先において営業又は就労の再開に向けた努力が期待されると考えられる。これまで必ずしも将来の生活に見通しをつけることができず、営業又は就労を再開していなかった者も、移住等の先又は避難先において、営業又は就労の再開に向けた努力が期待される。
　なお、移住等の先や避難先での営農や営業については、これまでの指針において、逸失利益や財物の賠償に加え、事業に支障が生じたために負担した追加的費用や事業への支障を避けるため又は事業を変更したために生じた追加費用として、商品や営業資産の廃棄費用、事業拠点の移転費用、営業資産の移動・保管費用等も、必要かつ合理的な範囲で賠償すべき損害と認めている。事業者の多様性等に鑑みれば、これらについて一律の基準を示すことは困難であるため、東京電力株式会社においては、被害者が移住等の先や避難先で営農や営業を再開し生活再建を図るため、農地や事業拠点の移転等を行う場合、当該移転等に要する追加的費用に係る賠償についても、損害の内容に応じた柔軟かつ合理的な対応が求められる。

(以上)

【資料6】

# 和解の仲介の申立てに当たって

原子力損害賠償紛争解決センター

　原子力損害の賠償に関する紛争について、当センターに和解の仲介を申し立てるに当たっては、以下の事項をご確認ください。

### 申立てに必要な書類について

※申立ては、無料です。
　　　　　　ただし、実費（送料、電話代、交通費など）は発生します。
　当センターへの和解の仲介の申立てには、基本的に、次の書類が必要となります。
　なお、申立書の受付後、このほかの書類を提出していただくこともあります。
　また、申立書など当センターに提出する全ての書類は、提出分とは別にその控えを手元に残しておいてください。

① 　申立書（必要部数；3部）
  - 部数の内訳は、①被申立人用、②担当の仲介委員用、③当センター保管用です。
  - 原本として1部をお作りいただき、残りの2部はそのコピーをしたものでかまいませんが、申立人（代理人による申立ての場合は代理人）の印鑑は、それぞれの申立書に押印してください。

② 　証拠書類（必要部数；各3部）
  - 部数の内訳は、①と同じです。
  - 損害額算定等のために必要な証拠書類（領収書、証明書など）は、全て提出してください。
  - 提出していただく書類は、全て写し（コピーしたもの）でご提出ください。なお、後日、原本をお見せいただくこともありますので、ご注意ください。

③ 　〔申立てをする方が法人のとき〕代表者の資格を証する書面（**必要部数；1部**）
④ 　〔代理人によって申請するとき〕
  - 弁護士や司法書士（簡裁訴訟代理等関係業務を行うことができる者に限る。）を代理人とするとき　委任状（**必要部数；1部**）
  - その他の方を代理人とするとき　「代理人による申立てをお考えの方へ」をご確認ください。

### 申立書の書式について

　当センターで参考書式を用意していますので、ご活用ください（参考書式の電子データは、当センターのホームページから入手できます。）。
　なお、申立書の書式に決まりはありませんので、参考書式をお使いにならなくてもかまいません（例えば、既に東京電力㈱に損害賠償請求等をされている方が、その請求書に書かれたとおりの金額を賠償することについて和解の仲介を申し立てる場合などは、参考書式の1枚目をご利用いただき、参考書式の2枚目以降に記載すべき事項は、東京電力㈱に提出した請求書等の写しを添付していただくことで、これに代えるということでもかまいません。）。

### 申立書類の提出先・提出方法について

　上記申立書類は、原子力損害賠償紛争解決センターの第一東京事務所に、郵送で提出してください。
　なお、ご提出していただいた書類は返却いたしませんので、ご了承ください。
〔申立書類の提出先〕
〒１０５－０００３　東京都港区西新橋１－５－１３　第8東洋海事ビル9階
　　　　　　　　　原子力損害賠償紛争解決センター第一東京事務所　受付担当

(様式A:個人用簡易版)　　【資料6】

1枚目

# 和解仲介手続申立書

申立日　平成　　年　　月　　日

原子力損害賠償紛争解決センター　宛

| 申立人 | ふりがな | | | 生年月日 | |
|---|---|---|---|---|---|
| | 氏　名 | | 印 | 明・大 昭・平 | 年　月　日 |
| | ふりがな | | | 生年月日 | |
| | 氏　名 | | 印 | 明・大 昭・平 | 年　月　日 |
| | ふりがな | | | 生年月日 | |
| | 氏　名 | | 印 | 明・大 昭・平 | 年　月　日 |
| | ふりがな | | | 生年月日 | |
| | 氏　名 | | 印 | 明・大 昭・平 | 年　月　日 |
| | ふりがな | | | 生年月日 | |
| | 氏　名 | | 印 | 明・大 昭・平 | 年　月　日 |
| | 住所また は居所 | 現在 | 〒 | | |
| | | 平成23年3月11日時点 | 〒 | | |
| | 電話番号等 | 電話　（　）　　　FAX　（　） | | | |

| 代理人 | ふりがな | | 代理人の資格 |
|---|---|---|---|
| | 氏　名 | 印 | |
| | 住　所 | | |
| | 電話番号等 | 電話　（　）　　　FAX　（　） | |

| 郵便物の送付先（指定通知場所） | □ 申立人欄記載の現在の住所地　□ 代理人欄記載の住所地　□ その他（　　　　　　　　　　） |
|---|---|

| 被申立人 | 氏名または法人の名称 | 東京電力株式会社 |
|---|---|---|
| | 住所または本店所在地 | 〒100-8560　東京都千代田区内幸町1-1-3 |

| 受付印（センター使用欄） | **和解の仲介を求める事項及び理由** |
|---|---|
| | 申立人と東京電力株式会社の間には、別記のとおりの紛争がありますので、和解の仲介をしてください。 |
| | 福島事務所<br>・　・<br>（福受）第　　　号 |

287

【資料6】

(様式A:個人用簡易版)　　　　　　　　　　　　　　　　　　　　　　　2枚目

該当する□にチェックしてください。※はなるべく記載してください。
書くところが足りないときは、紙を付け足して記載してください。

## 紛争の問題点

- □ 東京電力が示した賠償案では納得できません。
- □ 東京電力が作成した請求書ではよくわかりません。
- □ お金に困っているので、仮払を希望します。
- □ その他（　　　　　　）

## 話し合いの経過

これまで東京電力に対して、損害賠償請求をしたことは
- □あります。（□一部　□仮払）
  - → ※「あります」を選択された方へ 東京電力へ提出した請求書・証拠資料等をセンターが取り寄せ、手続で利用することに
    - □ 同意します。
- □ありません。

これまで東京電力から、賠償金等を受け取ったことは
- □あります。（□一部　□仮払）
- □ありません。

## ※避難の有無についてお尋ねします

□避難しました
□避難しませんでした

### 1　避難にかかった費用の賠償として

- □　　　　　　円の支払いを希望します。
- □　妥当な額の支払いを希望します。

避難の内容、かかった費用は次のとおりです。

※ 3月11日に住んでいたところ
　□警戒区域　□計画的避難区域　□（旧）緊急時避難準備区域
　□特定避難勧奨地点　□その他（　　　　　　　）□不明

※ 避難先　①場所＿＿＿＿＿＿＿＿＿＿＿＿＿＿＿平成＿＿年＿＿月＿＿日～
　　　　　　　　　　　　　　　　　　　　　　　　　平成＿＿年＿＿月＿＿日
　　　　　　　移動方法　□自家用車　□バス・鉄道など　□その他（＿＿＿＿）

　　　　　②場所＿＿＿＿＿＿＿＿＿＿＿＿＿＿＿平成＿＿年＿＿月＿＿日～
　　　　　　　　　　　　　　　　　　　　　　　　　平成＿＿年＿＿月＿＿日
　　　　　　　移動方法　□自家用車　□バス・鉄道など　□その他（＿＿＿＿）

　　　　　③場所＿＿＿＿＿＿＿＿＿＿＿＿＿＿＿平成＿＿年＿＿月＿＿日～
　　　　　　　　　　　　　　　　　　　　　　　　　平成＿＿年＿＿月＿＿日
　　　　　　　移動方法　□自家用車　□バス・鉄道など　□その他（＿＿＿＿）

□交通費　　　　　　　　　　　　＿＿＿＿＿＿＿円
□宿泊費　　　　　　　　　　　　＿＿＿＿＿＿＿円
□その他（謝礼、引越し費用など）＿＿＿＿＿＿＿円

□これを証明する証拠資料があります。

【資料6】

(様式A：個人用簡易版)　　　　　　　　　　　　　　　　　　　　3枚目

該当する□にチェックしてください。※はなるべく記載してください。
書くところが足りないときは、紙を付け足して記載してください。

## 2　生活費が増加した分の賠償として

□　　　　　　　　　　円の支払いを希望します。
□　妥当な額の支払いを希望します。

※　新たに買い直したもの、必要なので買ったものは次のとおりです。

（　　　　　　　　　　　　　　　　　　　　　　　　）

※　その他、支払いをしたものは次のとおりです。

（　　　　　　　　　　　　　　　　　　　　　　　　）

□これを証明する証拠資料があります。

## 3　収入がなくなった（減った）ことの賠償として

□　　　　　　　　　　円の支払いを希望します。
□　妥当な額の支払いを希望します。

※　勤務先の名称　　（　　　　　　　　　　　　　　　　）
※　平均的な収入　　平均月収　　約＿＿＿＿＿＿＿＿円
※　減った額　　　　　　　　　　約＿＿＿＿＿＿＿＿円
※　収入が減った期間　＿＿＿＿ヶ月間

□これを証明する証拠資料があります。

【資料6】

(様式A:個人用簡易版)　　　　　　　　　　　　　　　　　　　4枚目

該当する□にチェックしてください。※はなるべく記載してください。
書くところが足りないときは、紙を付け足して記載してください。

### 4　営業ができなくなったり、売り上げが減った（なくなった）ことの賠償として

□　　　　　　　　　円の支払いを希望します。
□　妥当な額の支払いを希望します。

事業の内容　　　（　　　　　　　　　　　　　　　）
※　減った売上額　　　　　　　　　　　円
※　追加で必要になった費用　　　　　　　　　　円
※　支出せずにすんだ費用　△　　　　　　　　　円
※　減った期間　　　平成__年__月__日～平成__年__月__日
※　減った原因　　□　警戒区域等で事業を営んでいた。
　　　　　　　　　□　風評による被害
　　　　　　　　　□　間接的な被害（上の2つによる被害者と一定
　　　　　　　　　　　の経済的関係にあった。）
　　　　　　　　　□　その他
　　　　　　　　　[　　　　　　　　　　　　　　　　]

□これを証明する証拠資料があります。

### 5　精神的な損害の賠償として

□　　　　　　　　　円の支払いを希望します。
□　妥当な額の支払いを希望します。

次のような理由で特に苦痛が増えました。

□老齢　□妊婦　　　　　□もともと身体に障害があった。
□病院に行けなかった。　□薬がなかった。
□家族がばらばらになった。　□避難所を転々とした。
□家族の介護をしなければならなくなった。
□放射線量が高く、毎日が不安だ
□放射線量が高く、子供が外で遊べない
□その他
[　　　　　　　　　　　　　　　　　　　　　　　　]

□これを証明する証拠資料があります。

【資料６】

（様式A：個人用簡易版）

該当する□にチェックしてください。※はなるべく記載してください。
書くところが足りないときは、紙を付け足して記載してください。

---

**6　一時立ち入りで家に帰ったときの費用の賠償として**

□　　　　　　　　　　円の支払いを希望します。
□　妥当な額の支払いを希望します。

※　立ち入りの回数　　＿＿＿＿回
※　立ち入りの方法　　□自家用車　　□その他（＿＿＿＿＿＿＿＿＿＿＿＿）
※　移動した区間　　　（　　　　　　　⇔　　　　　　　　）
※　宿泊　　　　　　　□無　　□有（場所＿＿＿＿＿＿宿泊費＿＿＿＿＿＿円）
※　家具等の移動　　　□無　　□有（かかった費用＿＿＿＿＿＿＿円）

□これを証明する証拠資料があります。

---

**7　所有している物の価値が下がった（なくなった）ことの賠償として**

□　　　　　　　　　　円の支払いを希望します。
□　妥当な額の支払いを希望します。

※　価値が下がったりしたと考える物は次のとおりです。
　　□土地　　　（支払いを希望する額＿＿＿＿＿＿＿＿＿＿円）
　　□建物　　　（支払いを希望する額＿＿＿＿＿＿＿＿＿＿円）
　　□その他の物（　　　　　　　　　　　　　　　　　　　）

□これを証明する証拠資料があります。

【資料6】

(様式A：個人用簡易版)　　　　　　　　　　　　　　　　　　6枚目

該当する□にチェックしてください。※はなるべく記載してください。
書くところが足りないときは、紙を付け足して記載してください。

## 8　そのほかにかかった費用の賠償として

　　□　　　　　　　　　　円の支払いを希望します。
　　□　妥当な額の支払いを希望します。

※　求める費用は次のとおりです。
　　□放射線検査（□人　□物）や除染のための費用
　　　　　　　　＿＿＿＿＿＿円
　　□避難生活中などにおける治療（□病気　□けが）にかかった費用
　　　（□入院　□通院）の期間　＿＿＿＿＿＿日
　　　　　　　　＿＿＿＿＿＿円
　　□避難終了後、自宅に帰るときにかかった費用
　　　　　　　　＿＿＿＿＿＿円
　　□その他

□これを証明する証拠資料があります。

## 9　その他参考になると思うこと、手続の進め方に関する希望など、どんなことでも自由に記載してください。

【資料7】

# 和解の仲介の申立てに当たって

原子力損害賠償紛争解決センター

　原子力損害の賠償に関する紛争について、当センターに和解の仲介を申し立てるに当たっては、以下の事項をご確認ください。

## 申立てに必要な書類について

※申立ては、無料です。
　　　　　ただし、実費（送料、電話代、交通費など）は発生します。
　当センターへの和解の仲介の申立てには、基本的に、次の書類が必要となります。
　なお、申立書の受付後、このほかの書類を提出していただくこともあります。
　また、申立書など当センターに提出する全ての書類は、提出分とは別にその控えを手元に残しておいてください。

① 申立書（必要部数；3部）
　・ 部数の内訳は、①被申立人用、②担当の仲介委員用、③当センター保管用です。
　・ 原本として1部をお作りいただき、残りの2部はそのコピーをしたものでかまいませんが、申立人（代理人による申立ての場合は代理人）の印鑑は、それぞれの申立書に押印してください。
② 証拠書類（必要部数；各3部）
　・ 部数の内訳は、①と同じです。
　・ 損害額算定等のために必要な証拠書類（領収書、証明書など）は、全て提出してください。
　・ 提出していただく書類は、全て写し（コピーしたもの）でご提出ください。なお、後日、原本をお見せいただくこともありますので、ご注意ください。
③ 〔申立てをする方が法人のとき〕代表者の資格を証する書面（必要部数；1部）
④ 〔代理人によって申請するとき〕
　・ 弁護士や司法書士（簡裁訴訟代理等関係業務を行うことができる者に限る。）を代理人とするとき　委任状（必要部数；1部）
　・ その他の方を代理人とするとき　「代理人による申立てをお考えの方へ」をご確認ください。

## 申立書の書式について

　当センターで参考書式を用意していますので、ご活用ください（参考書式の電子データは、当センターのホームページから入手できます。）。
　なお、申立書の書式に決まりはありませんので、参考書式をお使いにならなくてもかまいません（例えば、既に東京電力㈱に損害賠償請求等をされている方が、その請求書に書かれたとおりの金額を賠償することについて和解の仲介を申し立てる場合などは、参考書式の1枚目をご利用いただき、参考書式の2枚目以降に記載すべき事項は、東京電力㈱に提出した請求書等の写しを添付していただくことで、これに代えるということでもかまいません。）。

## 申立書類の提出先・提出方法について

　上記申立書類は、原子力損害賠償紛争解決センターの第一東京事務所に、郵送で提出してください。
　なお、ご提出していただいた書類は返却いたしませんので、ご了承ください。
〔申立書類の提出先〕
〒105-0003　東京都港区西新橋1-5-13　第8東洋海事ビル9階
　　　　　　　原子力損害賠償紛争解決センター第一東京事務所　受付担当

【資料7】

(様式A:法人用簡易版)　　**和解仲介手続申立書**　　1枚目

原子力損害賠償紛争解決センター　御中

申立日　平成　　年　　月　　日

| 申立人 | ふりがな | |
|---|---|---|
| | 商号・名称<br>（会社等の名前） | ※代表者の資格を証する書面（登記事項証明書）を添付してください。 |
| | 本店・主たる事務所<br>（会社等の住所） | 〒　　－ |
| | 代表者の資格・氏名 | 　　　　　　　　　　　　　　　　　　　　印 |
| | ふりがな | |
| | 担当者名 | |
| | 連絡先電話番号等 | 電話　　（　　）　　　　　FAX　　（　　） |
| | 損害の発生した事業所<br>※本店と同じ場合は記載不要 | 事業所の住所<br><br>名称 |
| | | 事業所の住所<br><br>名称 |
| | | 事業所の住所<br><br>名称 |

| 代理人 | ふりがな | | 代理人の資格 |
|---|---|---|---|
| | 氏　名 | 　　　　　　　　　印 | |
| | 住　所 | | |
| | 連絡先電話番号等 | 電話　　（　　）　　　　　FAX　　（　　） | |

| 郵便物の送付先<br>（指定通知場所） | □　申立人欄記載の会社等の住所　□　代理人欄記載の住所地<br>□　その他（　　　　　　　　　　　　　　　　　　　　　） |
|---|---|

| 被申立人 | 氏名または法人の名称 | 東京電力株式会社 |
|---|---|---|
| | 住所または本店所在地 | 〒100-8560　　東京都千代田区内幸町1－1－3 |

| 受付印（センター使用欄） | **和解の仲介を求める事項及び理由** |
|---|---|
| | 申立人と東京電力株式会社の間には別記のとおりの紛争がありますので、和解の仲介をしてください。 |
| | 福　島　事　務　所<br>（福受）第　　　　　　号 |

【資料7】

(様式A:法人用簡易版)　　　　　　　　　　　　　　　2枚目

書くところが足りないときは、紙を付け足して記載してください。

### 紛争の問題点
- □ 東京電力の賠償案に納得できない。
- □ 東京電力の請求書がわかりにくい。
- □ お金に困っているので、仮払を希望する。
- □ その他 [　　　　　　　　　　]

### 話し合いの経過
東京電力に損害賠償請求をしたことが
- □ ある。（ □一部　　□仮払 ）
  → ※「あります」を選択された方へ
  　東京電力へ提出した請求書・証拠資料等をセンターが取り寄せ、手続で利用することに
  - □ 同意する。
- □ ない。

東京電力から賠償金を受け取ったことが
- □ ある。（ □一部　　□仮払 ）
- □ ない。

---

1　3月11日時点で
- □ 申立人の事業所は
    - □警戒区域　　　　　　　　□計画的避難区域
    - □（旧）緊急時避難準備区域　□特定避難勧奨地点
    - □その他の場所（＿＿＿＿都 道 府 県＿＿＿＿市 町 村）
  
  にありました。

- □ 申立人の事業の内容は
    - □農林水産業　　□製造業（□農林水産物　□食品　□その他）
    - □販売業　　　　□流通業（□食品　□その他）
    - □建設業　　　　□加工業（□食品　□その他）
    - □不動産業　　　□観光業（□宿泊　□交通　□小売　□その他）
    - □貿易業　　　　□サービス業 [ 主な業務内容　　　　　　　　]
    - □その他 [　　　　　　　　　　　　]
  
  です。

- □ 今回の事故で、避難をしなければならなくなったり、直接的に被害を受けたりしたのは、
    - □ 申立人です。　　　　　　　　　　　　　　…①
    - □ 取引先・販売先・原材料の調達先です。　　…②
    - □ ①と②の両方です。　　　　　　　　　　　…③

②、③を選んだときは3枚目の④にも記載してください

【資料7】

(様式A:法人用簡易版)
書くところが足りないときは、紙を付け足して記載してください

3枚目

④ 取引先・販売先・原材料調達先は、
　□警戒区域　　　　　　　　□計画的避難区域
　□(旧)緊急時避難準備区域　□特定避難勧奨地点
　□その他の場所(＿＿＿＿＿都道府県＿＿＿＿＿市町村)
にありました。

　取引先等の会社名又は
　営業地域(商圏)及び　　[　　　　　　　　　　　　　　]
　事業の内容

　取引の内容
　　□申立人が取引先に対し製品・材料などを販売していた
　　□申立人が取引先に対しサービスを提供していた
　　□申立人が取引先から製品・材料などを調達していた
　　□申立人が取引先からサービスを受けていた
　　□その他[　　　　　　　　　　　　　　　　　　]

2　営業損害の賠償として
　　＿＿＿＿＿＿＿＿＿＿円(①＋②)の支払いを求めます。

① 収入が減少した分の損害
　ア　収入が減った理由
　　□廃業　　(時期　平成　年　月　日)
　　□操業断念(時期　平成　年　月　日　状況　　　　　)
　　□出荷制限指示　□加工断念　　□予約キャンセル
　　□買控え　　　　□作付け断念　□予約控え
　　□取引先(国内)の取引を打ち切られた
　　□取引先(国内)との取引が減少した
　　□外国の輸入制限で商品等を輸出できなくなった
　　□その他[　　　　　　　　　　　　　　　　]
　イ　賠償を求める期間
　　　平成＿＿年＿＿月＿＿日～平成＿＿年＿＿月＿＿日

　　　　　　　　　　　　　　※4枚目のウに続く

（様式A:法人用簡易版）　　　　　　　　　　　　　　　　　　　4枚目
　書くところが足りないときは、紙を付け足して記載してください

ウ　減った額　＿＿＿＿＿＿＿＿＿＿円

□　申立人は、この金額を次の根拠で算出しました。

　　　｛（X－x）－（Y－y）｝

本件事故がなければ得られたであろう収益（売上高＋交付金等）
　　　　　　　　　　　　　＿＿＿＿＿＿＿円・・X
実際に得られた収益　　　　＿＿＿＿＿＿＿円・・x
本件事故がなければ負担したであろう費用
　　　　　　　　　　　　　＿＿＿＿＿＿＿円・・Y
実際に負担した費用（減価償却費、債権回収費用、貸倒損失を含む）
　　　　　　　　　　　　　＿＿＿＿＿＿＿円・・y

この根拠は、
　□確定申告書・決算書　（□直近3期分　□　　期分）
　□取引先からのメール・FAX・日誌
　□月次試算表
　□その他［　　　　　　　　　　　　　　　　］
です。

□　申立人は上の金額を概算で挙げました。
　　次の資料を提出しますので、センターで正確な
　　金額を算定してください。

　□確定申告書・決算書　（□直近3期分　□　　期分）
　□取引先からのメール・FAX・日誌
　□月次試算表
　□顧客台帳
　□現金出納帳
　□予約表
　□その他［　　　　　　　　　　　　　　　　］

【資料7】

(様式A:法人用簡易版)　　　　　　　　　　　　　　　　　　　　　5枚目
　書くところが足りないときは、紙を付け足して記載してください

② 事故により追加的にかかった費用等
　ア　内容・金額
　　　□商品等の　□返品　□廃棄　□保管　□除染
　　　（返品等に伴って支払った運賃、保管費用の増加分、処分費用など）
　　　　　　　　　　　　　　　　　　＿＿＿＿＿＿＿＿円
　　　□検査費用　　　　　　　　　　＿＿＿＿＿＿＿＿円
　　　□検査結果の証明書手数料　　　＿＿＿＿＿＿＿＿円
　　　□工場・社屋の移転費用　　　　＿＿＿＿＿＿＿＿円
　　　□従業員の雇用維持費用　（寮の移転費、従業員に支給
　　　　した通勤費の増加分等）　　　＿＿＿＿＿＿＿＿円
　　　□リース解約による規定損害金＿＿＿＿＿＿＿＿円
　　　□従業員の募集費用　　　　　　＿＿＿＿＿＿＿＿円
　　　□その他　（　　　　　　　　　　　　　　　　）
　　　　　　　　　　　　　　　　　　＿＿＿＿＿＿＿＿円
　　　合計　　　　　　　　　　　　　＿＿＿＿＿＿＿＿円
　イ　証拠書類 [　　　　　　　　　　　　　　　　　　]

3　所有している財産の価値が下がった（なくなった）こと
　　の賠償として

　□　＿＿＿＿＿＿＿＿＿＿円の支払いを希望します。

　□　妥当な額の支払いを希望します。

　ア　価値が下がった（なくなった）財産
　　　□土地　　　　　　　　□自動車・トラック
　　　□建物・倉庫　　　　　□機械器具類
　　　□在庫商品
　　　□その他の物 [　　　　　　　　　　　　　　　　]
　イ　証拠書類 [　　　　　　　　　　　　　　　　　　]

【資料7】

(様式A:法人用簡易版)　　　　　　　　　　　　　　　　　　6枚目
　書くところが足りないときは、紙を付け足して記載してください

> 4　その他参考になると思うこと、手続きの進め方に関する希望など、自由に記載してください。

【資料8】

原子力損害賠償紛争解決センター　宛

1枚目

# 和 解 仲 介 手 続 申 立 書

申立日　平成　年　月　日

## 当事者に関する事項

| 申立人 | 本人 | | ふりがな | | | 生年月日 | | | |
|---|---|---|---|---|---|---|---|---|---|
| | | | 氏　名 | | 印 | 年 | 月 | 日 | |
| | | | ふりがな | | | 生年月日 | | | |
| | | | 氏　名 | | 印 | 年 | 月 | 日 | |
| | | | ふりがな | | | 生年月日 | | | |
| | | | 氏　名 | | 印 | 年 | 月 | 日 | |
| | | | ふりがな | | | 生年月日 | | | |
| | | | 氏　名 | | 印 | 年 | 月 | 日 | |
| | | | ふりがな | | | 生年月日 | | | |
| | | | 氏　名 | | 印 | 年 | 月 | 日 | |
| | | 住　所 | 現　在 | 〒 | | | | | |
| | | | 事故時 | 〒 | | | | | |
| | | 電話番号等 | 電話　（　　）　　　・FAX　（　　）　 | | | | | | |
| | 代理人 | | ふりがな | | | 代理人の資格 | | | |
| | | 氏　名 | | | 印 | | | | |
| | | 住　所 | 〒 | | | | | | |
| | | 電話番号等 | 電話　（　　）　　　・FAX　（　　）　 | | | | | | |
| | 郵便物の送付先<br>(指定通知場所) | □ 本人欄記載の現在の住所地　□ 代理人欄記載の住所地<br>□ その他（　　　　　　　　　　　　　　　　　　） | | | | | | | |
| 被申立人 | 氏名又は<br>法人の名称 | 東京電力株式会社 | | | | | | | |
| | 住所又は<br>本店所在地 | 〒100-8560　東京都千代田区内幸町1-1-3 | | | | | | | |

| 交渉経過の概要 | 受付印（センター使用欄） |
|---|---|
| ○ これまで被申立人に何らかの損害賠償の請求(一部請求、仮払補償金の請求を含む)を行ったことはありますか。<br>　□ ある<br>　　　時期：平成　年　月ころ　　　□ ない<br>○ これまで被申立人から、何らかの賠償金(一部請求、仮払補償金を含む)を受け取ったことがありますか。<br>　□ ある<br>　　　時期：平成　年　月ころ　　　□ ない<br>　　　金額：　　　　　　円 | |

【資料8】

2枚目

| 請求総額　　　　　　　　　　　　　円 | |
|---|---|
| 以下のア～サまでの損害額の合計額を記載してください。 | |
| 和解の仲介を求める事項及び理由 | 紛争の問題点及び交渉経過の概要 |
| 【左側の欄】<br>申立日現在での損害の総額及びその内容を記載してください。<br>各損害の種類ごとに証拠資料があるものを添付してください。 | 【右側の欄】<br>各項目ごとに、被申立人との話合いの経過について記載してください。<br>合意ができない事項(紛争の問題点)についても記載してください。 |
| ア　検査費用（人）　損害額　　　　　　　円 | 【証拠資料の一例】検査費用の領収書、交通費の領収書など |
| 検査機関<br>検査日時<br>【内容】 | 【紛争の問題点及び交渉の経過】 |
| イ　避難費用　　損害額　　　　　　　　　円 | 【証拠資料の一例】交通費の領収書、家財道具移動費用の領収書、宿泊費の領収書など |
| 避難場所1<br>避難期間　　年　月　日　～　　年　月　日<br>避難場所2<br>避難期間　　年　月　日　～　　年　月　日<br>【内容】 | 【紛争の問題点及び交渉の経過】 |
| ウ　一時立入費用　損害額　　　　　　　　円 | 【証拠資料の一例】交通費の領収書、宿泊費の領収書など |
| 【内容】 | 【紛争の問題点及び交渉の経過】 |
| エ　帰宅費用　　損害額　　　　　　　　　円 | 【証拠資料の一例】交通費の領収書、家財道具移動費用の領収書など |
| 【内容】 | 【紛争の問題点及び交渉の経過】 |
| オ　生命・身体的損害　損害額　　　　　　円 | 【証拠資料の一例】診断書、医療費用の領収書、診療報酬明細書、交通費の領収書など |
| 【内容】 | 【紛争の問題点及び交渉の経過】 |

※書ききれない場合には、追加記載事項欄（4枚目）をご利用ください。

【資料8】

3枚目

| カ 精神的損害　損害額　　　　　　　円 | 【証拠資料の一例】避難の場所及び期間・屋内退避の期間などが分かる書面など |
|---|---|
| 【内容】 | 【紛争の問題点及び交渉の経過】 |

| キ 営業損害　損害額　　　　　　　　円 | 【証拠資料の一例】確定申告書、決算書類、伝票類、帳簿類、廃棄費用の領収書、引っ越し費用、保管費用の領収書など |
|---|---|
| 【内容】 | 【紛争の問題点及び交渉の経過】 |

| ク 就労不能等に伴う損害　損害額　　円 | 【証拠資料の一例】休業証明書、給与明細、源泉徴収票、所得証明書、内定取消しの旨を記載した書面、解雇理由証明書など |
|---|---|
| 勤務先 | 【紛争の問題点及び交渉の経過】 |
| 休業期間　　年　月　日　～　年　月　日 | |
| 【内容】 | |

| ケ 検査費用(物)　損害額　　　　　　円 | 【証拠資料の一例】検査費用の領収書、交通費の領収書など |
|---|---|
| 【内容】 | 【紛争の問題点及び交渉の経過】 |

| コ 財物価値の喪失又は減少等　損害額　円 | 【証拠資料の一例】伝票等、汚染除去費用の領収書、廃棄処理費用の領収書など |
|---|---|
| 【内容】 | 【紛争の問題点及び交渉の経過】 |

| サ その他の損害　損害額　　　　　　円 | |
|---|---|
| 【内容】 | 【紛争の問題点及び交渉の経過】 |

### その他和解の仲介に関し参考となる事項

○和解仲介手続の進行に関する希望などがあれば、記載してください。

※書ききれない場合には、追加記載事項欄（4枚目）をご利用ください。

【資料8】

**4枚目**

**追加記載事項**

※申立書の各欄に書ききれない場合には、ご利用ください。

【資料９】

# 和解の仲介の申立てに当たって

原子力損害賠償紛争解決センター

　原子力損害の賠償に関する紛争について、当センターに和解の仲介を申し立てるに当たっては、以下の事項をご確認ください。

### 申立てに必要な書類について

※申立ては、無料です。
　　ただし、実費（送料、電話代、交通費など）は発生します。
　当センターへの和解の仲介の申立てには、基本的に、次の書類が必要となります。
　なお、申立書の受付後、このほかの書類を提出していただくこともあります。
　また、申立書など当センターに提出する全ての書類は、提出分とは別にその控えを手元に残しておいてください。

① 申立書（必要部数；３部）
- 部数の内訳は、①被申立人用、②担当の仲介委員用、③当センター保管用です。
- 原本として１部をお作りいただき、残りの２部はそのコピーをしたものでかまいませんが、申立人（代理人による申立ての場合は代理人）の印鑑は、それぞれの申立書に押印してください。

② 証拠書類（必要部数；各３部）
- 部数の内訳は、①と同じです。
- 損害額算定等のために必要な証拠書類（領収書、証明書など）は、全て提出してください。
- 提出していただく書類は、全て写し（コピーしたもの）でご提出ください。なお、後日、原本をお見せいただくこともありますので、ご注意ください。

③ 〔申立てをする方が法人のとき〕代表者の資格を証する書面（必要部数；１部）

④ 〔代理人によって申請するとき〕
- 弁護士や司法書士（簡裁訴訟代理等関係業務を行うことができる者に限る。）を代理人とするとき　委任状（必要部数；１部）
- その他の方を代理人とするとき　「代理人による申立てをお考えの方へ」をご確認ください。

### 申立書の書式について

　当センターで参考書式を用意していますので、ご活用ください（参考書式の電子データは、当センターのホームページから入手できます。）。
　なお、申立書の書式に決まりはありませんので、参考書式をお使いにならなくてもかまいません（例えば、既に東京電力㈱に損害賠償請求等をされている方が、その請求書に書かれたとおりの金額を賠償することについて和解の仲介を申し立てる場合などは、参考書式の１枚目をご利用いただき、参考書式の２枚目以降に記載すべき事項は、東京電力㈱に提出した請求書等の写しを添付していただくことで、これに代えるということでもかまいません。）。

### 申立書類の提出先・提出方法について

　上記申立書類は、原子力損害賠償紛争解決センターの第一東京事務所に、郵送で提出してください。
　なお、ご提出していただいた書類は返却いたしませんので、ご了承ください。

〔申立書類の提出先〕
〒１０５－０００３　東京都港区西新橋１－５－１３　第８東洋海事ビル９階
　　　　　　　　　原子力損害賠償紛争解決センター第一東京事務所　受付担当

【資料９】

原子力損害賠償紛争解決センター宛　　　　　　　　　　　　　　　　　　　　1枚目

# 和解仲介手続申立書

平成　　年　　月　　日

①申立日　この申立書をセンターに送付する日を記載してください。

②氏名　法人事業者が申立てをする際には、「法人の名称」「代表者の資格」（代表者の氏名）」をこの欄に記載してください。
例：△△株式会社　代表者代表取締役　〇〇〇〇

③申立人が複数人の場合（その1）
ご家族全員分の和解の申立てを一つにまとめて行うなど、複数人による申立てを1枚の申立書で行う場合には、2段目以降の欄に記載してください。
申立事項の欄に利用してください。

④現在の住所
現在、お住まいの住所を記載してください（ご自宅、避難所、身を寄せている親戚・友人宅などです）。

⑤申立人が複数人の場合（その2）
複数人による申立てを行う場合、各人の住所の追加記載は、申立書4枚目の追加記載事項欄を利用して、現在の住所または事故時の住所を記載してください。

⑥事故時の住所
平成23年3月11日時点での住所を記載してください。現在の住所と同じ場合には「同上」と記載してください。

⑦郵便物の送付先（指定通知場所）
センターからの郵便物等を受け取ることができる場所を記載してください。例えば、送付先が本欄記載の現在の住所と同じ地であれば、□にチェックをいれてください。

⑧交渉経過の概要
該当する項目にチェックをしてください。それが、「ある」にした場合であって、それが複数回であるときは、支払いを受けた機会ごとにお書きください。

| 当事者に関する事項 | | | |
|---|---|---|---|
| 本人 | ふりがな 氏名 | ② A | 生年月日 年 月 日 |
| | ふりがな 氏名 | ③ B | 生年月日 年 月 日 |
| | ふりがな 氏名 | | 生年月日 年 月 日 |
| 申立人 | 住所または居所 | 現在 ④ 事故時 ⑥ | ⑤ |
| | 電話番号等 | 電話（　　）　　　FAX（　　） | |
| 代理人 | ふりがな 氏名 法人の名称 | | □ 代理人欄記載の住所他 |
| | 住所 | | |
| | 電話番号等 | 電話（　　）　　　FAX（　　） | |
| 郵便物の送付先（指定通知場所） | □ 本人欄記載の現在の住所他　□ 代理人欄記載の住所他<br>その他（〒100-8560　東京都千代田区内幸町1-） | | |
| | ⑦ | 受付印（センター使用欄） | |
| 交渉経過の概要 ⑧ | | | |

○これまで申立人に何らかの損害賠償の請求（一部請求、仮払いを含む）を行ったことはありますか
　□ ある　年　月　日　　□ ない
　　時期：平成

○これまで申立人から、何らかの賠償金を受け取ったことがありますか（一部請求、仮払いを含む）
　□ ある　年　月　日　　□ ない
　　時期：平成
　　金額：　　　　　円

305

【資料9】

## 〈2枚目および3枚目の記載要領〉

○各損害の種類ごとに、【一例】を挙げてください。ここに挙げられているものに限定される意味ではありません。東京電力に対して提出した証拠資料と重複しても結構です。

○証拠資料の参考として、証拠資料の一例を挙げていますので、証拠資料の参考意見として記載してください。

○各欄に書ききれない事項がある場合は、4枚目「追加記載事項」に記載してください。

○各損害の詳細を【内容】欄に記載してください。

○ここまで東京電力とのやりとりがある場合には「紛争の問題点および交渉の経過の概要」欄に記載してください。

○各損害欄に記載する事項は次のとおりです。なお、各損害に対する基本的な考え方については、「東京電力株式会社福島第一、第二原子力発電所事故による原子力損害の範囲の判定に関する中間指針」（平成23年8月5日原子力損害賠償紛争審査会）を参考にしてください。

【ア 検査費用（人）】
放射線への曝露の有無や、それが健康に及ぼす影響を確認するために検査を受けた場合の病院等での検査費用や、そのために要した交通費等を記載してください。

【イ 避難費用】
避難指示等により避難を余儀なくされたときの、避難に要した交通費、家財道具の移動費用、宿泊費等を記載してください。

【ウ 一時立入費用】
市町村が実施する「一時立入り」等に参加するために要した交通費、家財道具の移動費用、除染費用等を記載してください。

【エ 帰宅費用】
避難指示等に伴い解除された、自宅に最終的に戻るために要した交通費、家財道具の移動費用等を記載してください。

【オ 生命・身体的損害】
避難等を余儀なくされたため、傷害を負い、あるいは、治療を要する程度に健康状態が悪化し、または悪化することを防止するために生じた治療費、薬代、精神的損害等を記載してください。

---

2枚目

| 請求総額 | 申立人Aにつき○○円、同Bにつき○○円 |
|---|---|
| 和解の仲介を求める事項及び理由 |  |
| 【左側の欄】 以下のテーマごとの事情の概略と当方の計画を記載ください。 各損害の種類ごとの証拠となり得る事項について、各損害が生じた日の事情や、当該損害とはどのような経緯で生じた損害なのかを簡単に記載してください。 | 紛争の問題点及び交渉経過の概要【右側の欄】各損害ごとに、紛争の問題点等の食い違いの経過について記載してください。合意がなされている事項や最新のやり取りの内容についても記載してください。 |

| | 損害額 | |
|---|---|---|
| ア 検査費用（人） | 申立人A○○円 | 【証拠資料の一例】検査費用の領収書、交通費の領収書など |
| 検査機関 ○○病院 | | 【紛争の問題点及び交渉経過の概要】 |
| 検査日時 平成○○年○○月○○日 | | |
| 【内容】平成○年○月○日 ○○から○○病院までの往復交通費 ○○円 ○○病院での検査費 ○○円 | | |

| イ 避難費用 | 申立人Aにつき ○○円 申立人Bにつき ○○円 | 【証拠資料の一例】交通費の領収書、家財道具移動費用の領収書、宿泊費の領収書など 【紛争の問題点及び交渉経過の概要】 |
|---|---|---|
| 避難場所① ○○県○○市 | | |
| 避難期間 平成○年○月○日～平成○年○月○日 | | |
| 避難場所② ×県×郡 | | |
| 避難期間 平成○年○月○日～平成○年○月○日 | | |
| 【内容】 ○○から○○までの交通費 ○○円（ガソリン代） | | |

| ウ 一時立入費用 | 申立人Aにつき ○○円 | 【証拠資料の一例】交通費の領収書、家財道具移動費用の領収書など 【紛争の問題点及び交渉経過の概要】 |
|---|---|---|
| 【内容】 平成○年○月○日 ○○から○○までの交通費 ○○円 | | |

| エ 帰宅費用 | 申立人Aにつき ○○円 申立人Bにつき ○○円 | 【証拠資料の一例】交通費の領収書、家財道具移動費用の領収書など 【紛争の問題点及び交渉経過の概要】 |
|---|---|---|
| 【内容】 平成○年○月○日 ○○から○○までの交通費 ○○円 平成○年○月○日 ○○から○○までの家財道具移動費 ○○円 | | |

| オ 生命・身体的損害 | 損害額 ○○円 | 【証拠資料の一例】診断書、医療費の領収書、診療報酬明細書、交通費の領収書など 【紛争の問題点及び交渉経過の概要】 |
|---|---|---|
| 【内容】 ○○から○○病院までの交通費 ○○円 ○○病院での診断費用 ○○円 ×月×日、○○病院での診療費用 ○○円 通院費用 ○○円 × △日（通院日数） | | |

- 1 -

【資料9】

【精神的損害】
避難や屋内退避等を余儀なくされたため、正常な日常生活の維持・継続が長期間にわたり阻害されたために生じた精神的損害等を記載してください。

【営業損害】
事業者において、本件事故に伴い取引先との取引が減少・停止したことにより減少した売上高、これにより負担を免れた仕入費用や従業員に対する賃金の額等、おおびこれらの差額（損害額）を記載してください。

【就労不能等に伴う損害】
本件事故により、勤務先が廃業を余儀なくされ、または避難が勤務先から遠方となったために就労ができなくなった場合等の給与の減収額等を記載してください。

【検査費用（物）】
商品を含む財物について、放射性物質に曝露しているか否かを検査するための検査費用、運送費用等を記載してください。

【財物価値の喪失又は減少等】
財物について、避難により管理ができなくなったり、放射性物質の曝露により価値が下がったりした場合等の財物の価値喪失額、廃棄費用、除染費用等を記載してください。

【その他の損害】
風評被害などその他の損害があればご記入ください。また、上記に当てはまらない損害があれば、この欄に記載してください。

3枚目

| | | 損害額 | 【証拠資料の一例】避難先の場所及び期間、屋内退避の期間などがわかる書面など | |
|---|---|---|---|---|
| カ | 精神的損害 | 申立人Aにつき、〇〇円 申立人Bにつき、〇〇円 | | |
| | 【内容】〇〇体育館（2ヶ月）〇〇円×2人 ××体育館（4ヶ月）〇〇円×2人 | | | |
| キ | 営業損害 | 申立人Aにつき、〇〇円 | 【証拠資料の一例】確定申告書、決算書類、伝票類、帳簿類、廃棄費用の領収書、引っ越し費用、保管費用の領収書など | 【係争の問題点及び交渉の経過】 |
| | 【内容】第1避難による取引中止により本年下半期の〇月〇日から同年〇月〇日までの減収額 〇円 商品廃棄費用等の追加的費用 △△円 支出を免れた費用 ××円 | | | |
| ク | 就労不能に伴う損害 | 申立人Bにつき、〇〇円 | 【証拠資料の一例】休業証明書、給与明細、源泉徴収票、所得証明等（内定取り消しの旨を記載した書面、解雇理由証明書） | 【係争の問題点及び交渉の経過】 |
| | 勤務先 〇〇株式会社 休業期間 平成〇〇年〇〇月〇〇日 ～ 現在 | | | |
| | 【内容】避難先から勤務先への通勤が不能となり、退職したことによる給与等の減収分 〇〇円 | | | |
| ケ | 検査費用（物） | 申立人Aにつき、〇〇円 | 【証拠資料の一例】検査費用の領収書、交通費の領収書など | 【係争の問題点及び交渉の経過】 |
| | 【内容】〇月〇日、〇〇において〇〇を検査した際の検査費 〇円 〇月〇日、〇〇において〇〇を検査した際の運送費 〇〇円 | | | |
| コ | 財物価値の喪失又は減少等 | 〇〇〇円 | 【証拠資料の一例】伝票類、汚染除去費用の領収書、廃業処理費用の領収書など | 【係争の問題点及び交渉の経過】 |
| | 【内容】避難により、手入れ出来なくなって枯れた伝票の価値 〇〇〇〇円 | | | |
| サ | その他の損害 | 損害額 〇〇〇〇円 | | 【係争の問題点及び交渉の経過】 |
| | 【内容】風評被害などその他の損害があればご記入ください | | | |

その他和解の申介に関し参考となる事項

〇和解手続の進行に関する希望などがあれば、記載してください。

【資料10】

# 代理人による申立てをお考えの方へ

原子力損害賠償紛争解決センター

| Q1 和解の仲介の申立ては、本人でなくてもできるのですか？ |
|---|

A　代理人による申立ても可能です。ただし、代理人となることができる方は、
　① 法令により他人の法律事務を取り扱うことを業とすることができる方
　② ①のほか、代理人となることを当センターが承認した方
に限られます(原子力損害賠償紛争解決センター和解仲介業務規程第5条第1項)。

| Q2 「法令により他人の法律事務を取り扱うことを業とすることができる方」とは、どのような意味ですか？ |
|---|

A　弁護士や司法書士(簡裁訴訟代理等関係業務を行うことができる者に限る。)を指します。
　なお、一般に、「法令により他人の法律事務を取り扱うことを業とすることができる方」以外の方が、報酬を得る目的で他人の法律事件を代理することを業とすることは、弁護士法(第72条)に抵触するおそれがありますので、注意が必要です。

| Q3 「代理人となることを当センターが承認した方」とは、どのような意味ですか？ |
|---|

A　申立人となる方のご事情に応じて、弁護士等でなくても、代理人となることを承認するものです。
　原則として、次表の左の欄に書かれている方が、右の欄の書類(各1部)を提出していただいた場合は、代理人となることを承認することとしています。いずれの場合も、無償で代理人となる場合に限ります。

| 代理人となる方 | 必 要 書 類 |
|---|---|
| 法定代理人(未成年のお子様の御両親、成年後見人など) | ・法定代理権を証する書面(戸籍謄本等) |
| 三親等内の親族(親、子、孫、祖父母、兄弟姉妹、おじ、おば、おい、めいなど) | ・申立人となられる方が作成した委任状<br>・三親等内の親族であることを証する書面(戸籍謄本等) |
| 同居の親族(福島第一、第二原子力発電所事故の発生時又は発生後に同居している親族) | ・申立人となられる方が作成した委任状<br>・同居の事実を証する書面(住民票等) |
| 法人(会社)の従業員又は代表権のない役員 | ・申立人となられる法人(会社)の代表者が作成した委任状 |
| 事業者(個人、法人を問わない。)の属する事業者団体の役職員 | ・申立人作成に係る委任状 |

| Q4 上記以外は、代理人となることができないのですか？ |
|---|

A　上記以外であっても、代理人となることについて相当な理由があると当センターが判断した場合は、代理人として承認することがあります。
　なお、「相当な理由」があるかどうかは、次の書類を提出していただいた上で、個別に判断します(追加の書類を提出していただくこともあります。)。
　○ 申立人となられる方が作成した委任状
　○ 代理人となる理由を書いた書面(「代理人となる理由」を申立書や委任状に書いていただいてもかまいません。なぜその方を代理人とするのか、その方はどのようなお立場の方なのかなどについて、具体的にお書きください。)。

【資料11】

## 法人・個人事業主の方へ

営業損害の賠償を求める方は、<u>申立時に</u>、<u>証拠書類として</u>、<u>次の資料の写し3部のご提出</u>をお願いいたします。

### 1 すべての方

○決算書（あなたの会社の決算期に応じて、別表「営業損害請求案件　提出資料」の「必ず提出を求める資料」欄記載のものを提出してください。）

※別表の「主張の根拠となる場合に提出を求める資料」欄記載のものを主張の根拠とする場合には、それも提出してください。
※個人事業主の方は、12月決算の会社と同様に扱いますので、各年度の青色申告書を提出してください。

○月次資料（毎月の収入・費用が分かる資料）がある場合には、提出する決算書と同じ期間の月次資料も提出してください。

○月次資料がない場合であっても、毎月の収入（売上高）が分かる資料がある場合には、提出する決算書と同じ期間の毎月の収入（売上高）が分かる資料を提出してください。

### 2 一部の事業所・事業部門・製品群・製品についての損害賠償のみを求める方

○上記1に加え、部門別の「収入」および「費用」が分かる資料がある場合には、営業損害が発生した事業所・事業部門・製品群・製品についての「収入」および「費用」が分かる資料

※なお、「費用」が分かる資料がない場合、「収入」が分かる資料で足ります。

### 3 東京電力に対して直接請求している方

○上記1（および上記2）に加え、東京電力に対する直接請求に関する資料
ⅰ）東京電力に対する直接請求をした際の請求書
ⅱ）東京電力に対する直接請求に際し提出した資料一式
ⅲ）東京電力からの回答書（東京電力から回答があった場合）

※上記ⅰ～ⅲの資料を東京電力に提出させることを希望する方は、その旨を申立書に記入してください。
※上記1（および上記2）の資料と重複する場合、追加する必要はありません。

なお、上記資料は、あくまで、<u>申立ての段階でご提出をお願いする最低限の資料</u>であり、<u>和解仲介手続の審理の中で、追加して資料をお願いすることがあります</u>ので、あらかじめご了承ください。

【資料11】

# 別表（営業損害請求案件　提出資料）

- 決算期に応じて、次の書類を申立書に添付して提出する。
- 月次資料（毎月の収入・費用が分かる資料）がない場合には、提出を要しない。その場合であっても毎月の収入（売上高）が分かる資料がある場合には、その資料を提出する。
- 平成25年10月期以後の決算書が作成され、主張の根拠となる場合には、その決算書も提出する。

| 決算期 | 必ず提出を求める資料 | 主張の根拠となる場合に提出を求める資料 |
|---|---|---|
| 1月 | ・平成23年1月期の決算書、月次資料<br>・平成24年1月期の決算書、月次資料<br>・平成25年1月期の決算書、月次資料 | ・平成22年1月期の決算書、月次資料<br>・平成21年1月期の決算書、月次資料<br>・平成25年2月以降の月次資料 |
| 2月 | ・平成23年2月期の決算書、月次資料<br>・平成24年2月期の決算書、月次資料<br>・平成25年2月期の決算書、月次資料 | ・平成22年2月期の決算書、月次資料<br>・平成21年2月期の決算書、月次資料<br>・平成25年3月以降の月次資料 |
| 3月 | ・平成22年3月期の決算書、月次資料<br>・平成23年3月期の決算書、月次資料<br>・平成24年3月期の決算書、月次資料 | ・平成21年3月期の決算書、月次資料<br>・平成20年3月期の決算書、月次資料<br>・平成25年3月期の決算書、月次資料<br>・平成25年4月以降の月次資料 |
| 4月 | ・平成22年4月期の決算書、月次資料<br>・平成23年4月期の決算書、月次資料<br>・平成24年4月期の決算書、月次資料 | ・平成21年4月期の決算書、月次資料<br>・平成20年4月期の決算書、月次資料<br>・平成25年4月期の決算書、月次資料<br>・平成25年5月以降の月次資料 |
| 5月 | ・平成22年5月期の決算書、月次資料<br>・平成23年5月期の決算書、月次資料<br>・平成24年5月期の決算書、月次資料 | ・平成21年5月期の決算書、月次資料<br>・平成20年5月期の決算書、月次資料<br>・平成25年5月期の決算書、月次資料<br>・平成25年6月以降の月次資料 |
| 6月 | ・平成22年6月期の決算書、月次資料<br>・平成23年6月期の決算書、月次資料<br>・平成24年6月期の決算書、月次資料 | ・平成21年6月期の決算書、月次資料<br>・平成20年6月期の決算書、月次資料<br>・平成25年6月期の決算書、月次資料<br>・平成25年7月以降の月次資料 |
| 7月 | ・平成22年7月期の決算書、月次資料<br>・平成23年7月期の決算書、月次資料<br>・平成24年7月期の決算書、月次資料 | ・平成21年7月期の決算書、月次資料<br>・平成20年7月期の決算書、月次資料<br>・平成25年7月期の決算書、月次資料<br>・平成25年8月以降の月次資料 |
| 8月 | ・平成22年8月期の決算書、月次資料<br>・平成23年8月期の決算書、月次資料<br>・平成24年8月期の決算書、月次資料 | ・平成21年8月期の決算書、月次資料<br>・平成20年8月期の決算書、月次資料<br>・平成25年8月期の決算書、月次資料<br>・平成25年9月以降の月次資料 |
| 9月 | ・平成22年9月期の決算書、月次資料<br>・平成23年9月期の決算書、月次資料<br>・平成24年9月期の決算書、月次資料 | ・平成21年9月期の決算書、月次資料<br>・平成20年9月期の決算書、月次資料<br>・平成25年9月期の決算書、月次資料<br>・平成25年10月以降の月次資料 |
| 10月 | ・平成22年10月期の決算書、月次資料<br>・平成23年10月期の決算書、月次資料<br>・平成24年10月期の決算書、月次資料 | ・平成21年10月期の決算書、月次資料<br>・平成20年10月期の決算書、月次資料<br>・平成24年11月以降の月次資料 |
| 11月 | ・平成22年11月期の決算書、月次資料<br>・平成23年11月期の決算書、月次資料<br>・平成24年11月期の決算書、月次資料 | ・平成21年11月期の決算書、月次資料<br>・平成20年11月期の決算書、月次資料<br>・平成24年12月以降の月次資料 |
| 12月 | ・平成22年12月期の決算書、月次資料<br>・平成23年12月期の決算書、月次資料<br>・平成24年12月期の決算書、月次資料 | ・平成21年12月期の決算書、月次資料<br>・平成20年12月期の決算書、月次資料<br>・平成25年1月以降の月次資料 |

【資料12】

# 証拠の確認一覧 （弁護士用手控え）

| | |
|---|---|
| 0 | 共通 |
| | ☐ 東日本大震災・記録ノート |
| | ☐ |
| 1 | 避難費用（汚染地域からの緊急的な避難に要したもの） |
| | ☐ 避難のための交通費の領収書、メモ |
| | ☐ 避難のための宿泊費の領収書 |
| | ☐ 避難により生活費（家財道具の購入費、食費等）の領収書、メモ |
| | ☐ 家財道具の移動費用の領収書 |
| | ☐ |
| 2 | 一時立入費用 |
| | ☐ 一時立入のための交通費の領収書、メモ |
| | ☐ |
| 3 | 避難・避難生活が原因の傷害、疾病、死亡によるもの |
| | ☐ 病院等の医療機関の診断書 |
| | ☐ 病院等の医療機関での診療費用の領収書、診療報酬明細書 |
| | ☐ 病院等の医療機関への通院のための交通費の領収書、メモ |
| | ☐ 傷害、疾病、死亡による減収分がわかる給与明細書、決算書類等 |
| | ☐ |
| 4 | 放射線への暴露の有無またはそれが健康に及ぼす影響を確認するための費用 |
| | ☐ 検査器具の領収書 |
| | ☐ 病院等の医療機関の診断書 |
| | ☐ 病院等の医療機関での診療費用の領収書、診療報酬明細書 |
| | ☐ 病院等の医療機関への通院のための交通費の領収書 |
| | ☐ |
| 5 | 精神的損害 |
| | ☐ 避難等の際の行動（滞在場所・滞在期間）や気持ちを記録した日記、手帳など |
| | ☐ |
| 6 | 帰宅費用 |
| | ☐ 帰宅のための交通費の領収書、メモ |
| | ☐ 引越費用の領収書 |
| | ☐ 保管費用の領収書 |
| 7 | 給与等の減収分と追加的費用 |
| (1) | 事故前 |
| | ☐ 給料明細・源泉徴収票、確定申告書、決算書類 |
| | ☐ 収入状況が分かる伝票、帳簿、日誌等 |
| | ☐ 所得証明書、納税証明書 |
| | ☐ |

1

【資料12】

| | | |
|---|---|---|
| (2) | 事故後 | |
| | ☐ 休業証明書 | |
| | ☐ 勤務先発行の解雇理由証明書、離職証明書 | |
| | ☐ 内定を取り消した旨を記載した勤務先発行の書面 | |
| | ☐ 給料明細・源泉徴収票、確定申告書、決算書類 | |
| | ☐ 収入状況が分かる通帳、伝票、帳簿、日誌等 | |
| | ☐ 所得証明書、納税証明書 | |
| | ☐ 未払給与の金額及び未払いの理由等を記載した勤務先発行の書面 | |
| | ☐ | |
| 8 | 区域内の財物（不動産を含む） | |
| | ☐ 伝票等、被害品の数量が確認できる資料 （※主に商品等の場合） | |
| | ☐ 損害品の日付入りの写真、カタログ、パンフレットなど | |
| | ☐ 検査費用の領収書 | |
| | ☐ 取引先から検査あるいは検査費用を要求された書面 | |
| | ☐ 検査のためにかかった交通費の領収書 | |
| | ☐ 汚染除去費用の領収書 | |
| | ☐ 廃棄費用の領収書 | |
| | ☐ 廃棄品と同等の物品を購入したことの領収書 | |
| | ☐ | |
| 9 | その他 | |
| | ☐ | |
| | ☐ | |
| | ☐ | |
| | ☐ | |
| | ☐ | |
| | ☐ | |

【資料13】

27原解セ第●●●●号

平成27年●●月●●日

申立人代理人

　弁護士　一弁　太郎　様

　　　　　　　　　　　　　　原子力損害賠償紛争解決センター　印

　　　　　　和解仲介手続における仲介委員の指名等について

　下記1の事件について、下記2の仲介委員が指名されましたので、お知らせします。

　今後は、まず、下記2の仲介委員において申立ての内容等について検討し、その後、必要に応じて、当事者から直接話をうかがう期日が開かれることもあります。その際には、直前に下記3の担当調査官から連絡があります。

> また、東京電力から直送される答弁書において、追加の説明や追加の資料提出を求めてくることがあります。この場合には、直ちに東京電力の求めに応じないで、当センターからの連絡があるまでお待ちください。当センターにおいて、仲介会員が必要と判断したものに限って、追加の説明や追加の資料提出を求める予定です。

　ご不明な点があれば担当調査官までご連絡ください。

　　　　　　　　　　　　　　　　記

1　事件番号　　平成27年（東）第●●●●号
　　申　立　人　　●●●●
　　被申立人　　東京電力株式会社
2　仲介委員　　●●　●●
3　担当調査官　●●　●●

　　　　　　　　（連絡先電話番号　03-●●●●-●●●●）

【資料14】

# 和解契約書（全部）（案）

　原子力損害賠償紛争解決センター平成27年（東）第●●●号事件（以下「本件」という。）につき、申立人　　　同　　　（以下「申立人ら」という。）と被申立人東京電力株式会社（以下「被申立人」という。）は、次のとおり和解する。

1　和解の範囲
　　申立人らと被申立人は、本件に関し、別紙の損害項目（別紙の対象期間に限る。）について和解することとし、それ以外の点については、本和解の効力は及ばないことを相互に確認する。

2　和解金額
　　被申立人は、前項の損害項目に対する和解金として、申立人らに対し、金●●●万●●●●円の支払義務があることを認める。

3　既払金及びその精算
　　申立人らと被申立人は、被申立人が申立人らに対し、仮払補償金として、合計金●●●万円を支払済みであることを相互に確認し、この既払金全額について、前項記載の和解金●●●万●●●●円の支払に充当する方法で精算する。

4　支払方法
　　被申立人は、申立人らに対し、第2項記載の和解金●●●万●●●●円から前項記載の既払金●●●万円を控除した金●●●万●●●●円を、申立人らが署名（記名）押印した本和解契約書原本を被申立人が受領した日の翌日から14日以内に、申立人らが指定する次の銀行口座に振り込む方法により支払う。なお、振込手数料は、被申立人の負担とする。

　　　　金融機関
　　　　支店名
　　　　預金種目
　　　　口座番号
　　　　口座名義

5 清算条項
　申立人らと被申立人は、第1項記載の損害項目（同項記載の期間に限る。）について、以下の点を相互に確認する。
(1) 本和解に定める金額を超える部分につき、本和解の効力が及ばず、申立人らが被申立人に対して別途損害賠償請求することを妨げない。ただし、本件和解仲介に関する弁護士費用については、本和解に定めるもののほか、当事者間に何らの債権債務がない。
(2) 本和解に定める金額に係る遅延損害金につき、申立人らは被申立人に対して別途請求しない。

6 手続費用
　本件に関する手続費用は、各自の負担とする。

　本和解の成立を証するため、本和解契約書を2通作成し、申立人ら及び被申立人が署名（記名）押印の上、申立人らが1通、被申立人が1通をそれぞれ保有するものとする。また、被申立人は、本和解契約書の写し1通を、原子力損害賠償紛争解決センターに交付する。

平成　　年　　月　　日

　　　【申立人ら代理人】
　　　　　（住所）


　　　　　（氏名）
　　　　　　　　　　　　　　　　　　　　　　　　　　　　　印


　　　【被申立人】
　　　　　　　　　　　　　　　　　　　　　　　　　　　　　印

【資料14】

別紙

| 平成27年（東）第●●号 | 申立人 | | 外1名 | |
|---|---|---|---|---|
| 損害項目 | 申立人 | 対象期間 | | 金額 |
| 避難費用 | A | H23.●.● | ～H23.●.● | 36,000円 |
| | B | H23.●.● | ～H23.●.● | 20,000円 |
| 一時立入費用 | A | H23.●.● | ～H23.●.● | 52,000円 |
| 生活費増加分 | A | H23.●.● | ～H23.●.● | 50,000円 |
| 身体的損害（通院慰謝料） | A | H23.●.● | ～H24.●.● | 120,000円 |
| 身体的損害（通院交通費） | A | H23.●.● | ～H24.●.● | 60,000円 |
| 日常生活阻害慰謝料 | A | H23.●.● | ～H24.●.● | 2,040,000円 |
| 日常生活阻害慰謝料 | B | H23.●.● | ～H24.●.● | 1,840,000円 |
| 弁護士費用 | | | | 210,900円 |
| 合計額（①） | | | | 4,428,900円 |

| 未精算の仮払補償金（②） | 1,400,000円 |
|---|---|
| 支払額（①－②） | 3,028,900円 |

【資料15】

総括基準2

## 総括基準（精神的損害の増額事由等について）

(総括基準)
1　中間指針第3の6（指針）Ⅰ）に規定する精神的苦痛に対する慰謝料（以下「日常生活阻害慰謝料」という。）については、下記の事由があり、かつ、通常の避難者と比べてその精神的苦痛が大きい場合には、中間指針において目安とされた額よりも増額することができる。
　　・要介護状態にあること
　　・身体または精神の障害があること
　　・重度または中程度の持病があること
　　・上記の者の介護を恒常的に行ったこと
　　・懐妊中であること
　　・乳幼児の世話を恒常的に行ったこと
　　・家族の別離、二重生活等が生じたこと
　　・避難所の移動回数が多かったこと
　　・避難生活に適応が困難な客観的事情であって、上記の事情と同程度以上の困難さがあるものがあったこと
2　日常生活阻害慰謝料の増額の方法としては、1の増額事由がある月について目安とされた月額よりも増額すること、目安とされた月額とは別に一時金として適切な金額を賠償額に加算することなどが考えられる。具体的な増額の方法及び金額については、各パネルの合理的な裁量に委ねられる。
3　日常生活阻害慰謝料以外に、本件事故と相当因果関係のある精神的苦痛が発生した場合には、中間指針第3の6の備考11）を適用して、別途賠償の対象とすることができる。

(理由)
1　中間指針第3の6の備考10）には、日常生活阻害慰謝料の額（中間指針第3の6（指針）のⅢ及びⅤ）に規定する金額）について「あくまでも目安であるから、具体的な賠償に当たって柔軟な対応を妨げるものではない」と記載されていることから、増額という柔軟な対応をすることができる標準的な場合を定める必要がある。
2　避難等対象者が受けた精神的苦痛には、いずれの者についても想像を絶するほどの甚だしいものがあったというべきであるが、その中でも、避難生活への適応が困難な客観的事情と認められる事情があり、かつ、通常の避難者と比べてその精神的苦痛が大きいと認定できる者について、日常生活阻害慰謝料の増額をすることができる標準的な場合と定めるのが適当である。
3　増額の方法については、個別の事案に応じた適切なものであれば、その方法を問わないが、標準的な方法として、増額事由がある月の月額を目安とされた額よりも増額すること、一時金として適切な金額を定めることを例示した。
　　増額の程度については、個別の事案に応じた適切なものであれば足り、特に上限などを定めることを要しないと考えられる。
4　中間指針第3の6の備考11）には、「その他の本件事故による精神的苦痛についても、個別の事情によっては賠償の対象と認められ得る。」と記載されていることから、日常生活阻害慰謝料以外の本件事故と相当因果関係のある精神的苦痛の発生が認定できる場合には、これによる慰謝料が賠償の対象となる。賠償額の算定については、各パネルの合理的な裁量に委ねられる。

以上

【資料16】

総括基準3

## 総括基準（自主的避難を実行した者がいる場合の細目について）

（総括基準）
1　自主的避難対象者が自己又は家族の自主的避難の実行に伴い支出した実費等の損害の積算額が中間指針追補記載の自主的避難対象者に対する損害額の目安となる金額（40万円又は8万円）を上回る場合において、当該実費等の損害が賠償すべき損害に当たるかどうかを判断するには、①自主的避難を実行したグループに子供又は妊婦が含まれていたかどうか、②自主的避難の実行を開始した時期及び継続した時期、③当該各時期における放射線量に関する情報の有無及び情報があった場合にはその内容、④当該実費等の損害の具体的内容、額及び発生時期などの要素を総合的に考慮するものとする。
2　賠償の対象となるべき実費等の損害としては、以下のものが考えられる。
　　　1）　避難費用及び帰宅費用（交通費、宿泊費、家財道具移動費用、生活費増加分）
　　　2）　一時帰宅費用、分離された家族内における相互の訪問費用
　　　3）　営業損害、就労不能損害（自主的避難の実行による減収及び追加の費用）
　　　4）　財物価値の喪失、減少（自主的避難の実行による管理不能等に起因するもの）
　　　5）　その他自主的避難の実行と相当因果関係のある支出等の損害
3　1及び2により実費等の損害を賠償する場合においては、当該実費等の損害のほかに、中間指針追補記載の上記金額（40万円又は8万円）のうち精神的苦痛に対する慰謝料に相当する額を賠償するものとする。この場合において、賠償の総額には、中間指針追補記載の上記金額（40万円又は8万円）が含まれているものと扱う。
4　賠償は、本来は、個人単位で行われるものであるが、実際の和解案の作成に当たっては、家族等のグループに属する複数の者（滞在者を含む。）に生じた実費等の損害を合算したり、これらの者に係る中間指針追補記載の上記金額を合算したりするなど、グループ単位での計算をすることを妨げない。
5　1及び2に準じて算出される実費等の損害の合計額が中間指針追補記載の上記金額（40万円又は8万円）に満たなくても、当該実費等の損害の合計額と3による精神的苦痛に対する慰謝料に相当する額とを合算した額が中間指針追補記載の上記金額（40万円又は8万円）を上回る場合には、前記1から4までの基準を準用する。
　　本件事故後に、避難指示等対象区域及び自主的避難等対象区域のいずれにも属さない場所からこれらのいずれかに属する場所への転勤を勤務先から命じられたが、家族のうち妊婦又は子供を含むグループが転勤先に同行せずに二重生活が始まった場合には、前記1、2及び4の規定を準用する。
6　本件事故発生時に避難指示等対象区域及び自主的避難等対象区域のいずれにも属さない場所に住居があった者が自主的避難を実行した場合において、当該住居の所在場所が、発電所からの距離、避難指示等対象区域との近接性、放射線量に関する情報、当該住居の属する市町村の自主的避難の状況などの要素を総合的に考慮して、自主的避難等対象区域と同等の状況にあると評価されるときには、中間指針追補及び前記1から5までの基準を準用する。

（理由）
1　中間指針追補には、「中間指針追補で対象とされなかったものが直ちに賠償の対象とならないというものではなく、個別具体的な事情に応じて相当因果関係のある損害と認められることがあり得る」という記載があり（中間指針追補2頁。同趣旨の記載が、対象区域につき3頁、対象者につき5頁、損害項目につき8頁にある。）、個別具体的な事情により相当因果関係のある損害と認める場合の基準を定める必要がある。
2　自主的避難の実行に伴い支出した実費等の損害が賠償の対象になるかどうかを考慮する際には、

【資料16】

中間指針追補に表れた各種の要素を検討するのが相当である。賠償の対象となる損害項目については、政府指示により避難した者について検討された項目に準じて検討するのが相当である。

3 　実費等の損害を賠償しても、精神的苦痛に対する損害は賠償されていない。そのため、中間指針追補における自主的避難対象者に対する損害額の目安（40万円又は8万円）のうち、精神的苦痛に対する損害額とみられる部分を賠償する必要がある。

　　このようにして算定された金額（40万円又は8万円を上回る。）が賠償された場合には、中間指針追補記載の金額（40万円又は8万円）も賠償されたものと扱うのが相当である。

4 　家族などのグループ単位での避難が実際には多いと思われることから、グループ単位での計算も、個人単位での計算も、和解案として許容されることとした。

5 　実費等の損害の合計額が中間指針追補における自主的避難対象者に対する損害額の目安（40万円又は8万円）を下回る場合であっても、実費等の損害の合計額と3による精神的苦痛に対する慰謝料に相当する額を合算した金額が上記損害額の目安（40万円又は8万円）を上回るときには、当該合算した金額（40万円又は8万円を上回る。）を賠償するのが相当であるから、1から4までの基準を準用することとした。

　　また、本件事故後の転勤命令により新たに避難指示等対象区域又は自主的避難等対象区域のいずれかに勤務することになったが、転勤先の放射線量等の影響を考慮して家族のうち妊婦又は子供などが転勤先に同行せずに二重生活が始まった場合は、子供又は妊婦を含むグループが自主的避難を実行した場合に準ずるものであるから、前記1，2及び4の規定を準用することとした。

6 　避難指示等対象区域及び自主的避難等対象区域のいずれにも属さない場所に住居があった者が自主的避難を実行した場合についても、その者の居住地が自主的避難等対象区域と同等の状況にあると評価されるときには、自主的避難等対象区域居住者と同様に扱うのが相当であるから、中間指針追補及び1から5までの基準を準用することとした。

以上

【資料17】

総括基準4

## 総括基準（避難等対象区域内の財物損害の賠償時期について）

（総括基準）
　次に掲げる損害は、現地への立ち入りができない等の理由により被害物の現状等が確認できない場合であっても、速やかに賠償すべき損害と認められる。
1）　動産（製造業の機械・機具などの生産設備、卸小売業・サービス業などその他の事業者の事業用設備、住宅の家財等）であって、避難等対象区域内に存在するものについての、下記の損害
　①　避難等を余儀なくされたことに伴い管理が不能等となったため、価値の全部又は一部が失われた場合における価値の喪失又は減少分及びこれらに伴う必要かつ合理的な範囲の追加的費用
　②　その価値を喪失又は減少させる程度の量の放射性物質に曝露した場合における価値の喪失又は減少分及びこれらに伴う必要かつ合理的な範囲の追加的費用
　③　財物の種類、性質及び取引態様等から、平均的・一般的な人の認識を基準として、本件事故により当該財物の価値の全部又は一部が失われた場合における価値の喪失又は減少分及びこれらに伴う必要かつ合理的な範囲の追加的費用
2）　不動産であって、避難等対象区域内に存在するものについての、上記1）の①から③までに記載の損害

（理由）
　中間指針第3の10の備考1）に「立ち入りができないため、価値の喪失又は減少について現実に確認ができないものは、蓋然性の高い状況を想定して喪失又は減少した価値を算定することが考えられる」とあることからすれば、動産、不動産の価値の喪失又は減少について、現地への立ち入りができない等の理由により被害物の現状等が確認できない場合であっても、速やかに賠償すべき損害と考えるべきである。

以上

【資料 18】

総括基準5

総括基準（訪日外国人を相手にする事業の風評被害等について）

（総括基準）
1 我が国に営業の拠点がある観光業の風評被害について、平成23年5月末までに生じた外国人観光客に関する被害のうち解約以外の原因により発生したもの及び通常の解約率の範囲内の解約により発生したものと本件事故との間の相当因果関係が認められるのは、本件事故による放射性物質による汚染の危険性を懸念し、敬遠したくなる心理が、平均的・一般的な外国人を基準として合理性を有していると認められる場合とする。
2 我が国に営業の拠点がある観光業の風評被害について、平成23年6月以降に生じた外国人観光客に関する被害と本件事故との間の相当因果関係が認められるのは、本件事故による放射性物質による汚染の危険性を懸念し、敬遠したくなる心理が、平均的・一般的な外国人を基準として合理性を有していると認められる場合とする。
3 訪日外国人を相手にする事業の風評被害について、商品又はサービスの買い控え、取引停止等と本件事故との間の相当因果関係が認められるのは、本件事故による放射性物質による汚染の危険性を懸念し、敬遠したくなる心理が、平均的・一般的な外国人を基準として合理性を有していると認められる場合とする。
4 1から3までの基準の適用については、放射性物質による汚染の危険性を懸念する訪日外国人は、福島県及びその近隣地域のみを敬遠するのではなく、日本国内の全部を敬遠するのが通常であることに留意するものとする。

（理由）
1 中間指針第7の1の指針Ⅱ）及びⅢ）によれば、我が国に営業の拠点がある観光業の外国人観光客に関する風評被害について、「本件事故の前に予約が既に入っていた場合であって、少なくとも平成23年5月末までに通常の解約率を上回る解約が行われたこと」（中間指針第7の3の指針Ⅱ）参照）以外の原因により発生した減収等については、中間指針第7の1の指針Ⅱ）の一般的な基準に照らして本件事故との相当因果関係を判断すべきこととなる。
2 観光業とはいえない事業であっても、訪日外国人を相手にする事業の風評被害については、中間指針第7の1の指針Ⅱ）の一般的な基準に照らして本件事故との相当因果関係を判断すべきこととなる。
3 本件事故による放射性物質による汚染の危険性を懸念し、敬遠したくなる心理の合理性を検討するに当たっては、平均的・一般的な訪日外国人は、福島県及びその近隣地域のみを敬遠するのではなく、日本国内の全部を敬遠するのが通常であることから、そのことを検討に当たっての留意事項とすることとした。

以上

【資料19】

総括基準6

## 総括基準（弁護士費用について）

（総括基準）
1 原子力損害を受けた被害者が原子力損害賠償紛争解決センターへの和解の仲介の申立てをするについて自己の代理人弁護士を選任した場合においては、下記の損害が、弁護士費用として賠償すべき損害と認められる。
1）標準的な場合
　　和解により支払を受ける額の3％を目安とする。
2）和解金が高額（おおむね1億円以上）となる場合
　　和解により支払を受ける額の3％未満で仲介委員が適切に定める額
　　和解により支払を受ける額については、個人又は法人単位に考えるのが原則であるが、弁護士が複数の個人又は法人から委任を受けている場合には、事情により、複数の個人又は法人が和解により支払を受ける額の合算額をもとにしてこの基準を適用することができる。
3）例外的な取り扱い
　　和解仲介手続における被害者の代理人弁護士の活動に通常の事案よりも複雑困難な点があったと認められる場合（弁護士にかかった手間と比べて和解金が著しく少額である場合を含む。）には、弁護士費用相当額の損害を増額することができる。
　　和解仲介手続における被害者の代理人弁護士の活動が、適正、迅速な審理の実現にあまり貢献しなかったと認められる場合には、仲介委員の判断により、弁護士費用相当額の損害を認定しないことができる。

（理由）
1 原子力損害賠償紛争解決センターへの和解の仲介の申立ては、高度の法律知識を必要とする。本人による申立ては、本人が提出した申立書及び証拠書類だけでは審理がなかなか進まず、仲介委員又は調査官からの数多くの質問に回答することにより、ようやく審理が前に進む事件が多く、この場合であっても、申立人が真に主張立証したいことが審理の対象から漏れるリスクを否定することはできない。そうすると、申立人が弁護士を代理人に選任した場合の弁護士費用は、相当な範囲内で、本件事故と相当因果関係のある損害とみることが相当である。
2 原子力損害賠償紛争解決センターへの和解の仲介の申立ては、責任原因論の争いがないのが通常であることや、訴訟におけるような厳格な主張、立証手続の規制がないという点において、弁護士にとって、損害賠償請求訴訟を委任された場合ほどには手間がかからない。そうすると、判決における標準的な弁護士費用相当額の損害（認容額の10％）よりも低い額（和解により支払を受ける額の3％）を、弁護士費用として賠償すべき損害と定めるのが相当である。
3 和解により支払を受ける額が増加する割合ほどには、弁護士の手間は増加しないのが通常であるとみられる。したがって、和解により支払を受ける額が高額（おおむね1億円以上）にわたる場合には、標準的な割合（3％）よりも低い割合で弁護士費用相当額の損害を算定することとした。
　　また、事案によっては、和解により支払を受ける額が高額にわたるかどうかは、弁護士に委任をした複数の個人又は法人が和解により支払を受ける額の合算額をもとに判断することが適当であることから、そのような基準を定めた。
4 和解仲介手続における被害者の代理人弁護士の活動が、通常の事案よりも手間がかかり、複雑困難であったといえるような場合（弁護士にかかった手間と比べて和解金が著しく少額である場合を含む。）には、損害額を和解により支払を受ける額の3％よりも増額することが相当であり、弁護士費用相当額の損害を増額することができることとした。
　　和解仲介手続における被害者の代理人弁護士の活動が、適正、迅速な審理の実現に貢献しない場合には、弁護士費用相当額の損害を認定する基礎を欠く。このような場合には、弁護士費用相当額の損害を認定しないことができることとした。

以上

【資料20】

総括基準7

## 総括基準（営業損害算定の際の本件事故がなければ得られたであろう収入額の認定方法について）

(総括基準)
　本件事故がなければ得られたであろう収入額については、唯一の合理的な算定方法しか存在しないという場合は稀であり、複数の合理的な算定方法が存在するのが通常であるところ、仲介委員は、その中の一つの合理的な算定方法を選択すれば足りる。
　合理的な算定方法の代表的な例としては、以下のものが挙げられ、これらのいずれを選択したとしても、特段の事情のない限り、仲介委員の判断は、合理的なものと推定される。
・平成22年度（又は平成21年度、同20年度）の同期の額
・平成22年度（又は平成21年度、同20年度）の年額の12分の1に対象月数を乗じた額
・上記の額のいずれかの2年度分又は3年度分の平均値（加重平均を含む。）
・平成20年度から22年度までの各年度の収入額に変動が大きいなどの事情がある場合には、平成22年度以前の5年度分の平均値（加重平均を含む。）
・平成23年度以降に増収増益の蓋然性が認められる場合には、上記の額に適宜の金額を足した額
・営業開始直後で前年同期の実績等がない場合には、直近の売上額、事業計画上の売上額その他の売上見込みに関する資料、同種事業者の例、統計値などをもとに推定した額
・その他、上記の例と遜色のない方法により計算された額

(理由)
　本件事故がなければ得られたであろう収入額の算定方法には、複数の合理的な算定方法が存在するのが通常である。しかしながら、その複数の方法を比較しても、いずれも期待利益の予測方法であることから五十歩百歩であって、決定的に優れた方法は存在しないのが通常であることから、その算定方法の選択は、仲介委員の合理的な裁量に委ねられる。

以上

【資料21】

総括基準8

## 総括基準（営業損害・就労不能損害算定の際の中間収入の非控除について）

（総括基準）
　政府指示による避難者が、営業損害や就労不能損害の算定期間中に、避難先等における営業・就労（転業・転職や臨時の営業・就労を含む。）によって得た利益や給与等は、本件事故がなくても当該営業・就労が実行されたことが見込まれるとか、当該営業・就労が従来と同等の内容及び安定性・継続性を有するものであるとか、その利益や給与等の額が多額であったり、損害額を上回ったりするなどの特段の事情のない限り、営業損害や就労不能損害の損害額から控除しないものとする。
　利益や給与等の額が多額であったり、損害額を上回ったりする場合においては、多額であるとの判断根拠となった基準額を超過する部分又は損害額を上回る部分のみを、営業損害や就労不能損害の損害額から控除するものとする。

（理由）
1　本件被害は、突然に発電所を中心とする半径20kmの同心円上の全域の営業・就労等の生活基盤を破壊され、地域住民の全員が遠方に避難を余儀なくされた（半径30kmの同心円上においても類似の被害が生じた）ことによる営業損害や就労不能損害である。そうすると、遠方の避難先における営業又は就労は、将来の生活再建の見通しを立てなければならない（あるいは将来の生活再建の見通しも立たない）という状況の下で、勤労に当てることができる時間の全部を営業又は就労に当てることができず、また、重い精神的負担を伴うものであるのが通常である。このような営業又は就労は、一般に容易なものではなく、そこにおける収入もアルバイト的なものにすぎないのが通常である。
2　前記のような避難先における営業又は就労の特殊性を考慮すると、当該営業又は就労は、本件事故がなくても実行されたと見込まれるとか、従来と同等の内容及び安定性・継続性を有するとか、その利益や給与等の額が多額であるなどの特段の事情のある場合でない限り、臨時のアルバイト的な収入であると評価するのが相当であって、営業損害や就労不能損害の損害額から控除しないのが相当である。
　なお、利益や給与等の額が多額であったり、損害額を上回ったりする場合においては、多額であるとの判断根拠となった基準額を超過する部分又は損害額を上回る部分のみを、営業損害や就労不能損害の損害額から控除するのが相当である。
　避難先等における営業・就労によって得た利益や給与等の額が多額である場合とは、1人月額30万円を目安とする。したがって、原則として、30万円を超える部分に限り、営業損害や就労不能損害の損害額から控除することとする。

以上

【資料 22】

決　定
（中間収入の非控除について）

［総括委員会　平成 24 年 6 月 26 日決定］

　東京電力株式会社は、平成 24 年 6 月 21 日、個人に対する本賠償の 4 回目の請求（請求対象期間：平成 24 年 3 月 1 日から 5 月 31 日）について、就労不能損害の中間収入の非控除限度額を 1 人月額 50 万円とするプレスリリースを発表した。
　当委員会は、平成 24 年 4 月 19 日、総括基準「営業損害・就労不能損害算定の際の中間収入の非控除について」を決定しているが、個別の和解仲介手続において、請求対象期間を問わず、非控除限度額の目安を 1 人月額 50 万円とすることも差し支えない。

以上

原子力損害賠償紛争解決センター　総括委員会
総括委員長　大　谷　禎　男
総 括 委 員　鈴　木　五 十 三
総 括 委 員　山　本　和　彦

【資料23】

総括基準9

## 総括基準（加害者による審理の不当遅延と遅延損害金について）

（総括基準）
　和解の仲介の手続において、東京電力が審理を不当に遅延させる態度をとった場合には、和解案に遅延損害金を付することができるものとする。この場合においては、利率は民事法定利率年5％の割合とし、平成23年9月30日の経過により遅滞に陥ったものとして計算する。なお、和解により支払いを受ける額を基準として弁護士費用相当額の損害を算定する場合においては、遅延損害金は、和解により支払いを受ける額には含めないものとする。

（理由）
1　和解の仲介において遅延損害金を和解金に含めることは必ずしも一般的な取扱いではない。しかしながら、大規模な原子力事故を引き起こし、甚大な被害を受けたおびただしい数の被害者が賠償の実現を待っているのに、加害者が審理を不当に遅延させることは、明らかに不当である。このような場合に、被害者に対して、法律により認められている履行遅滞による損害賠償（遅延損害金）の請求権の行使を差し控えさせる理由はない。
2　審理を不当に遅延させる態度の例としては、仲介委員・調査官からの求釈明に応じない、又は回答期限を守らない行為、和解の提案に対して回答期限を守らない行為、賠償請求権の存否を本格的に検討すべき事案について中間指針に具体的記載がないなどの取るに足らない理由を掲げて争うなど主張内容が法律や指針の趣旨からみて明らかに不当である場合、確立した和解先例を無視した主張をする場合などが考えられる。
3　遅延損害金の起算日は平成23年3月11日とすることも考えられるが、中間指針の策定日及び東京電力の最初の個人の賠償基準の策定日が平成23年8月、東京電力の最初の法人の賠償基準の策定日が平成23年9月であったことにかんがみ、平成23年9月30日の経過により遅滞に陥ったものとして計算する（平成23年10月1日を起算日とする。）こととする。

以上

【資料24】

総括基準10

## 総括基準（直接請求における東京電力からの回答金額の取扱いについて）

（総括基準）
　被害者の東京電力に対する直接の請求に対して東京電力の回答があった損害項目については、当センターは、東京電力の回答金額の範囲内の損害主張は格別の審理を実施せずに回答金額と同額の和解提案を行い、東京電力の回答金額を上回る部分の損害主張のみを実質的な審理判断の対象とする。

（理由）
1　被害者の賠償請求権の簡易迅速な実現という当センターの役割からすれば、直接の請求における東京電力の回答金額に不満がある被害者については、その不満の当否、すなわち回答金額を上回る部分の損害主張の当否のみを審理判断するのが、当センターがその役割を果たす上において適当であると考えられる。東京電力は、被害者からの直接の請求に対して相応の調査をした上で回答を実施しているものと考えられ、回答金額には相応の根拠があるのが通例である上、被害者は最低でも回答があった金額は受領できるものと信じているのが通常であるところ、当センターへの申立てをすることにより東京電力の回答金額よりも下回る金額しか賠償を受けられないリスクがあるとすれば、当センターへの申立てをためらう原因になり、被害者救済の上で適当ではないと考えられる。
2　また、直接の請求に対して東京電力から回答があった金額については、実質的には、被害者と東京電力の間で賠償の合意があったものとみられ、このように実質的に合意が成立した部分については、改めて審理判断をする必要はないと考えられる。

以上

【資料25】

総括基準 11

　　　　総括基準（旧緊急時避難準備区域の滞在者慰謝料等について）

（総括基準）
　本件事故発生時に旧緊急時避難準備区域に居住していた者のうち、中間指針第3の6の指針ⅠからⅤまで、中間指針第二次追補第2の1（2）の指針Ⅰ及びⅡ並びに総括基準（避難者の第2期の慰謝料について、精神的損害の増額事由等について）に基づく慰謝料支給要件を満たさない期間（ただし、旧緊急時避難準備区域の外に確定的に転居・移住した後の期間を除く。）がある者については、当該期間について、仲介委員の定めるところにより、次の1）又は2）のいずれかに掲げる慰謝料を賠償する。

1）平成23年3月11日から平成23年9月30日まで　月額10万円
　　（平成23年3月分は1か月分の10万円を賠償する。）
　　平成23年10月1日以降　月額8万円
　　この基準による場合は、当該期間中の生活費の増加費用（低額とはいえないものに限る。）については、当該慰謝料に含まれておらず、別途賠償を受けることができるものと扱う。

2）平成23年3月11日以降　月額10万円
　　（平成23年3月分は1か月分の10万円を賠償する。）
　　この基準による場合は、1）の基準による者との間に看過し難いほどの顕著な不公平が生じない限り、当該期間中の生活費の増加費用の全額が、当該慰謝料に含まれているものと扱う。

　　　　　　　　　　　　　　　　　　　　　　　　　　　　　　　　　　　以上

【資料26】

総括基準12

## 総括基準（観光業の風評被害について）

（総括基準）
1 青森県、秋田県、山形県、岩手県、宮城県及び千葉県に営業の拠点がある観光業において本件事故後に発生した減収等の損害については、少なくともその7割（未成年者主体の団体旅行に関する減収等の損害については、その全部）が、本件事故による放射性物質による汚染の危険性を懸念し、敬遠したくなる心理によるものであり、かつ、当該心理は平均的・一般的な人を基準として合理性を有しているものと認められる。
2 1記載の減収等の損害の発生について、1に記載された原因以外の原因が、3割を超える寄与をしている（未成年者主体の団体旅行については1に記載された原因以外の原因が寄与をしている）と主張する者は、その旨を証明しなければならない。

（理由）
1 観光業については、中間指針において、福島県、茨城県、栃木県及び群馬県に営業の拠点がある観光業に関する本件事故後の減収が、いわゆる「第7の1Ⅲ）①の類型」として、原則として本件事故と相当因果関係のある損害と認められている。しかしながら、前記4県以外にも、本件事故による放射性物質による汚染の危険性を懸念し、その地に観光に赴くことを敬遠したくなる心理が、平均的・一般的な人を基準として合理性を有していると認められる場所があることは、もちろんである。
2 福島県以外の東北各県は福島県と同じ東北地方に属すること、東北各県は、特に他の地方（とりわけ関東地方以西）からは、東北地方として一体化して把握される傾向にあること、これに伴い、本件事故後は、本件事故による放射性物質による汚染の危険性を懸念する他の地方（特に関東地方以西）からの旅行者には福島県のみならず東北地方全体を回避する傾向がみられた。
　千葉県は、海流の関係や放射性物質の飛散の関係において、実際の汚染の有無とは無関係に、福島県との近接性が想起される地域である。本件事故後は、本件事故による放射性物質による汚染の危険性を懸念する他の地方からの旅行者が、千葉県を回避する傾向がみられた。
3 2記載の各県における本件事故後の減収等の損害についての本件事故の寄与度は、東日本大震災及びこれに伴う津波の影響などを考慮しても、標準的な場合において、7割を下回らないと認められる。また、本件事故前に毎年継続的に実施されていた未成年者主体の団体旅行（修学旅行、スキー教室、臨海学校、林間学校等）が本件事故後に中止された場合については、本件事故による放射性物質による汚染の危険性を懸念する他の地方の保護者の意向が大きく影響しているものとみて差し支えなく、本件事故後の減収等の損害についての本件事故の寄与度は、標準的な場合において、10割とみて差し支えない。
4 上記と異なる寄与度を主張する場合には、その者が上記と異なる寄与度の立証責任を負うのが相当である。この場合において、東日本大震災及びこれに伴う津波の影響が大きかった地域があることから、東日本大震災及びこれに伴う津波の影響の存否及び程度にも留意して、適切な寄与度を判定していくべきである。

以上

【資料27】

総括基準13

総括基準（減収分（逸失利益）の算定と利益率について）

（総括基準）
　中間指針第7の1又は第7の4に基づく風評被害による減収分（逸失利益）については、福島県内に所在する同業者が中間指針第7の4に基づき東京電力に対して直接請求をする場合において、中小企業実態基本調査に基づく平均利益率32％を利用して損害額の算定をすることを東京電力が許容しているときには、当センターにおいては、平均利益率32％を用いて損害額の算定をするものとする。ただし、被害者により有利な損害額の算定方法を用いることを妨げない。

（理由）
　風評被害による減収分（逸失利益）の算定については、被害者と東京電力との間の和解交渉（直接請求）において、東京電力が製造業の平均利益率32％を用いて損害額の算定をすることを認めている場合がある。信頼性のある統計数値（中小企業庁の中小企業実態基本調査に基づく平均利益率）を用いることは、一つの合理的な損害算定方法であり、莫大な数の案件の大量処理が必要な場合などには、紛争全体の適正迅速な解決を容易にする効果をもたらすという優れた方法である。また、被害者と東京電力との間の和解交渉（直接請求）において東京電力が許容している損害算定方法を、和解交渉の延長に当たる当センターの和解仲介手続において東京電力が否認するということは、被害者が当センターへの申立てをためらうことの原因となり、賠償問題の解決システムの円滑な運用を阻害するとも考えられる。したがって、直接請求において平均利益率を用いる損害算定を賠償義務者が許容しているときには、被害者により有利な損害算定方法がある場合を除き、当センターにおいても同様の方法を用いるのが相当である。

以上

【資料28】

総括基準14

　　　　　　　総括基準（早期一部支払の実施について）

(総括基準)
　東京電力から答弁書が提出された段階で、各損害項目について、当事者間に争いがないと認められる金額については、速やかに、一部和解案の提示を行うものとする。

(理由)
　損害賠償の早期支払の実現は、被害者の早期救済に資することである。
　そこで、和解仲介手続の序盤の答弁書提出時点において、争いのないことが判明した金額については、速やかに、一部和解案の提示を行うこととした。

以上

編集委員・執筆者一覧

**編集委員**

前川　　渡（弁護士）
前田　俊房（弁護士）
松村眞理子（弁護士）
広津　佳子（弁護士）
野田　聖子（弁護士）
神田　友輔（弁護士）
永田　毅浩（弁護士）

**執筆者**

神田　友輔（弁護士）
安保　洋子（弁護士）
佐藤　愛美（弁護士）
岡本　直也（弁護士）
藤田　和馬（弁護士）
田中　響子（弁護士）
村山圭一郎（弁護士）
中山　弘基（弁護士）
須賀　　翼（弁護士。現：岩手弁護士会）

実務 原子力損害賠償

2016年2月20日 第1版第1刷発行

編 者 第一東京弁護士会
　　　　災害対策本部

発行者　井　村　寿　人

発行所　株式会社　勁草書房
112-0005 東京都文京区水道2-1-1　振替　00150-2-175253
（編集）電話 03-3815-5277／FAX 03-3814-6968
（営業）電話 03-3814-6861／FAX 03-3814-6854
本文組版 プログレス・港北出版印刷・中永製本所

©Daiichitoukyoubengoshikai Saigaitaisakuhonbu　2016

ISBN978-4-326-40316-5　Printed in Japan

JCOPY 〈(社)出版者著作権管理機構 委託出版物〉
本書の無断複写は著作権法上での例外を除き禁じられています。
複写される場合は、そのつど事前に、(社)出版者著作権管理機構
（電話 03-3513-6969、FAX 03-3513-6979、e-mail: info@jcopy.or.jp）
の許諾を得てください。

＊落丁本・乱丁本はお取替いたします。

http://www.keisoshobo.co.jp

大塚正之 著
**臨床実務家のための家族法コンメンタール（民法親族編）**
A5判／3,700円
ISBN978-4-326-40313-4

松原正明＝道垣内弘人 編
**家事事件の理論と実務**（全3巻）
A5判／2,800〜3,200円
ISBN978-4-326-40310-3
40311-0
40312-7

松尾剛行 著
**最新判例にみるインターネット上の名誉毀損の理論と実務**
A5判／4,200円
ISBN978-4-326-40314-1

松本恒雄＝齋藤雅弘＝町村泰貴 編
**電子商取引法**
A5判／4,400円
ISBN978-4-326-40284-7

木庭 顕 著
**［笑うケースメソッド］現代日本民法の基礎を問う**
A5判／3,000円
ISBN978-4-326-40297-7

半田正夫＝松田政行 編
**著作権法コンメンタール［第2版］**（全3巻）
A5判／各11,000円
ISBN978-4-326-40305-9
40306-6
40307-3

喜多村勝德 著
**契約の法務**
A5判／3,300円
ISBN978-4-326-40308-0

勁草書房刊

表示価格は、2016年2月現在。消費税は含まれておりません。